中国科学院中国孢子植物志编辑委员会　编辑

中 国 真 菌 志

第六十二卷

锈 菌 目 (五)

庄剑云　主编

中国科学院知识创新工程重大项目

国家自然科学基金重大项目

(国家自然科学基金委员会　中国科学院　科技部　资助)

科学出版社

北 京

内 容 简 介

本卷是《中国真菌志第十卷 锈菌目 (一)》、《中国真菌志第十九卷锈菌目 (二)》、《中国真菌志第二十五卷 锈菌目 (三)》和《中国真菌志第四十一卷 锈菌目 (四)》的续篇，记述了我国膨痂锈菌科、金锈菌科、鞘锈菌科和柱锈菌科已知的 12 属 117 种的形态特征、寄主植物及分布，附孢子形态线条图 115 幅，并附参考文献及锈菌和寄主植物的汉名和学名索引。这是作者多年来对我国锈菌进行区系调查和分类的部分研究成果。

锈菌是常见的高等植物专性寄生菌，是多种经济植物重要的致病菌。植物锈病的准确诊断有赖于病原锈菌的准确鉴定。本书可供菌物学科研人员，从事植物保护、森林保护和植物检疫相关工作的技术人员以及大专院校生物系、植物保护系和森林保护系师生参考。

图书在版编目（CIP）数据

中国真菌志. 第六十二卷，锈菌目. 五 / 庄剑云主编. —北京：科学出版社，2021.4

（中国孢子植物志）

ISBN 978-7-03-068271-0

Ⅰ. ①中… Ⅱ. ① 庄… Ⅲ. ①真菌门-植物志-中国 ②锈菌目-真菌门-植物志-中国 Ⅳ. ①Q949.32 ②Q949.329

中国版本图书馆 CIP 数据核字(2021)第 040465 号

责任编辑：韩学哲 孙 青/责任校对：郑金红
责任印制：吴兆东/封面设计：刘新新

科 学 出 版 社 出版

北京东黄城根北街 16 号
邮政编码：100717
http://www.sciencep.com

北京虎彩文化传播有限公司 印刷

科学出版社发行 各地新华书店经销

*

2021 年 4 月第 一 版 开本：787×1092 1/16
2021 年 4 月第一次印刷 印张：19 1/2
字数：462 000

定价：198.00 元

（如有印装质量问题，我社负责调换）

CONSILIO FLORARUM CRYPTOGAMARUM SINICARUM
ACADEMIAE SINICAE EDITA

FLORA FUNGORUM SINICORUM

VOL. 62

UREDINALES (Ⅴ)

REDACTOR PRINCIPALIS

Zhuang Jian-Yun

**A Major Project of the Knowledge Innovation Program of
the Chinese Academy of Sciences**
A Major Project of the National Natural Science Foundation of China
(Supported by the National Natural Science Foundation of China,
the Chinese Academy of Sciences, and the Ministry of Science and Technology of China)

Science Press
Beijing

锈菌目（五）

本卷著者

庄剑云　魏淑霞　王云章

（中国科学院微生物研究所）

AUCTORES

Zhuang Jian-Yun　Wei Shu-Xia　Wang Yun-Chang

(*Institutum Microbiologicum Academiae Sinicae*)

序

中国孢子植物志是非维管束孢子植物志，分《中国海藻志》、《中国淡水藻志》、《中国真菌志》、《中国地衣志》及《中国苔藓志》五部分。中国孢子植物志是在系统生物学原理与方法的指导下对中国孢子植物进行考察、收集和分类的研究成果；是生物物种多样性研究的主要内容；是物种保护的重要依据，对人类活动与环境甚至全球变化都有不可分割的联系。

中国孢子植物志是我国孢子植物物种数量、形态特征、生理生化性状、地理分布及其与人类关系等方面的综合信息库；是我国生物资源开发利用、科学研究与教学的重要参考文献。

我国气候条件复杂，山河纵横，湖泊星布，海域辽阔，陆生和水生孢子植物资源极其丰富。中国孢子植物分类工作的发展和中国孢子植物志的陆续出版，必将为我国开发利用孢子植物资源和促进学科发展发挥积极作用。

随着科学技术的进步，我国孢子植物分类工作在广度和深度方面将有更大的发展，对于这部著作也将不断补充、修订和提高。

中国科学院中国孢子植物志编辑委员会
1984 年 10 月·北京

中国孢子植物志总序

中国孢子植物志是由《中国海藻志》、《中国淡水藻志》、《中国真菌志》、《中国地衣志》及《中国苔藓志》所组成。至于维管束孢子植物蕨类未被包括在中国孢子植物志之内,是因为它早先已被纳入《中国植物志》计划之内。为了将上述未被纳入《中国植物志》计划之内的藻类、真菌、地衣及苔藓植物纳入中国生物志计划之内,出席1972年中国科学院计划工作会议的孢子植物学工作者提出筹建"中国孢子植物志编辑委员会"的倡议。该倡议经中国科学院领导批准后,"中国孢子植物志编辑委员会"的筹建工作随之启动,并于1973年在广州召开的《中国植物志》、《中国动物志》和中国孢子植物志工作会议上正式成立。自那时起,中国孢子植物志一直在"中国孢子植物志编辑委员会"统一主持下编辑出版。

孢子植物在系统演化上虽然并非单一的自然类群,但是,这并不妨碍在全国统一组织和协调下进行孢子植物志的编写和出版。

随着科学技术的飞速发展,人们关于真菌的知识日益深入的今天,黏菌与卵菌已被从真菌界中分出,分别归隶于原生动物界和管毛生物界。但是,长期以来,由于它们一直被当作真菌由国内外真菌学家进行研究;而且,在"中国孢子植物志编辑委员会"成立时已将黏菌与卵菌纳入中国孢子植物志之一的《中国真菌志》计划之内并陆续出版,因此,沿用包括黏菌与卵菌在内的《中国真菌志》广义名称是必要的。

自"中国孢子植物志编辑委员会"于1973年成立以后,作为"三志"的组成部分,中国孢子植物志的编研工作由中国科学院资助;自1982年起,国家自然科学基金委员会参与部分资助;自1993年以来,作为国家自然科学基金委员会重大项目,在国家基金委资助下,中国科学院及科技部参与部分资助,中国孢子植物志的编辑出版工作不断取得重要进展。

中国孢子植物志是记述我国孢子植物物种的形态、解剖、生态、地理分布及其与人类关系等方面的大型系列著作,是我国孢子植物物种多样性的重要研究成果,是我国孢子植物资源的综合信息库,是我国生物资源开发利用、科学研究与教学的重要参考文献。

我国气候条件复杂,山河纵横,湖泊星布,海域辽阔,陆生与水生孢子植物物种多样性极其丰富。中国孢子植物志的陆续出版,必将为我国孢子植物资源的开发利用,为我国孢子植物科学的发展发挥积极作用。

中国科学院中国孢子植物志编辑委员会

主编 曾呈奎

2000年3月 北京

Foreword of the Cryptogamic Flora of China

Cryptogamic Flora of China is composed of *Flora Algarum Marinarum Sinicarum*, *Flora Algarum Sinicarum Aquae Dulcis*，*Flora Fungorum Sinicorum*，*Flora Lichenum Sinicorum*，and *Flora Bryophytorum Sinicorum*，edited and published under the direction of the Editorial Committee of the Cryptogamic Flora of China, Chinese Academy of Sciences (CAS). It also serves as a comprehensive information bank of Chinese cryptogamic resources.

Cryptogams are not a single natural group from a phylogenetic point of view which, however, does not present an obstacle to the editing and publication of the Cryptogamic Flora of China by a coordinated, nationwide organization. The Cryptogamic Flora of China is restricted to non-vascular cryptogams including the bryophytes, algae, fungi, and lichens. The ferns, a group of vascular cryptogams, were earlier included in the plan of *Flora of China*, and are not taken into consideration here. In order to bring the above groups into the plan of Fauna and Flora of China, some leading scientists on cryptogams, who were attending a working meeting of CAS in Beijing in July 1972, proposed to establish the Editorial Committee of the Cryptogamic Flora of China. The proposal was approved later by the CAS. The committee was formally established in the working conference of Fauna and Flora of China, including cryptogams, held by CAS in Guangzhou in March 1973.

Although myxomycetes and oomycetes do not belong to the Kingdom of Fungi in modern treatments, they have long been studied by mycologists. *Flora Fungorum Sinicorum* volumes including myxomycetes and oomycetes have been published, retaining for *Flora Fungorum Sinicorum* the traditional meaning of the term fungi.

Since the establishment of the editorial committee in 1973, compilation of Cryptogamic Flora of China and related studies have been supported financially by the CAS. The National Natural Science Foundation of China has taken an important part of the financial support since 1982. Under the direction of the committee, progress has been made in compilation and study of Cryptogamic Flora of China by organizing and coordinating the main research institutions and universities all over the country. Since 1993, study and compilation of the Chinese fauna， flora, and cryptogamic flora have become one of the key state projects of the National Natural Science Foundation with the combined support of the CAS and the National Science and Technology Ministry.

Cryptogamic Flora of China derives its results from the investigations, collections, and classification of Chinese cryptogams by using theories and methods of systematic and evolutionary biology as its guide. It is the summary of study on species diversity of cryptogams and provides important data for species protection. It is closely connected with human activities, environmental changes and even global changes. Cryptogamic Flora of

China is a comprehensive information bank concerning morphology, anatomy, physiology, biochemistry, ecology, and phytogeographical distribution. It includes a series of special monographs for using the biological resources in China, for scientific research, and for teaching.

China has complicated weather conditions, with a crisscross network of mountains and rivers, lakes of all sizes, and an extensive sea area. China is rich in terrestrial and aquatic cryptogamic resources. The development of taxonomic studies of cryptogams and the publication of Cryptogamic Flora of China in concert will play an active role in exploration and utilization of the cryptogamic resources of China and in promoting the development of cryptogamic studies in China.

C.K. Tseng
Editor-in-Chief
The Editorial Committee of the Cryptogamic Flora of China
Chinese Academy of Sciences
March，2000 in Beijing

《中国真菌志》序

　　《中国真菌志》是在系统生物学原理和方法指导下，对中国真菌，即真菌界的子囊菌、担子菌、壶菌及接合菌四个门以及不属于真菌界的卵菌等三个门和黏菌及其类似的菌类生物进行搜集、考察和研究的成果。本志所谓"真菌"系广义概念，涵盖上述三大菌类生物（地衣型真菌除外），即当今所称"菌物"。

　　中国先民认识并利用真菌作为生活、生产资料，历史悠久，经验丰富，诸如酒、醋、酱、红曲、豆豉、豆腐乳、豆瓣酱等的酿制，蘑菇、木耳、茭白作食用，茯苓、虫草、灵芝等作药用，在制革、纺织、造纸工业中应用真菌进行发酵，以及利用具有抗癌作用和促进碳素循环的真菌，充分显示其经济价值和生态效益。此外，真菌又是多种植物和人畜病害的病原菌，危害甚大。因此，对真菌物种的形态特征、多样性、生理生化、亲缘关系、区系组成、地理分布、生态环境以及经济价值等进行研究和描述，非常必要。这是一项重要的基础科学研究，也是利用益菌、控制害菌、化害为利、变废为宝的应用科学的源泉和先导。

　　中国是具有悠久历史的文明古国，从远古到明代的 4500 年间，科学技术一直处于世界前沿，真菌学也不例外。酒是真菌的代谢产物，中国酒文化博大精深、源远流长，有六七千年历史。约在公元 300 年的晋代，江统在其《酒诰》诗中说："酒之所兴，肇自上皇。或云仪狄，又曰杜康。有饭不尽，委之空桑。郁结成味，久蓄气芳。本出于此，不由奇方。"作者精辟地总结了我国酿酒历史和自然发酵方法，比之意大利学者雷蒂（Radi，1860）提出微生物自然发酵法的学说约早 1500 年。在仰韶文化时期（5000～3000 B. C.），我国先民已懂得采食蘑菇。中国历代古籍中均有食用菇蕈的记载，如宋代陈仁玉在其《菌谱》（1245 年）中记述浙江台州产鹅膏菌、松蕈等 11 种，并对其形态、生态、品级和食用方法等作了论述和分类，是中国第一部地方性食用蕈菌志。先民用真菌作药材也是一大创造，中国最早的药典《神农本草经》（成书于 102～200 A. D.）所载 365 种药物中，有茯苓、雷丸、桑耳等 10 余种药用真菌的形态、色泽、性味和疗效的叙述。明代李时珍在《本草纲目》（1578）中，记载"三菌"、"五蕈"、"六芝"、"七耳"以及羊肚菜、桑黄、鸡㙡、雪蚕等 30 多种药用真菌。李氏将菌、蕈、芝、耳集为一类论述，在当时尚无显微镜帮助的情况下，其认识颇为精深。该籍的真菌学知识，足可代表中国古代真菌学水平，堪与同时代欧洲人（如 C. Clusius，1529～1609）的水平比拟而无逊色。

　　15 世纪以后，居世界领先地位的中国科学技术，逐渐落后。从 18 世纪中叶到 20 世纪 40 年代，外国传教士、旅行家、科学工作者、外交官、军官、教师以及负有特殊任务者，纷纷来华考察，搜集资料，采集标本，研究鉴定，发表论文或专辑。如法国传教士西博特（P.M. Cibot）1759 年首先来到中国，一住就是 25 年，对中国的植物（含真菌）写过不少文章，1775 年他发表的五棱散尾菌（*Lysurus mokusin*），是用现代科学方法研究发表的第一个中国真菌。继而，俄国的波塔宁（G.N. Potanin，1876）、意大利的吉拉迪（P. Giraldii，1890）、奥地利的汉德尔-马泽蒂（H. Handel Mazzetti，1913）、美国的梅里尔（E.D. Merrill，1916）、瑞典的史密斯（H. Smith，1921）等共 27 人次来我国采集标本。

研究发表中国真菌论著 114 篇册，作者多达 60 余人次，报道中国真菌 2040 种，其中含 10 新属、361 新种。东邻日本自 1894 年以来，特别是 1937 年以后，大批人员涌到中国，调查真菌资源及植物病害，采集标本，鉴定发表。据初步统计，发表论著 172 篇册，作者 67 人次以上，共报道中国真菌约 6000 种(有重复)，其中含 17 新属、1130 新种。其代表人物在华北有三宅市郎(1908)，东北有三浦道哉(1918)，台湾有泽田兼吉(1912)；此外，还有斋藤贤道、伊藤诚哉、平冢直秀、山本和太郎、逸见武雄等数十人。

　　国人用现代科学方法研究中国真菌始于 20 世纪初，最初工作多侧重于植物病害和工业发酵，纯真菌学研究较少。在一二十年代便有不少研究报告和学术论文发表在中外各种刊物上，如胡先骕 1915 年的"菌类鉴别法"，章祖纯 1916 年的"北京附近发生最盛之植物病害调查表"以及钱穟孙(1918)、邹钟琳(1919)、戴芳澜(1920)、李寅恭(1921)、朱凤美(1924)、孙豫寿(1925)、俞大绂(1926)、魏喦寿(1928) 等的论文。三四十年代有陈鸿康、邓叔群、魏景超、凌立、周宗璜、欧世璜、方心芳、王云章、裘维蕃等发表的论文，为数甚多。他们中有的人终生或大半生都从事中国真菌学的科教工作，如戴芳澜(1893～1973) 著"江苏真菌名录"(1927)、"中国真菌杂记"(1932～1946)、《中国已知真菌名录》(1936，1937)、《中国真菌总汇》(1979) 和《真菌的形态和分类》(1987) 等，他发表的"三角枫上白粉菌一新种"(1930)，是国人用现代科学方法研究、发表的第一个中国真菌新种。邓叔群(1902～1970) 著"南京真菌记载"(1932～1933)、"中国真菌续志"(1936～1938)、《中国高等真菌志》(1939) 和《中国的真菌》(1963，1996) 等，堪称《中国真菌志》的先导。上述学者以及其他许多真菌学工作者，为《中国真菌志》研编的起步奠定了基础。

　　在 20 世纪后半叶，特别是改革开放以来的 20 多年，中国真菌学有了迅猛的发展，如各类真菌学课程的开设，各级学位研究生的招收和培养，专业机构和学会的建立，专业刊物的创办和出版，地区真菌志的问世等，使真菌学人才辈出，为《中国真菌志》的研编输送了新鲜血液。1973 年中国科学院广州"三志"会议决定，《中国真菌志》的研编正式启动，1987 年由郑儒永、余永年等编辑出版了《中国真菌志》第 1 卷《白粉菌目》，至 2000 年已出版 14 卷。自第 2 卷开始实行主编负责制，2.《银耳目和花耳目》(刘波主编，1992)；3.《多孔菌科》(赵继鼎，1998)；4.《小煤炱目Ⅰ》 (胡炎兴，1996)；5.《曲霉属及其相关有性型》 (齐祖同，1997)；6.《霜霉目》(余永年，1998)；7.《层腹菌目》(刘波，1998)；8.《核盘菌科和地舌菌科》(庄文颖，1998)；9.《假尾孢属》(刘锡琎、郭英兰，1998)；10.《锈菌目Ⅰ》(王云章、庄剑云，1998)；11.《小煤炱目Ⅱ》(胡炎兴，1999)；12.《黑粉菌科》(郭林，2000)；13.《虫霉目》(李增智，2000)；14.《灵芝科》(赵继鼎、张小青，2000)。盛世出巨著，在国家"科教兴国"英明政策的指引下，《中国真菌志》的研编和出版，定将为中华灿烂文化做出新贡献。

余永年　　谨识
庄文颖
中国科学院微生物研究所
中国·北京·中关村
公元 2002 年 09 月 15 日

Foreword of Flora Fungorum Sinicorum

Flora Fungorum Sinicorum summarizes the achievements of Chinese mycologists based on principles and methods of systematic biology in intensive studies on the organisms studied by mycologists, which include non-lichenized fungi of the Kingdom Fungi, some organisms of the Chromista, such as oomycetes etc., and some of the Protozoa, such as slime molds.In this series of volumes, results from extensive collections, field investigations, and taxonomic treatments reveal the fungal diversity of China.

Our Chinese ancestors were very experienced in the application of fungi in their daily life and production.Fungi have long been used in China as food, such as edible mushrooms, including jelly fungi, and the hypertrophic stems of water bamboo infected with *Ustilago esculenta*; as medicines, like *Cordyceps sinensis* (caterpillar fungus), *Poria cocos* (China root), and *Ganoderma* spp. (lingzhi);and in the fermentation industry, for example, manufacturing liquors, vinegar, soy-sauce, *Monascus*, fermented soya beans, fermented bean curd, and thick broad-bean sauce.Fungal fermentation is also applied in the tannery, paperma-king, and textile industries.The anti-cancer compounds produced by fungi and functions of saprophytic fungi in accelerating the carbon-cycle in nature are of economic value and ecological benefits to human beings.On the other hand, fungal pathogens of plants, animals and human cause a huge amount of damage each year. In order to utilize the beneficial fungi and to control the harmful ones, to turn the harmfulness into advantage, and to convert wastes into valuables, it is necessary to understand the morphology, diversity, physiology, biochemistry, relationship, geographical distribution, ecological environment, and economic value of different groups of fungi. *Flora Fungorum Sinicorum* plays an important role from precursor to fountainhead for the applied sciences.

China is a country with an ancient civilization of long standing.In the 4500 years from remote antiquity to the Ming Dynasty, her science and technology as well as knowledge of fungi stood in the leading position of the world.Wine is a metabolite of fungi.The Wine Culture history in China goes back 6000 to 7000 years ago, which has a distant source and a long stream of extensive knowledge and profound scholarship.In the Jin Dynasty (*ca.* 300 A.D.), JIANG Tong, the famous writer, gave a vivid account of the Chinese fermentation history and methods of wine processing in one of his poems entitled *Drinking Games* (Jiu Gao), 1500 years earlier than the theory of microbial fermentation in natural conditions raised by the Italian scholar, Radi (1860) . During the period of the Yangshao Culture (5000—3000 B. C.), our Chinese ancestors knew how to eat mushrooms. There were a great number of records of edible mushrooms in Chinese ancient books. For example, back to the Song Dynasty, CHEN Ren-Yu (1245) published the *Mushroom Menu* (Jun Pu) in which he listed 11 species of edible fungi including *Amanita* sp.and *Tricholoma matsutake* from

Taizhou, Zhejiang Province, and described in detail their morphology, habitats, taxonomy, taste, and way of cooking. This was the first local flora of the Chinese edible mushrooms.Fungi used as medicines originated in ancient China. The earliest Chinese pharmacopocia, *Shen-Nong Materia Medica* (Shen Nong Ben Cao Jing), was published in 102—200 A. D. Among the 365 medicines recorded, more than 10 fungi, such as *Poria cocos* and *Polyporus mylittae*, were included. Their fruitbody shape, color, taste, and medical functions were provided.The great pharmacist of Ming Dynasty, LI Shi-Zhen (1578) published his eminent work *Compendium Materia Medica* (Ben Cao Gang Mu) in which more than thirty fungal species were accepted as medicines, including *Aecidium mori*, *Cordyceps sinensis*, *Morchella* spp., *Termitomyces* sp., etc.Before the invention of microscope, he managed to bring fungi of different classes together, which demonstrated his intelligence and profound knowledge of biology.

After the 15th century, development of science and technology in China slowed down. From middle of the 18th century to the 1940's, foreign missionaries, tourists, scientists, diplomats, officers, and other professional workers visited China. They collected specimens of plants and fungi, carried out taxonomic studies, and published papers, exsi ccatae, and monographs based on Chinese materials.The French missionary, P.M. Cibot, came to China in 1759 and stayed for 25 years to investigate plants including fungi in different regions of China.Many papers were written by him. *Lysurus mokusin*, identified with modern techniques and published in 1775, was probably the first Chinese fungal record by these visitors. Subsequently, around 27 man-times of foreigners attended field excursions in China, such as G.N. Potanin from Russia in 1876, P. Giraldii from Italy in 1890, H. Handel-Mazzetti from Austria in 1913, E.D. Merrill from the United States in 1916, and H. Smith from Sweden in 1921. Based on examinations of the Chinese collections obtained, 2040 species including 10 new genera and 361 new species were reported or described in 114 papers and books.Since 1894, especially after 1937, many Japanese entered China.They investigated the fungal resources and plant diseases, collected specimens, and published their identification results.According to incomplete information, some 6000 fungal names (with synonyms) including 17 new genera and 1130 new species appeared in 172 publications.The main workers were I. Miyake in the Northern China, M. Miura in the Northeast, K. Sawada in Taiwan, as well as K. Saito, S. Ito, N. Hiratsuka, W. Yamamoto, T. Hemmi, etc.

Research by Chinese mycologists started at the turn of the 20th century when plant diseases and fungal fermentation were emphasized with very little systematic work. Scientific papers or experimental reports were published in domestic and international journals during the 1910's to 1920's. The best-known are "Identification of the fungi" by H.H. Hu in 1915, "Plant disease report from Peking and the adjacent regions" by C.S. Chang in 1916, and papers by S.S. Chian (1918), C.L. Chou (1919), F.L. Tai (1920), Y.G. Li (1921), V.M. Chu (1924), Y.S. Sun (1925), T.F. Yu (1926), and N.S. Wei (1928) . Mycologists who were active at the 1930's to 1940's are H.K. Chen, S.C. Teng, C.T. Wei, L.

Ling, C.H. Chow, S.H. Ou, S.F. Fang, Y.C. Wang, W.F. Chiu, and others.Some of them dedicated their lifetime to research and teaching in mycology. Prof. F.L. Tai (1893—1973) is one of them, whose representative works were "List of fungi from Jiangsu" (1927), "Notes on Chinese fungi" (1932—1946), *A List of Fungi Hitherto Known from China* (1936, 1937), *Sylloge Fungorum Sinicorum* (1979), *Morphology and Taxonomy of the Fungi* (1987), etc.His paper entitled "A new species of *Uncinula* on *Acer trifidum* Hook.& Arn."was the first new species described by a Chinese mycologist. Prof. S.C. Teng (1902—1970) is also an eminent teacher.He published "Notes on fungi from Nanking" in 1932—1933, "Notes on Chinese fungi" in 1936—1938, *A Contribution to Our Knowledge of the Higher Fungi of China* in 1939, and *Fungi of China* in 1963 and 1996.Work done by the above-mentioned scholars lays a foundation for our current project on *Flora Fungorum Sinicorum*.

In 1973, an important meeting organized by the Chinese Academy of Sciences was held in Guangzhou (Canton) and a decision was made, uniting the related scientists from all over China to initiate the long term project "Fauna, Flora, and Cryptogamic Flora of China".Work on *Flora Fungorum Sinicorum* thus started. Significant progress has been made in development of Chinese mycology since 1978. Many mycological institutions were founded in different areas of the country.The Mycological Society of China was established, the journals *Acta Mycological Sinica* and *Mycosystema* were published as well as local floras of the economically important fungi.A young generation in field of mycology grew up through postgraduate training programs in the graduate schools.The first volume of Chinese Mycoflora on the Erysiphales (edited by R.Y. Zheng & Y.N. Yu, 1987) appeared.Up to now, 14 volumes have been published: Tremellales and Dacrymycetales edited by B. Liu (1992), Polyporaceae by J.D. Zhao (1998), Meliolales Part I (Y.X. Hu, 1996), *Aspergillus* and its related teleomorphs (Z.T. Qi, 1997), Peronosporales (Y.N. Yu, 1998), Sclerotiniaceae and Geoglossaceae (W.Y. Zhuang, 1998), *Pseudocercospora* (X.J. Liu & Y.L. Guo, 1998), Uredinales Part I (Y.C. Wang & J. Y. Zhuang, 1998), Meliolales Part II (Y.X. Hu, 1999), Ustilaginaceae (L. Guo, 2000), Entomophthorales (Z.Z. Li, 2000), and Ganodermataceae (J.D. Zhao & X.Q. Zhang, 2000) . We eagerly await the coming volumes and expect the completion of Flora *Fungorum Sinicorum* which will reflect the flourishing of Chinese culture.

Y.N. Yu and W.Y. Zhuang
Institute of Microbiology, CAS, Beijing
September 15, 2002

致 谢

中国科学院微生物研究所真菌地衣系统学实验室刘锡琎研究员 (已故)、余永年研究员 (已故)、应建浙研究员 (已故) 和郭林研究员以及过去曾在本实验室工作的马启明、廖银章、于积厚、邢延苏、刘恒英、刘荣、杨玉川、宋明华、王庆之、邢俊昌等多位先生历年在野外考察时曾为我们采集一些锈菌标本；北京林业大学戴玉成教授、田呈明教授和梁英梅教授，山西大学刘波教授 (已故)，内蒙古农业大学尚衍重教授和侯振世教授，东北林业大学薛煜教授，吉林农业大学刘振钦教授，赤峰学院刘铁志教授，山东农业大学张天宇教授，河南农业大学喻璋教授，广东省农业科学院李文英博士，广西大学赖传雅教授，西南林业大学周彤燊教授，云南农业大学张中义教授 (已故)，西昌学院郑晓慧教授，西藏农牧学院旺姆教授，西北农林科技大学曹支敏教授，新疆农业大学赵震宇教授，塔里木大学徐彪博士等先后向我们赠送了一些锈菌标本；在此谨向他们表示衷心感谢。

本研究组韩树金先生生前参加了部分研究工作并为我们鉴定了许多寄主植物标本；中国科学院植物研究所周根生先生和曹子余先生长期帮助我们鉴定了大量寄主植物标本；中国科学院植物研究所梁松筠研究员、刘亮研究员和李振宇研究员也为我们鉴定了一些植物疑难种；在此一并对他们表示深切谢意。

国外一些标本馆在本志编研过程中为我们借用、赠送和交换了许多标本，包括不少模式或权威专家鉴定过的标本，它们是美国农业部国家菌物标本馆 (BPI)、美国波杜大学阿瑟标本馆 (PUR)、美国哈佛大学隐花植物标本馆 (FH)、美国康奈尔大学真菌植病标本馆 (CUP)、美国密执安大学植物标本馆 (MICH)、美国加利福尼亚大学植物标本馆 (UC)、加拿大农业部国家菌物标本馆 (DAOM)、芬兰赫尔辛基大学植物标本馆 (H)、瑞典乌普萨拉大学植物标本馆 (UPS)、瑞典自然历史博物馆植物标本馆 (S)、英国国际菌物研究所标本馆 (IMI)、英国皇家植物园标本馆 (K)、英国爱丁堡大学植物标本馆 (E)、俄罗斯科学院科马罗夫植物研究所标本馆 (LE)、俄罗斯科学院远东分院生物土壤研究所植物标本馆 (VLA)、日本东京平塚标本馆 (HH)、日本筑波大学农林学系菌物标本馆 (TSH)、日本茨城大学菌物标本馆 (IBA)、新西兰科学和工业研究部植病分部菌物标本馆 (PDD) 等。这些标本使我们得以对有关种进行比较研究，解决了不少问题。对于上述标本馆的支持和帮助，我们表示由衷的感谢。

此外，我们还要感谢日本平塚直秀博士 (已故)、平塚利子博士、胜屋敬三博士、佐藤昭二博士、柿岛真博士、小野义隆博士、金子繁博士、原田幸雄博士、佐藤豊三博士，美国 G.B.Cimmins 博士、J.F. Hennen 博士、R.S. Peterson 博士，加拿大 D.B.O. Savile 博士和平塚保之博士，俄罗斯 Z.M. Azbukina 博士和 I.V. Karatygin 博士，法国 G. Durrieu 博士，挪威 H.B. Gjærum 博士，瑞典 L. Holm 博士，捷克 J. Müller 博士、Z. Urban 博士和 J. Markova 博士，德国 U. Braun 博士和 M. Scholler 博士，奥地利 P. Zwetko 博士，新西兰 H.C. Mckenzie 博士，澳大利亚 J. Walker 博士等为我们提供大量的文献资料。

最后，我们感谢中国科学院菌物标本馆 (HMAS) 馆长姚一建研究员和馆员杨柳女士在借用和入藏标本以及计算机检索等方面所给予的帮助。

说　明

1. 本书是作者对我国锈菌进行区系调查和分类研究的总结，分卷出版，总共记载我国已知锈菌 14 科 60 余属(包括式样属 form genera)1100 余种。由于各科、属研究编写进度不一，各卷不按系统顺序出版，各卷号也不相连。

2. 本卷记载了我国膨痂锈菌科、金锈菌科、鞘锈菌科、柱锈菌科已知的 12 属 117 种。每个种和变种均有形态特征描述、寄主、产地、世界范围的分布及有关分类学问题的讨论。膨痂锈菌科中含 3 种以上的属附分种检索表；鞘锈菌科种数多，为便于查阅，各种按寄主植物科分开列出，各植物科含 3 种以上锈菌则附分种检索表。

3. 本书所涉及的植物系统和《中国植物志》(科学出版社)或《中国高等植物科属检索表》(科学出版社)所采用的恩格勒(A. Engler)系统一致。

4. 所载锈菌学名，对科名不列举命名人及文献，但在讨论中对各科研究历史及名称变化作了简要介绍。属以及种和种下单位学名均列举命名人及原始文献，并列举了在我国记载的有关重要文献。种和种下单位的异名只列举基原异名(basonymum)及我国文献中曾出现过的。属于错误记载的名称作为异名列出，在名称后加 "auct." 并列出文献出处。

5. 锈菌的汉名根据 1986 年第二届全国真菌、地衣学大会通过的《真菌、地衣汉语学名命名法规》(真菌学报 6:61~64,1987 年)修订。其中大多数继续沿用《真菌名词及名称》(1976 年，科学出版社)审定过的名称。对少数取用不当的老名称在本志中予以重订。本志尚补充一些新拟汉名。

6. 寄主学名和汉名主要根据科学出版社出版的《中国植物志》各卷、《中国高等植物图鉴》(第一至第五册，补编第一、第二册)(1972~1983 年)、《中国高等植物科属检索表》(1983 年)、《拉汉种子植物名称》(1974 年)和《拉汉英种子植物名称》(1989 年)，航空工业出版社出版的《新编拉汉英植物名称》(1996 年)，青岛出版社出版的《中国高等植物》第二至第十四卷(2008~2013 年)以及中国林业出版社出版的《种子植物名称》第一至第三卷(尚衍重 2012a，2012b，2012c)。

7. 文献引证中的人名一律采用英文或拉丁化后的拼音文字。正文讨论中出现的人名如系中国作者一律使用汉字，其他国家的作者一律采用英文或拉丁化后的拼音文字。

8. 锈菌学名命名人的缩写根据 Kirk 和 Ansell(1992)编辑的 *Authors of Fungal Names* (International Mycological Institute, Kew, UK)的标准；为了方便读者查阅文献，命名人第一次与学名出处文献并列出现时皆不缩写。植物学名命名人的缩写根据 Brummitt 和 Powell(1992)编辑的 *Authors of Plant Names*(Royal Botanical Gardens, Kew, UK)的标准；文献引证中的期刊名称缩写根据 Lawrence 等(1968)编辑的 *Botanico-Periodicum-Huntianum* (B-P-H)(Hunt Botanical Library, Pittsburgh, USA)的标准。

9. 种和变种的形态特征描述均基于我国的标本。对春孢子阶段简略描述性孢子器和春孢子器及春孢子形态，若在我国未发现春孢子阶段，则在讨论中说明。少数种在我国仅见夏孢子阶段或春孢子阶段，若鉴定无疑亦予收编，在描述中依据我国标本仅描述其夏孢子堆及夏孢子或春孢子器及春孢子，在讨论中根据有关文献简略描述其冬孢子特征供参考。

10. 本书所附形态特征线条图系根据我国标本绘制。凡模式采自我国的种，其孢子线条图尽可能根据模式标本描绘。个别种的模式标本未见或模式已遗失、损坏或未能检出孢子，线条图则根据非模式标本绘制。

11. 所引证的标本除少数来自国外标本馆或国内其他标本馆（室）特别用标本馆代号注明其保藏地点外，其余未注明保藏地点的均保藏于北京中国科学院菌物标本馆（Herbarium Mycologicum Academiae Sinicae, HMAS），括号内的号码系 HMAS 的馆藏编号。国外的标本馆代号依照国际植物分类学协会（IAPT）和纽约植物园编辑出版的 *Index Herbariorum*（第八版，1990 年）。

12. 仅有文献记载而我们未能研究原标本但认为记载可靠的种亦予收编，根据文献记述其形态特征供参考，但概不附图。

13. 有文献记载的基于无性型材料（绝大多数是基于春孢子阶段）而使用有性型名称的可疑鉴定、基于可疑寄主的鉴定以及我们未能研究原标本的可疑鉴定都作为可疑记录处理。各个可疑记录有简短说明。

14. 有文献记载而无标本依据的寄主植物和分布在讨论中附记说明。

15. 国内分布以所引标本为依据。不同省、自治区、直辖市之间以分号区分，按中国地图出版社出版的《中国地图册》中出现的顺序排列；同一省、自治区内的不同县、市、山或地区之间以逗号区分，按拼音字母顺序排列。

16. 世界范围的分布根据文献资料整理，不附参考文献。参照各国锈菌志和《中国植物志》，分布区不全用国名表示，凡属广布或较广布的种以"世界广布"、"北温带广布"、"热带广布"或"洲"等大地理区表示。洲、群岛、山脉、国并列时用分号区分，同类地域如洲与洲或国与国等用逗号区分。每个种的分布以模式产地和主要分布区（洲、国家或地区）排列在前，其他洲、国家或地区排列在后，尽可能暗示种的分布区类型。

17. 书末所附的参考文献仅列出讨论中出现的文献，按作者姓名字母（我国作者按拼音字母，其他非英语国家作者按拉丁化后的字母）顺序排列。作者姓名、题目、期刊名均按发表时所用的语种列出。为便于查阅，中文、日文和俄文文献在括号内附汉语拉丁拼音或拉丁化的作者姓名、英文题目和期刊名。

18. 书末附有寄主汉名、寄主学名、锈菌汉名和锈菌学名四个索引。

目　录

膨痂锈菌科 PUCCINIASTRACEAE

性孢子器生于寄主植物表皮下(1 型和 2 型)或角质层下(3 型)，子实层深凹，呈近球形或扁球形，埋在叶肉组织中(1 型) 或平展(2 型和 3 型)。春孢子器为有被春孢子器型 (peridermioid aecium)，生于针叶树；春孢子串生成链状，多数具疣（直秀锈菌属 *Naohidemyces* 例外，其春孢子器为圆盖形，春孢子单生于柄上，春孢子具刺）。夏孢子堆具包被，包被孔口细胞常明显分化，因种类而异；夏孢子单胞，有柄或无明显的柄，多数表面具刺，芽孔不明显。冬孢子堆生于寄主表皮下或表皮细胞中，不外露；冬孢子侧面相连成单层壳状孢子堆，无柄，芽孔不明显；担子外生。转主寄生 (heteroecious)，生活史多为全孢型 (macrocyclic, eu-form)。

模式属：*Pucciniastrum* G.H. Otth

本科系 Gäumann (1949; 参见 1959，1964) 所创，后 Leppik (1972) 作了修订，得到 Cummins 和 Hiratsuka (1983, 1984, 2003) 承认。此科已知 9 属 120 余种，全球广布 (Cummins and Hiratsuka 2003)。尚有约 50 种因未见其冬孢子而暂被置于式样属（form genus，无性型属）*Uredo* 中。我国有 8 属 49 种，另有一些未见冬孢子的种不包括在本书中，将作为不完全锈菌类 (Uredinales imperfecti) 记载于《中国真菌志 锈菌目(七)》。

中国膨痂锈菌科分属检索表

明痂锈菌属 Hyalopsora Magnus

Ber. Deutsch. Bot. Ges. 19: 582, 1901 (issued 1902) .

性孢子器 2 型，生于寄主植物表皮下，子实层平展，界限明显，无缘丝。春孢子器

为有被春孢子器型 (peridermioid aecium)，包被圆柱形；春孢子串生成链状，壁薄，表面具疣。夏孢子堆生于寄主植物表皮下，包被脆弱，有时退化，干时不易观察，孔口细胞 (ostiolar cell) 分化不明显，有时具侧丝；夏孢子单生于柄上，壁无色，新鲜时内容物橙黄色，表面具疣或刺，芽孔不明显；有时具休眠夏孢子 (amphispore)，常在晚期产生，个体较大，壁厚，无色，内容物橙黄色，表面具细疣或光滑，芽孔多数，散生，不明显。不形成明显的冬孢子堆；冬孢子生于表皮细胞中，由垂直隔膜分隔成 2 至多个细胞，无柄，壁薄，无色，表面光滑，每个细胞可能具 1 芽孔，不明显，不休眠，成熟后立即萌发；担子外生。

模式种：*Hyalopsora aspidiotus* (Magnus) Magnus

≡ *Melampsorella aspidiotus* Magnus

模式产地：美国

本属近似于迈氏锈菌属 *Milesina*，不同仅在于其孢子新鲜时细胞质具色素，孢子堆呈橙黄色，但干时迅速褪色。冬孢子一般不休眠，但在自然条件下在春季才成熟并立即萌发。除了产生正常的夏孢子外，有的种尚可产生大量休眠夏孢子。生活史为转主寄生 (heteroecious) 全孢型 (macrocyclic, eu-form)，春孢子阶段生于冷杉属 *Abies*，夏孢子和冬孢子阶段生于蕨类植物。已知 8 种，另有 5 种仅见夏孢子阶段而被暂置于式样属 (form genus) *Uredo* 中 (Hiratsuka 1958; Li 1986)。广布于北温带。我国已知 4 种。

分种检索表

1. 夏孢子和休眠夏孢子大，长可达 40 μm 或更长 ……………………………………………… 2
1. 夏孢子和休眠夏孢子较小，长不及 40 μm，多数不超过 35 μm …………………………… 3
　2. 夏孢子较宽，23～43×18～25 μm；休眠夏孢子 25～55×18～37 μm …………………
　…………………………………………………………………… 三叉蕨明痂锈菌 *H. aspidiotus*
　2. 夏孢子狭长，22～43×12～19 μm，两端壁略厚；休眠夏孢子 25～45×20～32 μm …………
　…………………………………………………………………… 云南明痂锈菌 *H. yunnanensis*
3. 夏孢子 20～30×12～18 μm，休眠夏孢子 18～32×13～20 μm，壁厚 (1～) 1.5～3.5 μm………
　…………………………………………………………………… 函馆明痂锈菌 *H. hakodatensis*
3. 夏孢子 18～35×10～20 μm，休眠夏孢子 18～35 (～40) ×13～25 μm，壁厚 1.5～5 (～8) μm………
　…………………………………………………………………… 水龙骨明痂锈菌 *H. polypodii*

三叉蕨明痂锈菌　图 1

Hyalopsora aspidiotus (Magnus) Magnus, Ber. Deutsch. Bot. Ges. 19: 582, 1901; Anon., Fungi of Xiaowutai Mountains in Hebei Province (Beijing, China: Agriculture Press of China), p. 104, 1997.

Melampsorella aspidiotus Magnus, Ber. Deutsch. Bot. Ges. 13: 288, 1895.

夏孢子堆生于叶两面，多在叶下面，散生或稍聚生，多时布满全叶，初期生于寄主表皮下，圆形或椭圆形，直径 0.1～0.5 mm，后表皮破裂而裸露，粉状，新鲜时金黄色；偶见少量发育不全的薄壁无色圆柱形侧丝；夏孢子倒卵形、椭圆形或长倒卵形，23～43×18～25 μm，壁厚约 1 μm 或不及，无色，表面几乎光滑或具不明显的细疣，芽孔不清楚；休眠夏孢子不规则多角状球形、倒卵形、椭圆形、长椭圆形或无定形，25～55×18～

37 μm，壁厚 2～8 μm（棱角处常增厚），无色，表面光滑，芽孔不明显。

冬孢子堆生于叶下面褐色病斑内，不规则扩展，有时布满全叶；冬孢子埋生于寄主表皮细胞中，有时亦生于气孔保卫细胞内，多时密集，充满整个细胞，由垂直隔膜分隔成 2 至多个细胞，平面观无定形，大小不一，纵切面观近球形、扁球形或宽椭圆形，宽 20～40 μm，高 18～25 μm，壁厚不及 1 μm，无色，表面光滑。

II, III

欧洲羽节蕨 Gymnocarpium dryopteris (L.) Newm. 黑龙江：完达山（67290）。

羽节蕨 Gymnocarpium jessoense (Koidz.) Koidz. [= G. disjunctum (Rupr.) Ching = G. continentale (V. Petrov) Ching] 北京：百花山（55061，55062，55063，55066，55075，56190，56192）；河北：小五台山（56193，67473）。

分布：北温带广布。

接种试验证明此菌的春孢子阶段寄主在欧洲为欧洲冷杉 Abies alba Mill. (Mayor 1923)，在美洲为香脂冷杉 Abies balsamea (L.) Mill. (Bell 1924)。Mayor (1923) 描述其性孢子器生于叶下面表皮下，直径约 0.3 mm；春孢子器生于叶下面，在中脉两侧各排成一列，囊状，直径 0.5～0.7 mm，高约 0.2 mm；包被细胞矩圆形，18～32×15～20 μm；春孢子多角状近球形或宽椭圆形，21～24×16～19 μm。

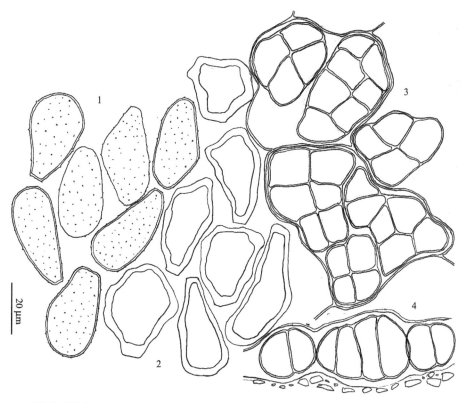

图 1 　三叉蕨明痂锈菌 Hyalopsora aspidiotus (Magnus) Magnus 的夏孢子（1）、休眠夏孢子（2）、冬孢子平面观（3）和纵切面观（4）（HMAS 55061）

函馆明痂锈菌　图2

Hyalopsora hakodatensis Hiratsuka f., A Monograph of the Pucciniastreae, p.171, 1936; Hiratsuka, Mem. Tottori Agric. Coll. 7: 6, 1943; Sawada, Descriptive Catalogue of Taiwan (Formosan) Fungi XI, p. 80, 1959; Tai, Sylloge Fungorum Sinicorum (Beijing, China: Science Press), p. 493, 1979; Zhuang & Wei, Mycosystema 7: 44, 1994.

Hyalopsora hakodatensis Hiratsuka f. in Hiratsuka & Uemura, Trans. Tottori Soc. Agric. Sci. 4: 20, 1932 (nom. nud.).

Hyalopsora polypodii auct. non Magnus: Hiratsuka & Hashioka, Bot. Mag. Tokyo 49: 524, 1935.

　　夏孢子堆生于叶两面，散生或聚生，初期生于寄主表皮下，圆形或椭圆形，直径 0.2～0.5 mm，后表皮破裂而裸露，粉状，新鲜时橙黄色；包被脆弱，不易观察，包被细胞不规则多角形，10～18×8～16 μm，壁厚 1～1.5 μm；夏孢子椭圆形、倒卵形、长椭圆形、长卵形或近棍棒形，20～30×12～18 μm，壁厚约 1 μm 或不及，无色，表面几乎光滑或具不明显的细刺，芽孔不清楚；休眠夏孢子不规则多角状倒卵形、椭圆形、梨形或无定形，18～30(～32) × (13～)15～20 μm，壁厚度不均，(1～)1.5～3.5 μm，无色，表面光滑，芽孔不明显。

　　冬孢子堆生于叶两面，多生于叶下面褐色病斑内，散生或小群聚生；冬孢子埋生于寄主表皮细胞中，平面观无定形，大小不一，密集时充满整个细胞，纵切面观近球形或矩圆形，宽 15～35 μm，由垂直隔膜分隔成 2 至多个细胞，壁厚不及 1 μm，无色，表面光滑。

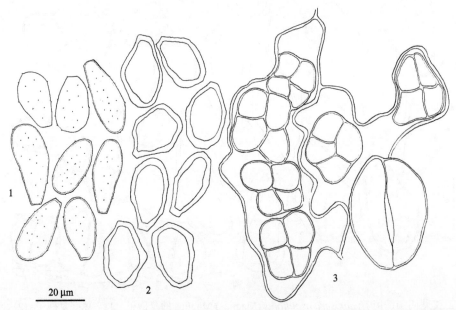

20 μm

图 2　函馆明痂锈菌 *Hyalopsora hakodatensis* Hirats. f.的夏孢子（1）、休眠夏孢子（2）和冬孢子平面观（3）(HMAS 47030)

II, III

中华短肠蕨 *Allantodia chinensis* (Baker) Ching　四川：都江堰（67848，67849）。

疏叶蹄盖蕨 *Athyrium dissitifolium* (Baker) C. Chr.　四川：峨眉山（55077）。

蹄盖蕨 *Athyrium* sp.　西藏：聂拉木（79162，79173），墨脱（47030）。

海南网蕨 *Dictyodroma hainanense* Ching　海南：霸王岭（243303）。

朝鲜介蕨（朝鲜蹄盖蕨）*Dryoathyrium coreanum* (Christ) Tagawa [≡ *Athyrium coreanum* Christ ≡ *Lunathyrium coreanum* (Christ) Ching] 吉林：凉水（67288）。

分布：日本，俄罗斯远东地区，朝鲜半岛，中国，尼泊尔。

此菌与 *Hyalopsora polypodii* (Dietel) Magnus 近似，但此菌的夏孢子和休眠夏孢子都较小，休眠夏孢子的壁较薄，通常 1.5～3.5 μm 厚。

水龙骨明痂锈菌　图3

Hyalopsora polypodii (Dietel) Magnus, Ber. Deutsch. Bot. Ges. 19: 582, 1901; Hiratsuka & Hashioka, Bot. Mag. Tokyo 49: 26, 524, 1935; Sawada, Descriptive Catalogue of the Formosan Fungi VI, p. 51, 1933; Tai, Farlowia 3: 95, 1947; Wang, Index Uredinearum Sinensium (Beijing, China: Academia Sinica), p. 25, 1951; Jørstad, Ark. Bot. Ser. 2, 4: 361, 1959; Tai, Sylloge Fungorum Sinicorum (Beijing, China: Science Press), p. 493, 1979; Zhuang, Acta Mycol. Sin. 5: 75, 1986; Wei & Zhuang in Mao & Zhuang (eds.), Fungi of the Qinling Mountains (Beijing, China: Chinese Publ. House Agric. Sci. & Techn.), p. 35, 1997; Cao, Li & Zhuang, Mycosystema 19: 14, 2000; Zhuang & Wei in W.Y. Zhuang (ed.), Higher Fungi of Tropical China (Ithaca, New York: Mycotaxon Ltd.), p. 359, 2001; Zhuang & Wei in W.Y. Zhuang (ed.), Fungi of Northwestern China (Ithaca, New York: Mycotaxon Ltd.), p. 243, 2005; Liu et al., J. Inner Mongolia Univ. (Nat. Sci. Ed.) 48: 647, 2017; Liu et al., J. Fungal Res. 15: 244, 2017.

Pucciniastrum polypodii Dietel, Hedwigia 38: 260, 1899.

Uredo orientalis Raciborski, Bull. Acad. Sci. Cracovie, Cl. Sci. Math. Nat. 1909: 279, 1909.

夏孢子堆生于叶两面，散生或不规则聚生，初期生于表皮下，圆形或长圆形，疱状，直径 0.2～1 mm，后裸露，粉状，新鲜时金黄色；包被脆弱，发育不良，常被忽略，包被细胞不规则多角形，12～20×10～18 μm，壁厚约 1 μm 或不及；偶见有少量发育不全的侧丝，圆柱形或棍棒形，长 25～60 μm 或更长，顶部宽 10～25 μm，壁极薄，无色；夏孢子近球形、倒卵形、椭圆形或长椭圆形，18～35×10～20 μm，壁厚约 1 μm，无色，新鲜时内容物黄色，表面有细刺或几乎光滑，芽孔不明显；休眠夏孢子多角状近球形、倒卵形、椭圆形或无定形，18～35(～40)×13～25 μm，壁厚 1.5～5(～8) μm，多为 2～3 μm，棱角处略增厚，无色，新鲜时内容物黄色，表面近光滑，芽孔不明显。

冬孢子堆多生于叶下面黄褐色或褐色病斑内，不规则扩展；冬孢子埋生于寄主表皮细胞中，多时常充满整个细胞，平面观无定形，大小不一，扁平，纵切面观高 12～25 μm，宽 15～35(～45) μm，被纵隔膜分隔成 2 至多个细胞，壁极薄，厚不及 1 μm，无色，表面光滑。

II, III

淡绿短肠蕨 *Allantodia virescens* (Kunze) Ching (≡ *Diplazium virescens* Kunze) 海南：霸王岭(77886，77888)，尖峰岭(77885，77887)。

毛轴假蹄盖蕨 *Athyriopsis petersenii* (Kunze) Ching (≡ *Asplenium petersenii* Kunze) 四川：都江堰(247457，247458)。

宿蹄盖蕨 *Athyrium anisopterum* Christ 云南：昆明 (11209)。

疏叶蹄盖蕨 *Athyrium dissitifolium* (Baker) C. Chr. 湖南：浏阳 (172106)。

日本蹄盖蕨 *Athyrium niponicum* (Mett.) Hance 云南：昆明 (50158)；陕西：镇坪 (70938)。

尖头蹄盖蕨 *Athyrium vidalii* (Franch. & Sav.) Nakai 福建：武夷山 (41580)。

乌毛蕨 *Blechnum orientale* L. 广东：惠东(80706，80707)，始兴(241966)，信宜 (81293)；海南：霸王岭(77892，77901，77902，243295，243305，243312)，吊罗山(77897)，尖峰岭(55114，77896，77898，77908)，乐东(240222，240223)，黎母岭(55074，77894，77895，77900，240208，240209，240210)，琼中(55073)，五指山(77893)；广西：凤山(55081，55082)，凌云(55080)；云南：勐腊(172040)，屏边(172041)。

冷蕨 *Cystopteris fragilis* (L.) Benth. 内蒙古：巴林右旗(245250)。

膜叶冷蕨 *Cystopteris pellucida* (Franch.) Ching 陕西：华县(56426)。

巴嘎峨眉蕨 *Lunathyrium bagaense* Ching & S.K. Wu 西藏：米林(47017)。

腺毛金星蕨 *Parathelypteris glanduligera* (Kunze) Ching (= *Aspidium glanduligera* Kunze) 江西：井冈山(172207，172208，172209)，庐山(172205)。

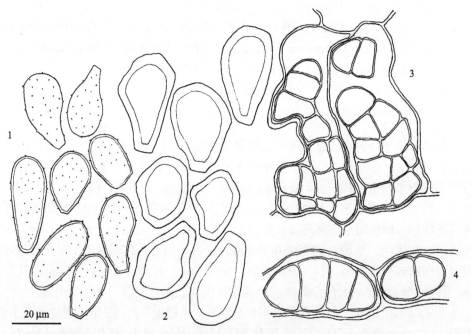

图3 水龙骨明痂锈菌 *Hyalopsora polypodii* (Dietel) Magnus 的夏孢子 (1)、休眠夏孢子 (2)、冬孢子平面观 (3) 和纵切面观 (4) (HMAS 47018)

延羽卵果蕨 *Phegopteris decursive-pinnata* (van Hall) Fèe 福建：建阳（41581）；台湾：台北（04981）。

大叶假冷蕨 *Pseudocystopteris atkinsonii* (Bedd.) Ching (≡ *Athyrium atkinsonii* Bedd.) 西藏：波密（242637），米林（47018）。

分布：北温带广布。

本种寄主范围广泛，已报道的寄主还有中国蕨科 Sinopteridaceae 的 *Aleuritopteris* 和 *Cryptogramma*，蹄盖蕨科 Athyriaceae 的 *Athyrium*、*Cystopteris* 和 *Diplazium*，乌毛蕨科 Blechnaceae 的 *Blechnum* 和 *Woodwardia*，金星蕨科 Thelypteridaceae 的 *Lastrea*、*Leptogramma* 和 *Phegopteris*，岩蕨科 Woodsiaceae 的 *Protowoodsia* 和 *Woodsia* 以及球子蕨科 Onocleaceae 的 *Matteuccia* 等 (Hiratsuka 1958)。

云南明痂锈菌　图 4

Hyalopsora yunnanensis B. Li, Acta Mycol. Sin. Suppl. 1: 159, 1986; Zang, Li & Xi, Fungi of Hengduan Mountains (Beijing, China: Science Press), p. 79, 1996.

夏孢子堆生于叶两面，多在叶上面，散生或不规则聚生，初期生于表皮下，疱状，直径 0.2～0.5 mm，后裸露，粉状，新鲜时橙黄色；包被发育不良，易被忽略，包被细胞不规则多角形，11～18×8～16 μm；夏孢子倒卵形、椭圆形、长椭圆形、长卵形或梨形，22～43×12～19 μm，壁厚不及 1 μm，两端略厚（1.5～2 μm），无色，表面几乎光滑，芽孔不明显；休眠夏孢子多角状倒卵形、椭圆形、梨形或无定形，25～45×20～32 μm，壁厚 2.5～8(～10) μm，厚度不均，棱角处常增厚，无色，表面光滑，芽孔不明显。

冬孢子堆多生于叶下面黄褐色或褐色病斑内，不规则扩展；冬孢子埋生于寄主表皮细胞中，平面观细胞形状大小不规则，常挤满整个表皮细胞，纵切面观为长椭圆形或不规则，扁平，长 10～25 μm，宽 7～18 μm，被纵隔膜分隔成 2 至多个细胞，壁厚不及 1 μm，无色，表面光滑。

II, III

陕西假瘤蕨 *Phymatopteris shensiensis* (Christ) Pic.Serm. [≡*Polypodium shensiense* Christ ≡ *Phymatopsis shensiensis* (Christ) Ching] 四川：木里（243061）；云南：中甸（47857 模式）。

分布：中国西南。

本种近似于 *Hyalopsora aspidiotus* (Magnus) Magnus，其夏孢子和休眠夏孢子都较大，但夏孢子明显瘦狭，休眠夏孢子壁很厚。李滨（1986）将 *Uredo kaikomensis* Hirats. f. (1957) (= *Hyalopsora japonica* Dietel 1914) 作为本种异名。*U. kaikomensis* 只产生休眠夏孢子，若此性状稳定，则不宜将它视为与本种同物。在此我们暂不把 *Uredo kaikomensis* Hirats. f.作为同物异名处理。模式寄主被误订为钝羽假瘤蕨 *Phymatopteris conmixta* (Ching) Pic.Serm. (≡*Phymatopsis conmixta* Ching)，实为陕西假瘤蕨 *Phymatopteris shensiensis* (Christ) Pic.Serm.。

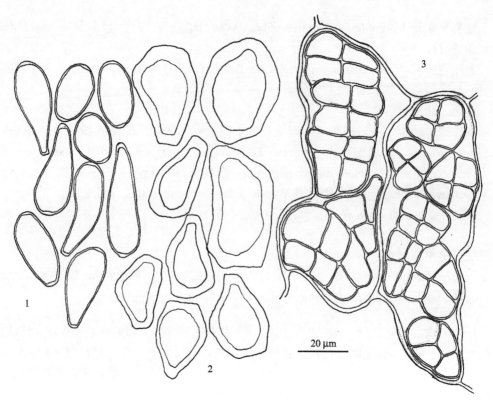

图 4　云南明痂锈菌 *Hyalopsora yunnanensis* B. Li 的夏孢子（1）、休眠夏孢子（2）和冬孢子平面观（3）
(HMAS 47857)

小栅锈菌属 Melampsorella J. Schröter

Hedwigia 13: 85, 1874.

性孢子器 3 型，生于寄主植物角质层下，半球形，子实层平展，界限明显，无缘丝。春孢子器为有被春孢子器型 (peridermioid aecium)，包被略呈短圆柱形；春孢子串生成链状，表面具疣。夏孢子堆包被脆弱，细胞壁很薄，中央具孔口，孔口细胞 (ostiolar cell) 分化明显；夏孢子单生于柄上，壁无色，表面具刺，芽孔不明显。不形成明显的冬孢子堆；冬孢子成群生于表皮细胞中，单胞，无柄，侧面相依但不连合，壁薄，无色，表面光滑，芽孔不明显，不休眠，成熟后立即萌发；担子外生。

模式种：*Melampsorella caryophyllacearum* J. Schröt.

模式产地：德国

本属仅知 2 种，广布于北温带。生活史为转主寄生 (heteroecious) 全孢型 (macrocyclic, eu-form)，春孢子阶段生于冷杉属 *Abies*，夏孢子和冬孢子阶段生于双子叶植物。我国仅知 2 种。

石竹小栅锈菌　图 5

Melampsorella caryophyllacearum J. Schröter, Hedwigia 13: 85, 1874; Tai, Sylloge
Fungorum Sinicorum (Beijing, China: Science Press), p. 540, 1979; Zhuang, Acta

Mycol. Sin. 5: 76, 1986; Guo in anon. (ed.), Fungi and Lichens of Shennongjia (Beijing, China: World Publishing Corp.), p. 115, 1989; Zang, Li & Xi, Fungi of Hengduan Mountains (Beijing, China: Science Press), p. 83, 1996; Zhuang & Wei, Mycosystema 22 (Suppl.) : 108, 2003; Zhuang & Wei in W.Y. Zhuang (ed.), Fungi of Northwestern China (Ithaca, New York: Mycotaxon Ltd.), p. 248, 2005; Xu, Zhao & Zhuang, Mycosystema 32 (Suppl.) : 175, 2013.

Melampsorella cerastii G. Winter in Hedwigia 19: 56, 1880 (nom. nud.); Petrak, Acta Horti Gothob. 17: 121, 1947; Wang, Index Uredinearum Sinensium (Beijing, China: Academia Sinica), p. 30, 1951.

性孢子器生于寄主植物角质层下，半球形，子实层平展，不明显。

春孢子器生于叶下面，在中脉两旁排成两列，短圆柱形，直径 0.3～0.5 mm，顶端开裂；包被细胞正面观为椭圆形、矩圆形或不规则多角形，25～50×13～28 μm，内壁有密疣，外壁光滑；春孢子近球形、矩圆形、椭圆形、长椭圆形或无定形，17～32×13～18 (～20) μm，壁厚约 1 μm 或不及，连同疣突 1.5～2.5 μm，无色。

夏孢子堆生于叶下面，散生或聚生，常密布全叶面，生于寄主表皮下，圆形，直径 0.1～0.5 mm，新鲜时黄色或橙黄色；包被半球形，顶部具一小孔口，上部细胞不规则多角形，宽 8～15 μm，下部细胞狭长，壁厚 1.5～2.5 μm，表面光滑，淡黄色或近无色；夏孢子近球形、椭圆形或卵形，15～25(～28) ×12～18(～20) μm，壁厚 1～1.5 μm，无色，表面疏生细刺，刺距 3～4.5 μm，芽孔不明显。

冬孢子堆生于叶下面，生于无明显界限的白色、黄色或淡赭色叶斑中，常密布全叶面，长期埋生于寄主表皮细胞中；冬孢子单生或不规则聚生，单胞或极稀双胞，平面观近球形、椭圆形或无定形，直径 15～25(～30) μm 或 20～30×15～25 μm，壁厚不及 1 μm，无色，表面光滑。

0, I

紫果冷杉 *Abies recurvata* Mast. 四川：丹巴（44516）。

西伯利亚冷杉 *Abies sibirica* Ledeb. 新疆：哈巴河（37778，37779）。

II, III

异叶假繁缕(孩儿参) *Pseudostellaria heterophylla* (Miq.) Pax ex Pax & Hoffm. 甘肃：和政（140399，140400）。

繁缕 *Stellaria media* L. 青海：湟源（82786）。

箐姑草 *Stellaria vestita* Kurz 四川：木里（243070）。

分布：北温带广布。

夏孢子和冬孢子阶段寄主尚有卷耳 *Cerastium* (Hiratsuka 1958)。此菌春孢子阶段侵染冷杉引起丛枝或帚状枝 (witches' broom)，簇生的枝叶常缺叶绿素。Fischer (1901) 首次通过接种试验证明此菌在欧洲冷杉 *Abies alba* Mill.上产生性孢子器和春孢子器。Hiratsuka (1932) 在日本的接种试验证明迈氏冷杉 *Abies sachalinensis* (Schmidt) Mast. var. *mayriana* Miyabe & Kudo 也是其春孢子阶段寄主。Hiratsuka (1958) 根据文献记载列出的欧洲、美洲和日本的春孢子阶段寄主包括 21 种冷杉 *Abies* 和 8 种云杉 *Picea*。然而，

Boyce (1943) 认为云杉 *Picea* spp.上的丛枝病是由 *Peridermium coloradense* (Dietel) Arthur & Kern (= *Chrysomyxa arctostaphyli* Dietel) 引起，与本种无关。在新疆西伯利亚冷杉 *Abies sibirica* Ledeb.上采得的标本 (哈巴河，HMAS 37778, 37779) 和四川紫果冷杉 *Abies recurvata* Mast.上的标本 (丹巴，HMAS 44516) 呈明显的帚状枝现象，春孢子器包被细胞和春孢子特征与以往作者 (Gäumann 1959; Wilson and Henderson 1966; Hiratsuka et al. 1992; Azbukina 2005, 2015) 所描述的基本一致，疑似本种的春孢子阶段，据此予以描述，但未经接种证实，仅供参考。郭林(1989) 将湖北神农架巴山冷杉 *Abies fargesii* Franch.和秦岭冷杉 *A. chensiensis* Tiegh.上的标本鉴定为此菌，李滨(臧穆等 1996) 将四川松潘岷江冷杉 *A. faxoniana* Rehder & E.H. Wilson 的标本也鉴定为此菌，但经复查原标本发现并无明显的丛枝症状，其他特征与本种也不相符，疑是迈氏锈菌 *Milesina*、膨痂锈菌 *Pucciniastrum* 或拟夏孢锈菌 *Uredinopsis* 的春孢子阶段，待证。

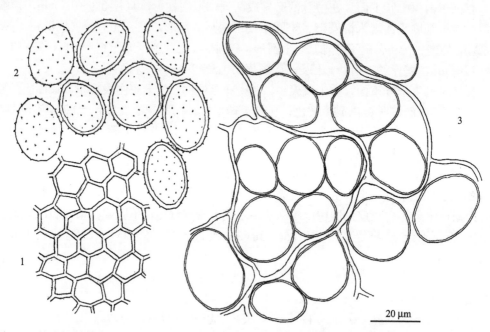

图 5　石竹小栅锈菌 *Melampsorella caryophyllacearum* J. Schröt.的夏孢子堆包被细胞 (1)、夏孢子 (2) 和冬孢子平面观 (3) (HMAS 243070)

伊藤小栅锈菌　图 6

Melampsorella itoana (Hiratsuka f.) S. Ito & Homma, Trans. Sapporo Nat. Hist. Soc. 15: 116, 1938; Wang, Index Uredinearum Sinensium (Beijing, China: Academia Sinica), p. 30, 1951; Jørstad, Ark. Bot. Ser. 2, 4: 359, 1959; Tai, Sylloge Fungorum Sinicorum (Beijing, China: Science Press), p. 540, 1979; Zhuang, Acta Mycol. Sin. 5: 76, 1986; Zang, Li & Xi, Fungi of Hengduan Mountains (Beijing, China: Science Press), p. 83, 1996; Zhuang & Wei in W.Y. Zhuang (ed.), Higher Fungi of Tropical China (Ithaca, New York: Mycotaxon Ltd.), p. 360, 2001.

Chnoopsora itoana Hiratsuka f., J. Jap. Bot. 3: 297, 1927; Hiratsuka & Hashioka, Bot. Mag. Tokyo 48: 236, 1934; Sawada, Descriptive Catalogue of the Formosan Fungi IX, p. 86,

1943; Cummins, Mycologia 42: 783, 1950; Wang, Index Uredinearum Sinensium (Beijing, China: Academia Sinica), p. 10, 1951.

Melampsora itoana (Hiratsuka f.) Durrieu, Rep. Tottori Mycol. Inst. 22: 152, 1984 (nom. inval., basionym not indicated and reference omitted); Zhuang & Wei in W.Y. Zhuang (ed.), Fungi of Northwestern China (Ithaca, New York: Mycotaxon Ltd.), p. 245, 2005.

冬孢子堆生于叶下面，小，散生或不规则聚生，常互相连合成直径 2～8 mm 或更大的壳状孢子堆，淡褐色或暗褐色；冬孢子埋生于寄主表皮细胞中，纵切面观圆柱形或近棍棒形，宽 8～16 μm，高 20～38 μm，壁厚不及 1 μm，顶壁不增厚，淡褐色或淡黄色，表面光滑；不休眠，成熟后立即萌发。

III

白花酢浆草 *Oxalis acetosella* L. 重庆：武隆（247499，247503）；西藏：岗日嘎布山（46991）。

酢浆草 *Oxalis corniculata* L. 四川：卧龙（44405）。

山酢浆草 *Oxalis griffithii* Edgew. & Hook. f. 台湾：台南（11818）；四川：大相岭 （H. Smith no. 2072, UPS）；陕西：佛坪（82787）；西藏：波密（46992）。

白鳞酢浆草 *Oxalis leucolepis* Diels 四川：黄龙寺 （H. Smith no. 3686, UPS）。

酢浆草 *Oxalis* sp. 贵州：江口 （S.Y. Cheo no. 414, PUR）。

分布：日本，俄罗斯远东地区，中国。

本种迄今仅见冬孢子，生活史仍不明了，其分类地位亦不明确。我们按 Ito 和 Homma （1938） 的意见及过去我国文献的记载暂将此种置于小栅锈菌属 *Melampsorella* 中。Durrieu (1984) 曾将它改隶栅锈菌属 *Melampsora*，并得到了 Hiratsuka 等 （1992） 和 Azbukina （2005，2015） 的支持。由于 Durrieu （1984） 未列出基原异名和相关文献，*Melampsora itoana* (Hirats. f.) Durrieu 被认为是不合法名称，在此我们不采用。我们认为 Hiratsuka (1927d) 原先以此种为模式建立 *Chnoopsora* 属可能更合理。

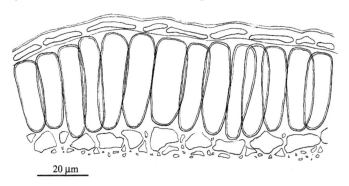

20 μm

图 6 伊藤小栅锈菌 *Melampsorella itoana* (Hirats. f.) S. Ito & Homma 的冬孢子纵切面观 （HMAS 46991）

长栅锈菌属 **Melampsoridium** Klebahn

Z. Pflanzenkrankh. 9: 21, 1899.

性孢子器 3 型，生于寄主植物角质层下，子实层平展，界限明显，无缘丝。春孢子器为有被春孢子器型 (peridermioid aecium)，包被圆柱形，顶部开裂；春孢子串生成链状，壁薄，表面具疣。夏孢子堆具半球形包被，具一孔口，孔口细胞 (ostiolar cell) 分化明显，顶部常呈锥状或刺状；夏孢子单生于柄上，壁无色，表面具刺，芽孔明显或不明显，其数目和排列因种而异。冬孢子堆长期埋于寄主植物表皮下；冬孢子单胞，无柄，侧面紧密相连形成单层硬皮状孢子堆，壁薄，无色，可能具 1 顶生芽孔，不明显；担子外生。

模式种：*Melampsoridium betulinum* (Fr.) Kleb.

≡ *Sclerotium betulinum* Fr.

模式产地：瑞典

本属生活史为转主寄生 (heteroecious) 全孢型 (macrocyclic, eu-form)，其春孢子阶段生于落叶松属 *Larix*，夏孢子和冬孢子阶段生于双子叶木本植物。本属的冬孢子堆酷似栅锈菌属 *Melampsora* 的冬孢子堆，但其夏孢子堆具包被，且孔口细胞顶部常分化成锥状或刺状。印度和我国西藏产的木兰属 *Magnolia* 植物上的 *Melampsoridium inerme* Suj. Singh & P.C. Pandy 以及我国产的山胡椒属 *Lindera* 上的 *M. linderae* J.Y. Zhuang 的夏孢子堆包被孔口细胞不呈刺状。本属已知 9 种，广布于北温带 (Hiratsuka 1958; Singh and Pandy 1972; 庄剑云 1986; 庄剑云和魏淑霞 1994; Hiratsuka et al. 1992)。我国有 8 种。

分种检索表

1. 包被孔口细胞分化明显，顶部呈刺状 ………………………………………………………… 2
1. 包被孔口细胞顶部不呈刺状 …………………………………………………………………… 6
    2. 孔口细胞顶刺长 25～63 μm 或更长；夏孢子 18～35×10～18 μm；冬孢子 30～50×8～15 μm；生于 *Alnus* ………………………………………………… 平塚长栅锈菌 *M. hiratsukanum*
    2. 孔口细胞顶刺长 20～30 μm，罕见达 35 μm 或略长 ……………………………………… 3
3. 夏孢子长，可达 40 μm 或更长 ……………………………………………………………… 4
3. 夏孢子较短，稀超过 30 μm …………………………………………………………………… 5
    4. 夏孢子 27～48×8～18 μm，顶端刺短或无刺；冬孢子 28～55×10～18 μm；生于 *Alnus* ………… 桤木长栅锈菌 *M. alni*
    4. 夏孢子 22～45×8～15 μm，顶部近光滑；冬孢子 23～50×7～15 μm；生于 *Betula* ……………… 桦长栅锈菌 *M. betulinum*
5. 夏孢子 17～30×10～15 μm，刺布满孢子表面；冬孢子 17～40×7～14 μm；生于 *Carpinus* ……… 亚洲长栅锈菌 *M. asiaticum*
5. 夏孢子 15～28×8～17 μm，顶部无刺；冬孢子 20～45×8～15 μm；生于 *Carpinus* ……………… 鹅耳枥长栅锈菌 *M. carpini*
    6. 冬孢子长，25～55×6～13 μm；夏孢子 20～30×16～17 μm；生于 *Acer* ……… 槭长栅锈菌 *M. aceris*
    6. 冬孢子较短，通常不及 40 μm ……………………………………………………………… 7
7. 夏孢子 20～33×15～23 μm；冬孢子 20～38×8～12 μm；生于 *Magnolia* …… 无刺长栅锈菌 *M. inerme*
7. 夏孢子 20～32×15～20 μm；冬孢子 18～30×7～10 μm；生于 *Lindera* ………………………………

槭长栅锈菌

Melampsoridium aceris Jørstad, Ark. Bot. Ser. 2. 4: 333, 1959; Tai, Sylloge Fungorum
  Sinicorum (Beijing, China: Science Press), p. 541, 1979.

Pucciniastrum magnisporum G.F. Laundon, Mycol. Pap. 91:4, 1963.

夏孢子堆生于叶下面，散生或聚生，圆形，直径 100～150 mm，黄色；包被半球形，包被孔口细胞不呈刺状；夏孢子椭圆形或近球形，20～30×16～17 μm，壁厚 1～1.5 μm，无色，表面疏生细刺，芽孔不明显。

冬孢子堆生于叶下面，散生或聚生，长期生于寄主表皮下，壳状，直径约 1 mm，初期黄褐色，后变暗褐色；冬孢子单胞，多为棱柱形，侧面紧密相连，栅栏状单层排列，25～55×6～13 μm，壁厚 1～1.5 μm，淡黄色或无色，表面光滑。

II, III

青榨槭 *Acer davidii* Franch. 四川：地点不详 ('between Bäör and Tha') (H. Smith no. 4860, UPS 模式)。

分布：中国。

我们借阅了存放于瑞典乌普萨拉大学植物标本馆 (UPS) 的模式标本，但该标本老朽，孢子堆已损毁而无法辨认。以上描述根据 Jørstad (1959) 原文。Laundon (1963) 根据其夏孢子堆包被孔口细胞不呈刺状将此种改订为 *Pucciniastrum magnisporum* G.F. Laundon。根据 Jørstad (1959) 的原描述，我们认为侧面紧密相连且栅栏状单层排列的冬孢子符合长栅锈菌属 *Melampsoridium* 的特征，不同意改隶为膨痂锈菌属 *Pucciniastrum*。

桤木长栅锈菌　图 7

Melampsoridium alni (Thümen ex Tranzschel) Dietel in Engler & Prantl, Die Natürlichen
  Pflanzenfamilien. I. Abt.1, p. 551, 1900; Tai, Farlowia 3: 96, 1947; Wang, Index
  Uredinearum Sinensium (Beijing, China: Academia Sinica), p. 30, 1951; Tai, Sylloge
  Fungorum Sinicorum (Beijing, China: Science Press), p. 541, 1979; Liu et al., J. Inner
  Mongolia Univ. (Nat. Sci. Ed.) 48: 647, 2017.

Melampsora alni Thümen, Bull. Soc. Imp. Naturalistes Moscou 53: 226, 1878 (based on
  uredinia) .

Melampsora alni Thümen ex Tranzschel, Script. Bot. Hort. Univ. Petrop. 4: 301, 1895.

夏孢子堆生于叶下面，散生或稍聚生，初期生于寄主表皮下，圆形，直径 0.1～0.5 mm，后裸露，新鲜时黄色或红黄色；包被半球形，上部细胞不规则多角形，8～18×5～15 μm，下部细胞较狭长，辐射状，壁厚 1～1.5 μm，表面光滑，近无色；孔口细胞分化明显，近卵状锥形，顶部常延长呈刺状，长 20～30 μm；夏孢子长椭圆状棍棒形或近圆柱形，27～48×8～15(～18) μm，壁厚约 1 μm 或不及，无色，表面具疏刺，刺距 2.5～5 μm，顶端刺短或无刺，芽孔不明显。

冬孢子堆多生于叶下面，散生或稍聚生，长期埋生于寄主表皮下，圆形，直径0.2～0.5 mm，褐色或黑褐色，蜡质；冬孢子单胞，纵切面观矩圆形、近矩圆状棍棒形或近圆柱形，侧面紧密相连，栅栏状单层排列，28～55×（10～）12～18 μm，壁厚1 μm或不及，近无色，表面光滑。

II, III

桤木 *Alnus cremastogyne* Burkill ex J. Forbes & Hemsl. 四川：都江堰（04405）。

东北桤木 *Alnus mandshurica* (Callier ex C.K. Schneid.) Hand.-Mazz. 内蒙古：根河（246766）；吉林：安图（42866）；黑龙江：漠河（55631）。

分布：俄罗斯西伯利亚，日本，中国。

Hiratsuka（1926a, 1926b, 1932）通过接种试验证明此菌可在达乌里落叶松 *Larix gmelini* (Rupr.) Kuzen.（ = *L. dahurica* Lawson）、欧洲落叶松 *Larix decidua* Mill.（ = *L. europaea* Lam. & DC.）和日本落叶松 *Larix kaempferi* (Lamb.) Carrière（ = *L. leptolepis* Gord.）产生性孢子器和春孢子器。据 Hiratsuka（1932）描述，其性孢子器生于叶两面角质层下，90～126×30～55 μm；春孢子器生于叶下面，成行排列于中脉两侧，直径0.5～2 mm，高1.4 mm，春孢子近球形、卵形或椭圆形，19～26.1×15～19.8 μm。

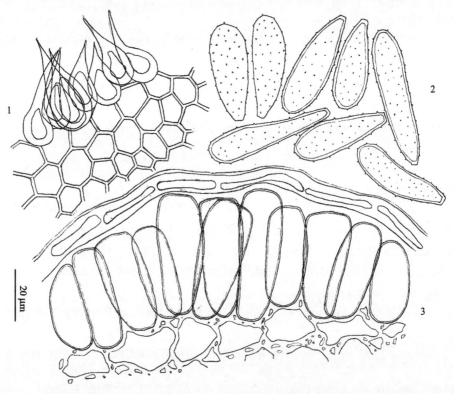

图7　桤木长栅锈菌 *Melampsoridium alni* (Thüm. ex Tranzschel) Dietel 的夏孢子堆包被细胞和包被孔口细胞 (1)、夏孢子 (2) 和冬孢子纵切面观 (3) (HMAS 246766)

亚洲长栅锈菌

Melampsoridium asiaticum S. Kaneko & Hiratsuka f., Mycotaxon 18: 1, 1983.

Melampsoridium carpini auct. non Dietel: Cummins, Mycologia 42: 780, 1950.

夏孢子堆生于叶下面，散生或稍聚生，初期生于寄主表皮下，圆形，直径 0.1～0.2 mm，后裸露，黄色；包被半球形，包被细胞不规则多角形，宽 8～17 μm，壁厚 1～1.5 μm，表面光滑，无色；孔口细胞分化明显，顶部常延长呈刺状，长 18～35 μm；夏孢子长倒卵形或近棍棒形，17～30×10～15 μm，壁厚 1.5～2 μm，无色，表面疏生细刺，芽孔不明显，可能 2～4 个腰生。

冬孢子堆多生于叶下面，散生或稍聚生，长期生于寄主表皮下，圆形，直径 0.2～0.3 mm，褐色，蜡质；冬孢子单胞，纵切面观矩圆形或近矩圆状棍棒形，侧面紧密相连，栅栏状单层排列，17～40×7～14 μm，壁厚不及 1 μm，淡黄色或无色，表面光滑。

II, III

鹅耳枥属 *Carpinus* sp. 贵州：江口 (S.Y. Cheo no. 606, PUR，未见)。

分布：日本，中国。

Kaneko 和 Hiratsuka (1983a) 描述此菌时除了指定采自日本鸟取的昌化鹅耳枥 *Carpinus tschonoskii* Maxim.上的标本为模式外，还列出了采自我国贵州江口 *Carpinus* sp. 上的一号标本。我们未能研究贵州的标本，抄录原描述附志于此，待证。本种与近似种 *Melampsoridium carpini* (Fuckel) Dietel 的区别仅在于其夏孢子的刺布满整个孢子表面，而后者的夏孢子顶部光滑无刺 (Kaneko and Hiratsuka 1983a)。

桦长栅锈菌　图8

Melampsoridium betulinum (Fries) Klebahn, Z. Pflanzenkrankh. 9: 22, 1899; Tai, Sylloge Fungorum Sinicorum (Beijing, China: Science Press), p. 541, 1979; Liu, J. Jilin Agr. Univ. 1983 (2) : 2, 1983; Wang & Zang (eds.), Fungi of Xizang (Tibet) (Beijing, China: Science Press), p. 34, 1983; Zhuang, Acta Mycol. Sin. 5: 76, 1986; Zhuang, Acta Mycol. Sin. 8: 261, 1989; Zhuang & Wei, Mycosystema 7: 45, 1994; Zang, Li & Xi, Fungi of Hengduan Mountains (Beijing, China: Science Press), p. 82, 1996; Wei & Zhuang in Mao & Zhuang (eds.), Fungi of the Qinling Mountains (Beijing, China: Chinese Publ. House Agric. Sci. & Techn.), p. 39, 1997; Zhuang, J. Anhui Agric. Univ. 26: 262, 1999; Cao, Li & Zhuang, Mycosystema 19: 14, 2000; Zhuang & Wei, J. Jilin Agric. Univ. 24: 7, 2002; Zhuang & Wei in W.Y. Zhuang (ed.), Fungi of Northwestern China (Ithaca, New York: Mycotaxon Ltd.), p. 248, 2005; Azbukina & Zhuang in Li & Azbukina (eds.), Fungi of Ussuri River Valley (Beijing, China: Science Press), p. 294, 2011; Xu, Zhao & Zhuang, Mycosystema 32 (Suppl.) : 175, 2013; Liu et al., J. Inner Mongolia Univ. (Nat. Sci. Ed.) 48: 647, 2017; Liu et al., J. Fungal Res. 15: 244, 2017.

Sclerotium betulinum Fries, Systema Mycologicum 2: 262, 1822.

夏孢子堆生于叶下面，散生或聚生，常密布全叶面，初期生于寄主表皮下，圆形，直径 0.1~0.5 mm，后裸露，新鲜时黄色；包被半球形，包被上部细胞不规则多角形，10~18×7~15 μm，下部细胞较狭长，辐射状排列，壁厚 1~1.5 μm，表面光滑，近无色；孔口细胞分化明显，近卵状锥形，壁厚，顶部常延长呈刺状，长 20~35 μm；夏孢子椭圆形、长椭圆形、长倒卵形或近棍棒形，22~40(~45)×(8~)10~15 μm，壁厚 1~1.5(~2) μm，无色，新鲜时内容物黄色，表面疏生细刺，刺距 2~5 μm，顶部近光滑，芽孔不明显；有时可见退化或发育不全的侧丝。

冬孢子堆多生于叶下面，散生或聚生，常密布全叶面，长期生于寄主表皮下，淡黄色或黄褐色，蜡质；冬孢子单胞，纵切面观矩圆形、近矩圆状棍棒形或近圆柱形，侧面紧密相连，栅栏状单层排列，23~43(~50)×7~15 μm，壁厚 1 μm 或不及，顶壁略增厚，无色，表面光滑。

II, III

红桦 *Betula albosinensis* Burkill 四川：卧龙 (44406, 65816)；陕西：佛坪 (74278, 74279)，留坝 (74280, 74281)，宁陕 (245957)；甘肃：迭部 (245981)，文县 (77868)，舟曲 (77869, 77872)。

波密桦 *Betula bomiensis* P.C. Li 西藏：波密 (46993)。

坚桦 *Betula chinensis* Maxim. 内蒙古：阿尔山 (67398)。

黑桦 *Betula dahurica* Pall. 内蒙古：阿尔山 (67399)。

狭翅桦 *Betula fargesii* Franch. 四川：青川 (65815)。

柴桦 *Betula fruticosa* Pall. 内蒙古：根河 (42867, 42868)。

盐桦 *Betula halophila* R.C. Ching ex P.C. Li 新疆：喀纳斯自然保护区 (92467)。

香桦 *Betula insignis* Franch. 陕西：眉县 (55614)。

亮叶桦 *Betula luminifera* H. Winkl. 四川：汶川 (50500)。

小叶桦 *Betula microphylla* Bunge 新疆：乌鲁木齐 (172044)。

扇叶桦 *Betula middendorffii* Trautv. & C.A. Mey. 内蒙古：根河 (满归 55700)；新疆：福海 (92505)。

油桦 *Betula ovalifolia* Rupr. 黑龙江：伊春 (五营 42869)。

垂枝桦 *Betula pendula* Roth 新疆：阿勒泰 (52925)，布尔津 (172045)，巩留 (52926, 52927)。

白桦 *Betula platyphylla* Sukaczev 北京：百花山 (22199, 22200, 55171, 55660, 56942)；河北：雾灵山 (25400)；内蒙古：额尔古纳 (245211, 245212)，根河 (245241, 245242)；吉林：浑江 (40813)；黑龙江：虎林 (89253)；四川：贡嘎山 (48468)，松潘 (77891)；西藏：波密 (46994)；甘肃：迭部 (77870)，卓尼 (245962, 245969)；宁夏：六盘山 (140452)；新疆：巩留 (245978, 245979, 245980)，库尔勒 (92549)，奇台 (89989)。

天山桦 *Betula tianschanica* Rupr. 新疆：巩留 (37777, 52928)，哈密 (89815)，乌鲁木齐 (89711, 89912, 89915)。

糙皮桦 *Betula utilis* D. Don 四川：二郎山 (55133)，九寨沟 (65819)，松潘 (65820)，卧龙 (65817)；西藏：定日 (65653)，岗日嘎布山 (46995, 247351, 247352, 247353)，吉隆 (65649, 65651)，聂拉木 (65648, 65650, 65652, 65654)；甘肃：迭部 (245983, 245984)，临洮 (245931)，卓尼 (245940, 245970)。

桦属 *Betula* sp. 新疆：哈巴河（37775，37776）。

分布：北温带广布。

接种试验证明，在欧洲本种可在欧洲落叶松 *Larix decidua* Mill.和日本落叶松 *Larix kaempferi* (Lamb.) Carrière (= *L. leptolepis* Gord.) 上产生性孢子器和春孢子器 (Plowright 1891；Wilson and Henderson 1966)，在北美洲亦可在北美落叶松 *Larix laricina* (DuRoi) K. Koch 上产生性孢子器和春孢子器 (Hunter 1936)。Wilson 和 Henderson (1966) 描述的性孢子器为扁锥形，50～65×20～30 μm；春孢子器成行排列于中脉两侧或单生，高 0.3～0.5 mm，新鲜时红橙色，春孢子近球形或椭圆形，16～24×12～18 μm，壁厚 1～1.5 μm。

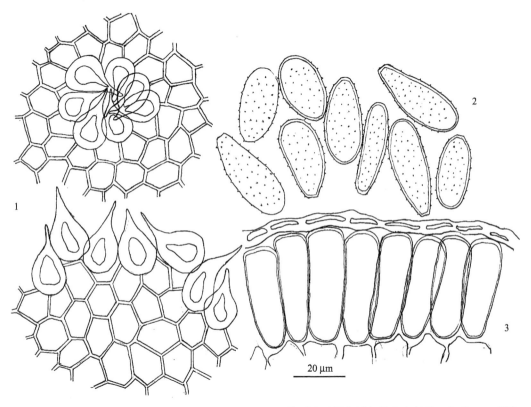

图 8　桦长栅锈菌 *Melampsoridium betulinum* (Fr.) Kleb.的夏孢子堆包被细胞和包被孔口细胞 (1)、夏孢子 (2) 和冬孢子纵切面观 (3) (HMAS 22199)

鹅耳枥长栅锈菌　图 9

Melampsoridium carpini (Fuckel) Dietel, in Engler & Prantl, Die Natürlichen Pflanzenfamilien. I. Abt.1, p. 551, 1900; Hiratsuka & Hashioka, Bot. Mag. Tokyo 51: 42, 1937; Sawada, Descriptive Catalogue of the Formosan Fungi VII, p. 55, 1942; Sawada, Descriptive Catalogue of the Formosan Fungi IX, p. 97, 1943; Cummins, Mycologia 42: 780, 1950; Wang, Index Uredinearum Sinensium (Beijing, China: Academia Sinica), p. 30, 1951; Tai, Sylloge Fungorum Sinicorum (Beijing, China: Science Press), p. 541, 1979; Zang, Li & Xi, Fungi of Hengduan Mountains (Beijing,

China: Science Press), p. 82, 1996; Zhang, Zhuang & Wei, Mycotaxon 61: 62, 1997; Cao, Li & Zhuang, Mycosystema 19: 14, 2000; Zhuang & Wei in W.Y. Zhuang (ed.), Fungi of Northwestern China (Ithaca, New York: Mycotaxon Ltd.), p. 248, 2005.

Melampsora carpini Fuckel, Symbolae Mycologicae, p. 44, 1870.

夏孢子堆生于叶下面，散生或稍聚生，常密布全叶面，初期生于寄主表皮下，圆形，直径 0.1～0.3 mm，后裸露，略粉状，新鲜时黄色；包被半球形，上部细胞不规则多角形，8～15×5～12 μm，下部细胞较狭长，壁约 1 μm 厚，表面光滑，无色；孔口细胞分化明显，顶部常延长呈刺状，长 20～30 μm；夏孢子长卵形、长矩圆形或近棍棒形，15～25(～28)×8～15(～17) μm，壁厚 1～1.5(～2) μm，无色，表面疏生细刺，顶部光滑，芽孔不明显。

冬孢子堆多生于叶两面，散生或聚生，长期生于寄主表皮下，淡黄色或黄色，蜡质；冬孢子单胞，纵切面观长椭圆形、近椭圆状棍棒形或近圆柱形，侧面紧密相连，栅栏状单层排列，20～40(～45)×8～12(～15) μm，壁厚不及 1 μm，无色，表面光滑。

II, III

川陕鹅耳枥 *Carpinus fargesiana* H. Winkl. 重庆：巫溪（70988，70989）。

玉山鹅耳枥 *Carpinus kawakamii* Hayata 台湾：台中（Y. Hashioka no. 1117，未见）。

鹅耳枥 *Carpinus turczaninowii* Hance 安徽：金寨（55217）；陕西：佛坪（HMNWFC-TR 0103，西北农林科技大学），宁陕（HMNWFC-TR 0681），太白山（HMNWFC-TR 0680）。

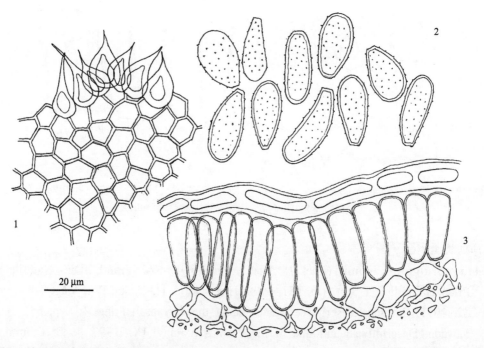

图 9　鹅耳枥长栅锈菌 *Melampsoridium carpini* (Fuckel) Dietel 的夏孢子堆包被细胞和包被孔口细胞 (1)、夏孢子 (2) 和冬孢子纵切面观 (3) (HMAS 70988)

雷公鹅耳枥 *Carpinus viminea* Wall. 四川：卧龙（44517，44518）。

分布：北温带广布。

生活史尚不明确。Hiratsuka (1936) 报告此菌在日本可以夏孢子阶段越冬。尚可侵染铁木属植物 *Ostrya* spp. (Hiratsuka 1958)。

平塚长栅锈菌　图 10

Melampsoridium hiratsukanum S. Ito ex Hiratsuka f., J. Fac. Agric. Hokkaido Univ. 21: 9, 1927; Tai, Sylloge Fungorum Sinicorum (Beijing, China: Science Press), p. 541, 1979; Liu et al., J. Inner Mongolia Univ. (Nat. Sci. Ed.) 48: 647, 2017.

夏孢子堆生于叶下面，散生或聚生，常密布全叶面，初期生于寄主表皮下，圆形或椭圆形，直径 0.1～0.5 mm，后裸露，略粉状，新鲜时橙黄色；包被半球形，较坚实，上部细胞不规则多角形，7.5～18×5～13 μm，下部细胞辐射状，较狭长，壁厚约 1 μm，表面光滑，无色；孔口细胞分化明显，顶部常呈长刺状，长 25～63 μm 或更长；夏孢子长倒卵形、椭圆形或长椭圆形，18～35×10～18 μm，壁厚 1～1.5 μm，无色，表面疏生粗刺，刺距 2～3 μm，芽孔不明显。

冬孢子堆多生于叶下面，散生或稍聚生，长期生于寄主表皮下，黄褐色，壳状，稍隆起；冬孢子单胞，纵切面观矩圆形、近棍棒形或近圆柱形，侧面紧密相连，栅栏状单层排列，30～50×8～15 μm，壁厚不及 1 μm，淡肉桂褐色或近无色，表面光滑。

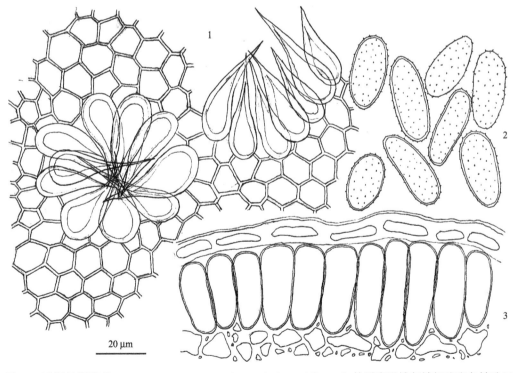

20 μm

图 10　平塚长栅锈菌 *Melampsoridium hiratsukanum* S. Ito ex Hirats. f. 的夏孢子堆包被细胞和包被孔口细胞 (1)、夏孢子 (2) 和冬孢子纵切面观 (3) (HMAS 245205)

II, III

辽东桤木 *Alnus sibirica* Fisch. ex Turcz. (= *A. hirsuta* Turcz. ex Rupr.) 内蒙古：额尔古纳（245204，245205，245207）；黑龙江：带岭（41610），伊春（五营，42870）。

分布：北温带广布。

Hiratsuka (1932) 通过接种试验证明此菌可在达乌里落叶松 *Larix gmelini* (Rupr.) Kuzen. (= *L. dahurica* Lawson)、欧洲落叶松 *Larix decidua* Mill. (= *L. europaea* Lam. & DC.) 和日本落叶松 *Larix kaempferi* (Lamb.) Carrière (= *L. leptolepis* Gord.) 产生性孢子器和春孢子器。据 Hiratsuka (1936) 描述，其性孢子器生于叶两面角质层下，90～126×30～55 μm，蜜黄色；春孢子器生于叶下面，圆柱形，成行排列于中脉两侧，直径 0.5～2 mm，高 1.4 mm；包被细胞不规则四边形或六边形，23.4～36×14.4～20 μm，侧壁厚 4～12 μm，内壁有密疣；春孢子卵形、宽椭圆形或椭圆形，18～26.1×15～19.8 μm，壁厚 1.8～2.5 μm，表面有疣，无色，新鲜时内容物橙黄色。

本种与桤木长栅锈菌 *Melampsoridium alni* (Thüm. ex Tranzschel) Dietel 近似，不同仅在于本种夏孢子堆孔口细胞的顶刺很长，可达 60 μm 或更长，夏孢子表面粗刺均匀疏生，顶部不光滑。

无刺长栅锈菌　图 11

Melampsoridium inerme Suj. Singh & P.C. Pandey, Trans. Brit. Mycol. Soc. 58: 342, 1972;
　　Zhuang & Wei, Mycosystema 7: 45, 1994.

夏孢子堆生于叶下面，散生或稍聚生，初期生于寄主表皮下，圆形，直径 0.1～0.2 mm，后裸露，新鲜时黄色；包被半球形；包被上部细胞不规则多角形，8～20×7～18 μm，下部细胞狭长，壁厚 1～1.5 μm，表面光滑，无色；包被孔口细胞近球形，15～23×13～20 μm，壁厚 2.5～5 μm，无色，表面光滑，顶部不呈刺状；夏孢子倒卵形、椭圆形或矩圆形，20～33×15～23 μm，壁厚 1～1.5 μm，无色，表面疏生细刺，刺距 3.5～5 μm，芽孔不明显。

冬孢子堆生于叶两面，散生或稍聚生，长期生于寄主表皮下，肉眼看不明显，淡黄色，蜡质；冬孢子单胞，纵切面观近圆柱形或棱柱形，侧面紧密相连，栅栏状单层排列，20～38×8～12 μm，壁厚不及 1 μm，无色，表面光滑。

II, III

滇藏木兰 *Magnolia campbelii* Hook. f. & Thomson　西藏：聂拉木（67384，243327）。

分布：印度，中国西南。

本种过去仅知产于印度西孟加拉邦，模式寄主为滇藏木兰 *Magnolia campbelii* Hook. f. & Thomson。其显著特征是它的夏孢子堆包被孔口细胞近球形，具厚壁，顶部不呈刺状。由于模式产地地处日本柳杉 *Cryptomeria japonica* (L.f.) D. Don 林带，Singh 和 Pandey (1972) 推测此菌可能可转主寄生于日本柳杉。西藏标本的寄主植物原来被误订为毛叶玉兰 *Magnolia globosa* Hook. f. & Thomson（庄剑云和魏淑霞 1994），现予订正。

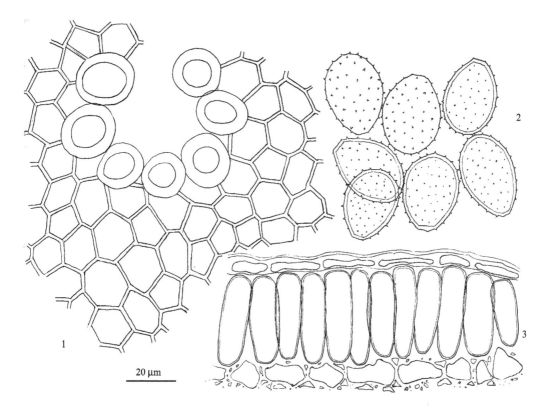

图 11 无刺长栅锈菌 *Melampsoridium inerme* Suj. Singh & P.C. Pandey 的夏孢子堆包被细胞（孔口细胞近球形，具厚壁）(1)、夏孢子 (2)、冬孢子纵切面观 (3) (HMAS 67384)

山胡椒长栅锈菌　图 12

Melampsoridium linderae J.Y. Zhuang, Acta Mycol. Sin. 5: 76, 1986.

夏孢子堆生于叶下面，散生或略聚生，小圆形，直径 0.1～0.2 mm，新鲜时淡黄色，干后灰色；包被半球形；包被上部细胞不规则多角形，8～22×7～16 μm，壁厚 1～1.5 μm，表面光滑，无色；包被孔口细胞近球形，直径 10～16 μm，壁厚 2～3(～4) μm，顶部不突尖；夏孢子椭圆形、倒卵形或长倒卵形，20～32×15～18(～20) μm，壁厚 1～1.5 μm，无色，表面疏生短刺，芽孔不明显。

冬孢子堆生于叶下面，散生或聚生，常以叶脉为限互相连合成大孢子堆，连片发生，长期生于寄主表皮下，淡黄色，蜡质；冬孢子单胞，平面观不规则多角形，大小不一，纵切面观长矩圆形、近矩圆状棍棒形或近圆柱形，侧面紧密相连，栅栏状单层排列，18～30×7～10 μm，壁厚不及 1 μm，顶壁不增厚，无色，表面光滑。

II, III

山胡椒属 *Lindera* sp. 西藏：易贡（46977 模式 typus）。

与滇藏木兰 *Magnolia campbelii* Hook. f. &Thomson 上的 *Melampsoridium inerme* Suj. Singh & P.C. Pandey 相似，本种的夏孢子堆包被孔口细胞顶部不呈刺状突起（庄剑云 1986）。

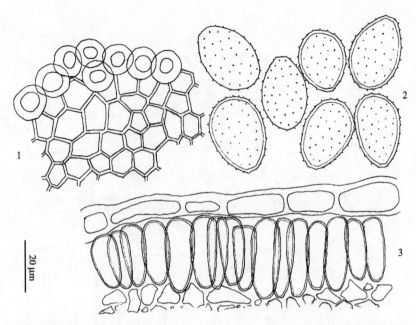

图 12　山胡椒长栅锈菌 *Melampsoridium linderae* J.Y. Zhuang 的夏孢子堆包被细胞和包被孔口细胞
(1)、夏孢子 (2) 和冬孢子纵切面观 (3) (HMAS 46977)

迈氏锈菌属 **Milesina** Magnus

Ber. Deutsch. Bot. Ges. 27: 325, 1909.

性孢子器生于寄主植物表皮下 (1 型) 或角质层下 (3 型)，子实层深凹，呈近球形或扁球形，埋在叶肉组织中 (1 型) 或平展 (3 型)。春孢子器为有被春孢子器型 (peridermioid aecium)，包被圆柱形；春孢子串生成链状，表面具疣。夏孢子堆白色，具半球形包被，中央具开裂不规则的孔口，孔口细胞 (ostiolar cell) 分化不明显；夏孢子单生于柄上，壁无色，表面具刺，稀具细疣或光滑，芽孔不明显。不形成明显的冬孢子堆；冬孢子生于寄主植物表皮细胞中，由垂直隔膜分隔成若干或多个单层相连的细胞，无柄，壁薄，无色，表面光滑，每个细胞可能具 1 芽孔，不明显，不休眠，成熟后立即萌发；担子外生。

模式种：*Milesina kriegeriana* (Magnus) Magnus (lectotype, Hiratsuka 1936)
模式产地：德国

本属所有类型孢子的细胞质和壁均无色素，夏孢子堆呈白色。生活史可能全是转主寄生 (heteroecious) 全孢型 (macrocyclic, eu-form)，春孢子阶段生于冷杉属 *Abies*，夏孢子和冬孢子阶段生于蕨类植物。一些种除产生正常的夏孢子外，尚可产生休眠夏孢子 (amphispore)。冬孢子在越冬蕨类上形成，春季成熟，非休眠孢子，成熟后立即萌发。

有些作者（特别是美洲的作者）如 Faull (1932)、Arthur (1934)、Cummins (1959, 1962) 等使用 *Milesia* F.B. White (1878) 这个属名，但 *Milesia* 是基于无性型（夏孢子阶段）的名称，不宜用于有性阶段。

已知 34 种，尚有 22 种因仅知夏孢子阶段而被暂置于式样属 *Uredo* 中 (Hiratsuka

1958)，广布于北温带。我国已知 7 种。

分种检索表

1. 夏孢子狭长，顶端长渐尖，38～70×10～17 μm，生于 *Polypodiodes*、*Polypodium* 等 ····················
··· 桥冈迈氏锈菌 *M. hashiokai*
1. 夏孢子顶端不呈长渐尖 ··· 2
  2. 夏孢子长，可达 50 μm 或更长 ··· 3
  2. 夏孢子通常不及 40 μm ··· 4
3. 夏孢子倒卵形、椭圆形、长椭圆形、长卵形或不规则，20～50×12～20 μm，生于 *Aleuritopteris*、
  Coniogramme、*Pteris* 等 ······························ 凤丫蕨生迈氏锈菌 *M. coniogrammicola*
3. 夏孢子不规则骨形或无定形，25～55×9～20 μm，生于 *Dryopteris* ········ 宫部迈氏锈菌 *M. miyabei*
  4. 夏孢子多角状倒卵形、矩圆形或不规则，20～30×12～18 μm，生于 *Diplazium*
  ··· 台湾迈氏锈菌 *M. formosana*
  4. 夏孢子不呈多角状 ··· 5
5. 夏孢子倒卵形、椭圆形、梨形或近棍棒形，20～35×12～20 μm，有细疣或近光滑，生于 *Ctenitis*、
  Dryopteris、*Microlepia*、*Polystichum* 等 ································· 小迈氏锈菌 *M. exigua*
5. 夏孢子具细刺 ··· 6
  6. 夏孢子倒卵形或椭圆形，稀近球形，18～33×15～20 μm，生于 *Dryopteris*、*Leptorumohra* 等···
  ·· 红盖鳞毛蕨迈氏锈菌 *M. erythrosora*
  6. 夏孢子近球形、倒卵形、椭圆形或长倒卵形，18～35×12～23 μm，生于 *Aleuritopteris*、*Pteris*
  等 ··· 凤尾蕨生迈氏锈菌 *M. pteridicola*

凤丫蕨生迈氏锈菌　图 13

Milesina coniogrammicola Hiratsuka f. in Hiratsuka et al., The Rust Flora of Japan
(Tsukuba, Japan: Tsukuba Shuppankai), p. 67, 1992.

Milesina coniogrammes Hiratsuka f., Bot. Mag. Tokyo 48: 45, 1934 (based on uredinia);
Hiratsuka & Hashioka, Bot. Mag. Tokyo 48: 237, 1934; Hiratsuka & Hashioka, Bot.
Mag. Tokyo 51: 47, 1937; Sawada, Descriptive Catalogue of the Formosan Fungi VII, p.
58, 1942; Wang, Contr. Inst. Bot. Natl. Acad. Peiping 6: 221, 1949; Wang, Index
Uredinearum Sinensium (Beijing, China: Academia Sinica), p. 30, 1951; Tai, Sylloge
Fungorum Sinicorum (Beijing, China: Science Press), p. 544, 1979; Zhuang & Wei in
W.Y. Zhuang (ed.), Fungi of Northwestern China (Ithaca, New York: Mycotaxon Ltd.),
p. 248, 2005.

Uredo coniogrammes (Hiratsuka f.) S. Uchida, Mem. Mejiro Gakuen Woman's Jun. Coll. 1:
76, 1964; Zhuang & Wei in W.Y. Zhuang (ed.), Higher Fungi of Tropical China (Ithaca,
New York: Mycotaxon Ltd.), p. 379, 2001.

    夏孢子堆生于叶下面，散生或略聚生，圆形、椭圆形或不规则，宽 0.1～0.5 mm，
初期生于寄主表皮下，后裸露，粉状，白色；包被上部细胞不规则多角形，7.5～18×6～
16 μm，壁厚约 1 μm，光滑，无色；夏孢子倒卵形、椭圆形、长椭圆形、长卵形或不规
则，20～45(～50)×12～20 μm，壁厚约 1 μm 或不及，无色，表面有细疣或近光滑，芽
孔不明显。

冬孢子堆生于老叶的褐色病斑，常在叶下面，埋于植物表皮细胞中，形状不规则，随植物表皮细胞形状而多变，由垂直隔膜分隔成若干或多个单层相连的细胞，有时充满整个表皮细胞，孢子细胞平面观为不规则多角形或四边形，形状大小不一，7～20×6～18 μm，壁厚约 1 μm，无色，表面光滑。

II, III

绒毛粉背蕨 *Aleuritopteris subvillosa* (Hook.) Ching (= *Cheilanthes subvillosa* Hook.) 四川：木里（243052），盐源（243022，243023，243030，243031）。

全缘凤丫蕨 *Coniogramme fraxinea* (Don) Diels 台湾：阿里山（04985）。

普通凤丫蕨 *Coniogramme intermedia* Hieron. 台湾：南投（244784，244789）；四川：都江堰（247459）。

凤尾蕨 *Pteris cretica* L. var. *nervosa* (Thunb.) Ching & S.H. Wu (= *Pteris nervosa* Thunb.) 四川：西昌（241861）；云南：保山（240294，240295），武定（50260）。

分布：日本，俄罗斯远东地区，中国，尼泊尔。

西藏产的凤尾蕨 *Pteris cretica* L. var. *nervosa* (Thunb.) Ching & S.H. Wei 上的 *Uredo pteridis-creticae* J.Y. Zhuang & S.X. Wei 疑似迈氏锈菌 *Milesina* 之一未知种。其夏孢子为不规则三角形、楔形、近倒卵形或近纺锤形，与本种的夏孢子不相同（刘铁志和庄剑云2018）。

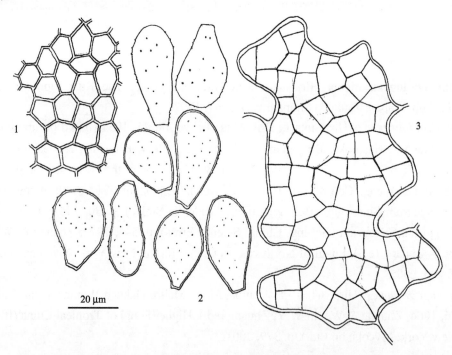

图13　凤丫蕨生迈氏锈菌 *Milesina coniogrammicola* Hirats. f.的夏孢子堆包被细胞 (1)、夏孢子 (2) 和冬孢子平面观 (3) (HMAS 244784)

红盖鳞毛蕨迈氏锈菌　图 14

Milesina erythrosora (Faull) Hiratsuka f. in Hiratsuka f. & Yoshinaga, Mem. Tottori Agric. Coll. 3: 255, 1935; Hiratsuka & Hashioka, Bot. Mag. Tokyo 51: 41, 1937; Sawada,

Descriptive Catalogue of the Formosan Fungi VII, p. 58, 1942; Tai, Farlowia 3: 95, 1947; Wang, Index Uredinearum Sinensium (Beijing, China: Academia Sinica), p. 31, 1951; Tai, Sylloge Fungorum Sinicorum (Beijing, China: Science Press), p. 544, 1979.

Milesia carpatica Faull var. *erythrosora* Faull, Contr. Arnold Arbor. 2: 57, 1932.

夏孢子堆生于叶下面，散生或聚生，小疱状，圆形，直径 0.1～0.3 mm，初期生于寄主表皮下，后裸露，粉状，白色；包被半球形，包被细胞不规则多角形，8～15×6～12 μm，壁厚约 1 μm，光滑，无色；夏孢子倒卵形或椭圆形，稀近球形，18～30(～33)×15～20 μm，壁厚约 1 μm 或不及，无色，表面具细刺，芽孔不明显。

冬孢子堆生于次年老叶的无定形褐色病斑，常在叶下面，埋于寄主植物表皮细胞中，有时生于气孔保卫细胞中，形状不规则，随植物表皮细胞形状而多变，由垂直隔膜分隔成若干或多个单层相连的细胞，有时充满整个表皮细胞，孢子细胞平面观为不规则多角形，直径 5～18 μm，壁厚约 1 μm 或不及，无色，表面光滑。

II, III

假异鳞毛蕨 *Dryopteris immixta* Ching 陕西：镇坪（70934）。

黑鳞鳞毛蕨 *Dryopteris lepidopoda* Hayata 云南：昆明（01686，11010，11189）。

鳞毛蕨属 *Dryopteris* sp. 陕西：镇坪（70933）。

四翼鳞毛蕨 *Leptorumohra quadripinnata* H. Ito (= *Dryopteris quadripinnata* Hayata) 台湾：台南（Y. Hashioka no. 510，未见）。

分布：日本，朝鲜半岛，中国。

台湾的标本未见。此菌的模式寄主为红盖鳞毛蕨 *Dryopteris erythrosora* (Eaton) O. Kuntze，已报道的寄主尚有阔鳞鳞毛蕨 *D. championii* (Benth.) C. Chr. ex Ching、狭顶鳞毛蕨 *D. lacera* (Thunb.) O. Kuntze 等 (Hiratsuka and Yoshinaga 1935; Hiratsuka et al. 1992)。

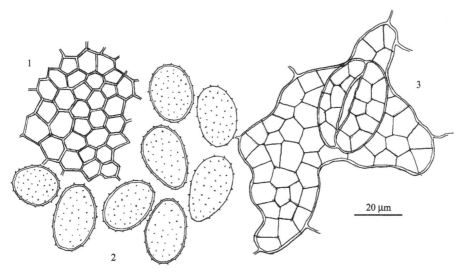

20 μm

图 14　红盖鳞毛蕨迈氏锈菌 *Milesina erythrosora* (Faull) Hirats. f.的夏孢子堆包被细胞 (1)、夏孢子 (2) 和冬孢子平面观 (3) (HMAS 11010)

小迈氏锈菌　图 15

Milesina exigua (Faull) Hiratsuka f., A Monograph of the Pucciniastreae, p. 104, 1936;
Hiratsuka & Hashioka, Bot. Mag. Tokyo 51: 41, 1937; Wang, Index Uredinearum
Sinensium (Beijing, China: Academia Sinica), p. 31, 1951; Zhuang, Acta Mycol. Sin. 5:
75, 1986; Zhuang & Wei in W.Y. Zhuang (ed.), Fungi of Northwestern China (Ithaca,
New York: Mycotaxon Ltd.), p. 248, 2005.

Milesina exigua Faull, J. Arnold Arbor. 12: 219, 1931 (based on uredinia); Tai, Sylloge
Fungorum Sinicorum (Beijing, China: Science Press), p. 544, 1979; Zhang, Zhuang &
Wei, Mycotaxon 61: 62, 1997.

Milesia exigua Faull, Contr. Arnold Arbor. 2: 100, 1932 (Telia described) .

　　夏孢子堆生于叶下面，散生或略聚生，圆形，直径 0.1～0.3 mm，初期生于寄主表
皮下，后裸露，粉状，白色；包被细胞不规则多角形，8～18×7～15 μm，壁厚约 1 μm
或不及，表面有细疣或近光滑，无色；夏孢子倒卵形、椭圆形、梨形、近棍棒形或不规
则，20～33 (～35) ×12～20 μm，壁厚约 1 μm 或不及，无色，光滑，芽孔不明显。

　　冬孢子堆生于老叶褐色病斑，常在叶下面，埋于寄主植物表皮细胞中，随植物表皮
细胞形状而多变，由垂直隔膜分隔成若干或多个单层相连的细胞，有时充满整个表皮细
胞，孢子细胞平面观为不规则多角形，形状大小不一，10～20×7～15 μm，壁厚约 1 μm
或不及，无色，表面光滑。

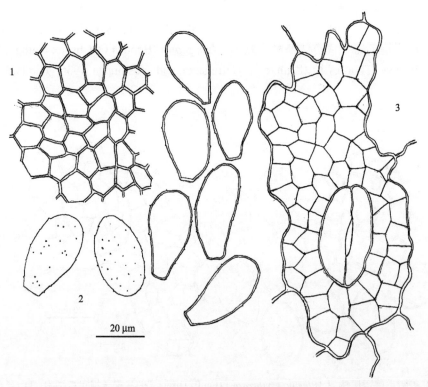

图 15　小迈氏锈菌 *Milesina exigua* (Faull) Hirats. f.的夏孢子堆包被细胞 (1)、夏孢子 (2) 和冬孢子平
面观 (3) (HMAS 47019)

II, III

海南肋毛蕨 *Ctenitis decurrenti-pinnata* Ching 海南：霸王岭（240248，240249）。

川西鳞毛蕨 *Dryopteris rosthornii* (Diels) C. Chr. 陕西：平利（70935，70936，70937）。

粗毛鳞盖蕨 *Microlepia strigosa* (Thunb.) Presl 台湾：台北（05352）。

对马耳蕨 *Polystichum tsus-simense* (Hook.) J. Sm. 西藏：加拉白垒峰东北坡（47019）。

分布：欧亚温带广布。

Kamei (1930b，1940) 首次通过接种试验证实此菌的春孢子阶段寄主为日本冷杉 *Abies firma* Siebold & Zucc.、库页冷杉 *A. sachalinensis* (F. Schmidt) Mast.和迈氏冷杉 *A. sachalinensis* var. *mayriana* Miyabe & Kudo (≡ *A. mayriana* Miyabe & Kudo)。据 Kamei (1930b，1940) 描述，其性孢子器生于叶两面，主要在叶下面，扁球形或球形，120～177.5 μm 宽，111～163 μm 高，性孢子 5～7×1.5～2 μm，两端圆或平截，光滑，无色；春孢子器生于叶下面，在中脉两侧各排成一列，圆柱形，直径约 0.25 mm，高约 0.5 mm，白色，顶端开裂；包被细胞多为菱形或长六角形，26～33×14～22 μm，内壁厚，具粗疣，略呈条纹状，外壁较薄，光滑；春孢子球形或椭圆形，18～24×14～22.5 μm，壁 1.5～2.5 μm 厚，表面具细疣，无色。

台湾迈氏锈菌

Milesina formosana Hiratsuka f., Bot. Mag. Tokyo 55: 267, 1941; Hiratsuka, Mem. Tottori Agric. Coll. 7: 5, 1943; Wang, Index Uredinearum Sinensium (Beijing, China: Academia Sinica), p. 31, 1951; Sawada, Descriptive Catalogue of Taiwan (Formosan) Fungi XI, p. 80, 1959; Tai, Sylloge Fungorum Sinicorum (Beijing, China: Science Press), p. 544, 1979; Zhuang & Wei in W.Y. Zhuang (ed.), Higher Fungi of Tropical China (Ithaca, New York: Mycotaxon Ltd.), p. 360, 2001.

夏孢子堆生于叶下面，散生或略聚生，圆形，小，不明显，直径 0.1～0.2 mm，初期生于寄主表皮下，后裸露，粉状，白色；包被半球形，包被细胞不规则多角形，直径 7～12 μm，壁厚约 1 μm，光滑，无色；夏孢子角状倒卵形、矩圆形或不规则多角形，20～30×12～18 μm，壁厚约 1 μm，无色，有细刺或近光滑，芽孔不明显。

冬孢子堆常在叶下面，平展，埋于寄主植物表皮细胞中，形状不规则，随植物表皮细胞形状而多变，常充满整个表皮细胞，由垂直隔膜分隔成若干或多个单层相连的细胞，孢子细胞平面观为不规则多角形，直径 5～17 μm，壁厚约 1 μm 或不及，无色，表面光滑。

II, III

川上双盖蕨 *Diplazium kawakamii* Hayata 台湾：阿里山 （5 XI 1932, Y. Hashioka, s. n., 模式 HH 100830，未见）。

分布：中国，日本。

本种为 Hiratsuka (1941b) 所描述，日本九州亦有分布 (Hiratsuka et al. 1992)。台湾的模式标本未见，按原描述附志于此供参考。

桥冈迈氏锈菌　图 16

Milesina hashiokai Hiratsuka f., Bot. Mag. Tokyo 48: 39, 1934; Hiratsuka, Mem. Tottori Agric. Coll. 4: 93, 1936; Hiratsuka & Hashioka, Bot. Mag. Tokyo 48: 237, 1934; Sawada, Descriptive Catalogue of the Formosan Fungi VII, p. 59, 1942; Wang, Index Uredinearum Sinensium (Beijing, China: Academia Sinica), p. 31, 1951; Tai, Sylloge Fungorum Sinicorum (Beijing, China: Science Press), p. 545, 1979; Zhuang & Wei in W.Y. Zhuang (ed.), Higher Fungi of Tropical China (Ithaca, New York: Mycotaxon Ltd.), p. 360, 2001.

夏孢子堆生于叶下面，散生或略聚生，圆形，小，不明显，直径 0.1～0.2 mm，初期生于寄主表皮下，后表皮开裂而裸露，粉状，白色；包被半球形，包被细胞不规则多角形，8～18×6～15 μm，壁厚约 1 μm 或不及，光滑，无色；夏孢子狭长，近纺锤形或无定形，顶端长渐尖，基部圆或略平截，38～70×10～17 μm，壁厚约 1 μm 或不及，无色，表面光滑，芽孔不明显。

冬孢子堆常在叶下面，埋于寄主植物表皮细胞中，偶见在气孔保卫细胞内，平面观形状不规则，随植物表皮细胞形状而多变，常充满整个表皮细胞，由垂直隔膜分隔成若干或多个(可达数十个)单层相连的细胞，孢子细胞 10～22×7～15 μm，壁厚约 1 μm 或不及，无色，表面光滑。

II, III

友水龙骨 *Polypodiodes amoena* (Wall. ex Mett.) Ching (≡ *Polypodium amoenum* Wall. ex Mett. = *Polypodium arisanense* Hayata) 台湾：阿里山(02512，04986 等模式 isotypus)；四川：乡城(183402，199525)。

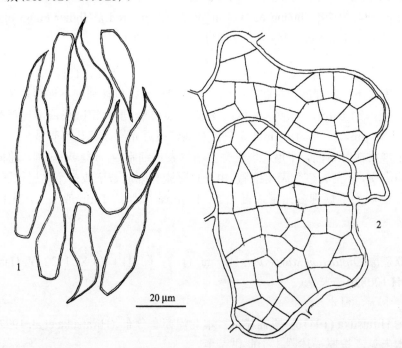

图 16　桥冈迈氏锈菌 *Milesina hashiokai* Hirats. f.的夏孢子 (1) 和冬孢子平面观 (2) (HMAS 183402)

分布：中国。

本种模式产地为台湾阿里山；中国科学院菌物标本馆保存的等模式标本(Y. Hashioka no. 148 = HMAS 04986)的孢子堆很少，所附孢子形态图系根据同寄主植物上的四川标本绘制。

Hiratsuka (1934a) 称此菌近似于美洲 *Polypodium virginianum* L.上的 *Milesina polypodophila* Hirats. f.，但它的夏孢子狭窄得多，且夏孢子堆较小。

宫部迈氏锈菌　图 17

Milesina miyabei Kamei, Trans. Sapporo Nat. Hist. Soc. 12: 169, 1932; Hiratsuka & Hashioka, Bot. Mag. Tokyo 48: 237, 1934; Hiratsuka, Trans, Sapporo Nat. Hist. Soc. 16: 193, 1941; Sawada, Descriptive Catalogue of the Formosan Fungi VII, p. 59, 1942; Tai, Sylloge Fungorum Sinicorum (Beijing, China: Science Press), p. 545, 1979; Zhuang & Wei in W.Y. Zhuang (ed.), Higher Fungi of Tropical China (Ithaca, New York: Mycotaxon Ltd.), p. 360, 2001.

夏孢子堆生于叶下面，散生或稍聚生，圆形，不明显，直径 0.1～0.5 mm，初期生于寄主表皮下，后表皮开裂而裸露，粉状，白色；包被半球形或扁半球形，包被细胞不规则多角形，10～20×6～16 μm，壁厚约 1 μm，光滑，无色；夏孢子不规则骨形或无定形，顶部钝圆或略平截，向下渐狭，25～50 (～55) ×9～20 μm，壁约 1 μm 厚或不及，无色，表面近光滑，芽孔不明显。

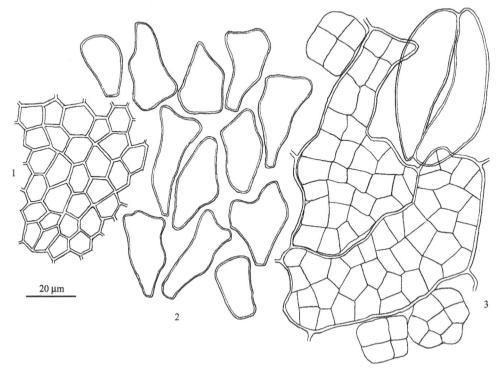

图 17　宫部迈氏锈菌 *Milesina miyabei* Kamei 的夏孢子堆包被细胞 (1)、夏孢子 (2) 和冬孢子平面观 (3) (HMAS 183401)。

冬孢子堆常在老叶（特别是越冬后的老叶）上形成，多在叶下面，稀在叶上面，埋于寄主植物表皮细胞中，有时也生于气孔保卫细胞中，形状不规则，随植物表皮细胞形状而多变，常充满整个表皮细胞，由垂直隔膜分隔成若干或多个单层相连的细胞，孢子细胞平面观为不规则多角形，8～20×7.5～18 μm，壁厚约 1 μm 或不及，无色，表面光滑。

II, III

金冠鳞毛蕨 *Dryopteris chrysocoma* (Christ) Ching 云南：鸡足山（183401）。

大羽鳞毛蕨 *Dryopteris paleacea* C. Chr. (= *D. clarkei* Kuntze) 台湾：台南（04987）。

分布：日本，俄罗斯远东地区，中国。

Kamei (1932) 的接种试验证明迈氏冷杉 *Abies sachalinensis* (Schmidt.) Mast. var. *mayriana* Miyabe & Kudo 是本种在日本的春孢子阶段寄主。Kamei (1932) 描述其性孢子器生于叶下面表皮下，宽 160～280 μm，高 190～240 μm；春孢子器生于叶下面，在中脉两侧各排成一列，圆柱形，直径约 0.5 mm，长约 2 mm，白色；包被细胞多角形或矩圆形，23～41×17.5～26 μm；春孢子近球形或椭圆形，15～29.5×14～24 μm。

Hiratsuka (1941a) 记载此菌在黑龙江北安亦侵染粗茎鳞毛蕨 *Dryopteris crassirhizoma* Nakai，标本(Hiratsuka f. m-no. 51, HH)未见，待证。

凤尾蕨生迈氏锈菌 图 18

Milesina pteridicola Hiratsuka f. in Hiratsuka f. & Yoshinaga, Mem. Tottori Agric. Coll. 3: 256, 1935.

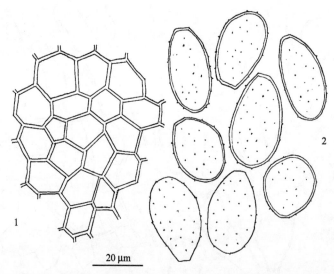

图 18 凤尾蕨生迈氏锈菌 *Milesina pteridicola* Hirats. f. 的夏孢子堆包被细胞 (1) 和夏孢子 (2) (HMAS 55068)

夏孢子堆生于叶两面，散生或聚生，常布满全叶，圆形或椭圆形，直径 0.1～0.5 mm，长期生于寄主表皮下，粉状，白色；包被半球形或扁圆锥形，包被细胞不规则多角形，8～18×7～15 μm，壁厚约 1 μm，光滑，无色；夏孢子近球形、倒卵形、椭圆形、矩圆形或长倒卵形，18～35×12～20(～23) μm，壁厚约 1 μm，无色，表面有细刺，芽孔不明显。

II, (III)

银粉背蕨 *Aleuritopteris argentea* (S.G. Gmél.) Fée (≡ *Pteris argentea* S.G. Gmél.) 北京：百花山(55068，55070，55071，55072，56191)。

分布：日本，尼泊尔，中国。

采自北京银粉背蕨 *Aleuritopteris argentea* (S.G. Gmél.) Fée 上的标本因叶下面有白色蜡质粉状物，孢子堆不明显，但叶上面的夏孢子堆很多；北京标本的冬孢子未见。夏孢子形态特征和大小与 Hiratsuka (1936) 的描述相符。据 Hiratsuka (1936) 的描述，冬孢子堆生于叶下面，埋于植物表皮细胞中或有时也生于气孔保卫细胞中，垂直平面观形状不规则，随植物表皮细胞形状而多变，常充满整个表皮细胞，由垂直隔膜分隔成 4 个或多个单层相连的孢子细胞，孢子细胞不规则多角形，大小不一，多数 12～20×8～17 μm，壁厚约 1 μm 或不及，无色，表面光滑。

直秀锈菌属 Naohidemyces S. Sato, Katsuya & Y. Hiratsuka

Trans. Mycol. Soc. Japan 34: 48, 1993.

性孢子器 3 型，生于寄主植物角质层下，子实层平展，无缘丝。春孢子器具圆盖形包被，孔口细胞 (ostiolar cell) 分化明显；春孢子单生于不明显的柄上，表面具刺；夏孢子堆具圆盖形包被，孔口细胞分化明显；夏孢子单生于不明显的柄上，表面具刺。不形成明显的冬孢子堆；冬孢子生于寄主植物表皮细胞中，由数个侧面相连的细胞组成，壁有色，每个细胞中央具 1 芽孔，越冬休眠后在枯叶上萌发；担子外生。

模式种：*Naohidemyces vaccinii* (G. Winter) S. Sato, Katsuya & Y. Hirats.

= *Naohidemyces vaccinii* (Jørst.) S. Sato, Katsuya & Y. Hirats. ex Vanderweyen & Fraiture

模式产地：圣加伦 (Sankt Gallen)，瑞士

本属最重要的特征是产生与夏孢子堆相似的春孢子器，其圆盖形包被具明显分化的孔口细胞。春孢子单生于柄上，与夏孢子相似。本科的其他属的春孢子器均为有被春孢子器型 (peridermioid aecium)，春孢子串生。本属仅知 2 种，均为转主寄生，春孢子阶段生于铁杉属 *Tsuga* 植物，夏孢子和冬孢子阶段生于越桔属(乌饭树属) *Vaccinium* 等其他杜鹃花科植物，广布于北温带。我国有 1 种。另 1 种 *N. fujisanensis* S. Sato, Katsuya & Y. Hirats. 仅见于日本 (Sato et al. 1993)。

越桔直秀锈菌　图 19

Naohidemyces vaccinii (Jørstad) S. Sato, Katsuya & Y. Hiratsuka ex Vanderweyen & Fraiture, Lejeunia 183: 14, 2007.

Uredo pustulata Persoon var. *vaccinii* Albertini & Schweinitz, Conspectus Fungorum in Lusatiae Superioris Agro Niskiensi Crescentium, p.126, 1805.

Caeoma vacciniorum Link in Linnaeus, Species Plantarum, Ed. 4, 2: 15, 1825 (based on uredinia) .

Melampsora vaccinii (Albertini & Schweinitz) G. Winter, Hedwigia 19: 56, 1881; Rabenhorst, Deutschlands Kryptogammen-Flora Ed. 2, 1 (1), p. 244, 1882 (nom. nud.) .

Melampsora vacciniorum (Link) J. Schröter, Die Pilze Schlesiens, in Cohn, Kryptogamenflora von Schlesien, Dritten Band, Erste Hälfte, p.365, 1887 (nom. nud.) .

Pucciniastrum vaccinii (G. Winter) Jørstad, Skr. Norske Vidensk.-Akad. Oslo, Mat.-Naturvidensk. Kl. 1951 (2) : 55, 1952; Jørstad, Ark. Bot. Ser. 2, 4: 344, 1959.

Thekopsora vaccinii (G. Winter) Hiratsuka f., Uredinological Studies, p. 260, 1955; Tai, Sylloge Fungorum Sinicorum (Beijing, China: Science Press), p. 739, 1979; Zhuang, Acta Mycol. Sin. 5: 76, 1986; Zhuang & Wei, Mycosystema 7: 78, 1994; Cao, Li & Zhuang, Mycosystema 19: 14, 2000; Zhuang & Wei, J. Jilin Agric. Univ. 24: 10, 2002; Zhuang & Wei in W.Y. Zhuang (ed.), Fungi of Northwestern China (Ithaca, New York: Mycotaxon Ltd.), p. 280, 2005.

Naohidemyces vaccinii (G. Winter) S. Sato, Katsuya & Y. Hiratsuka, Trans. Mycol. Soc. Japan 34: 48, 1993.

Naohidemyces vacciniorum (J. Schröter) Spooner in Spooner & Butterfill, Vieraea 27: 175, 1999.

夏孢子堆生于叶下面，散生或不规则聚生，小圆形，直径 0.1～0.3 mm 或不及 0.1 mm，新鲜时橙色或黄色；包被半球形，顶部具一孔口，包被细胞不规则多角形，10～18×5～15 μm，壁厚 1～1.5 μm，无色或淡黄色，表面光滑；孔口细胞多角状椭圆形或多角状矩圆形，18～30×10～17 μm，壁厚 2.5～7 μm，有时近无腔，表面光滑，无色；偶见退化或发育不良的侧丝，圆柱形或近棍棒形，长 22～48 μm，头部宽 7～10 μm，壁厚不及 1 μm；夏孢子近球形、椭圆形、倒卵形、长倒卵形或长椭圆形，17～33×13～18(～20) μm，壁厚 (1～)1.5～2 μm，无色，表面疏生细刺，刺距 2.5～3.5 μm，芽孔不明显。

冬孢子堆生于叶下面，散生或聚生，常被叶脉所限，埋生于寄主表皮中，圆形，直径 0.1～0.2 mm；冬孢子侧面紧密相连，平面观无定形，大多不规则近球形、近矩圆形或近椭圆形，由垂直隔膜分隔成若干细胞，多数 2～4 个细胞，15～30×10～20 μm，壁厚约 1 μm 或不及，淡黄色或近无色，表面光滑。

II, III

大叶珍珠花 *Lyonia macrocalyx* (Anth.) Airy-Shaw 西藏：聂拉木（67884）。

珍珠花 *Lyonia ovalifolia* (Wall.) Drude 云南：永德（244801，244802）；西藏：聂拉木（67828，67829）。

毛叶珍珠花 *Lyonia villosa* (Wall. ex C.B. Clarke) Hand.-Mazz. (≡ *Pieris villosa* Wall. ex C.B. Clarke) 四川：地点不详（'Ch'osodjo and Lǎpé'）(H. Smith no. 4850, UPS)；云南：中甸（183403）。

笃斯越桔 *Vaccinium uliginosum* L. 内蒙古：额尔古纳（245209，245210）；黑龙江：大兴安岭（67328）。

越桔 *Vaccinium vitis-idaea* L. 内蒙古：阿尔山（82807，82808）；吉林：长白山（67329）；黑龙江：大兴安岭（67330）。

分布：北温带广布。

Sato 等（1993）在建立 *Naohidemyces* 时指定 *Naohidemyces vaccinii* (G. Winter) S. Sato, Katsuya & Y. Hirats.为模式种，其基原异名是 *Melampsora vaccinii* (Alb. & Schwein.) G. Winter (1881)，然而 *M. vaccinii* 是基于无性型名称 *Uredo pustulata* Pers. var. *vaccinii* Alb. & Schwein. (1805) 改级而来，不包括冬孢子阶段，故不合法。Spooner (Spooner and Butterfill 1999) 基于 *Melampsora vacciniorum* (Link) J. Schröt. (1887) 改组为 *Naohidemyces vacciniorum* (J. Schröt.) Spooner，由于原来的基原异名 *Caeoma vacciniorum* Link 是夏孢子阶段，冬孢子阶段未描述，也不合法。在此我们采用 Vanderweyen 和 Fraiture (2007) 修订的名称。

Clinton (1911) 通过接种试验证明本种在北美洲的春孢子阶段寄主为加拿大铁杉 *Tsuga canadensis* (L.) Carriere。后来 Rhoads 等 (1918) 的接种试验又证明加罗林铁杉 *Tsuga caroliniana* Engelm.也是本种在北美洲的春孢子阶段寄主。Sato 和 Katsuya (1979) 的接种试验证明北海道铁杉 *Tsuga diversiflora* (Maxim.) Mast.和日本铁杉 *Tsuga sieboldii* Carriere 是本种在日本的春孢子阶段寄主。Ziller (1974) 描述春孢子器生于当年生叶下面，排成两列，锥形隆起，中央具孔，形似夏孢子堆；春孢子具柄，表面有刺；春孢子近球形或宽椭圆形，21～26×15～19 μm，壁厚 2～3 μm，顶部光滑。

本种侵染多种杜鹃花科植物，已报道的寄主尚有 *Gaylussacia*、*Menziesia*、*Pernettya*、*Rhododendron*、*Vaccinium* 等属 (Hiratsuka 1958)。

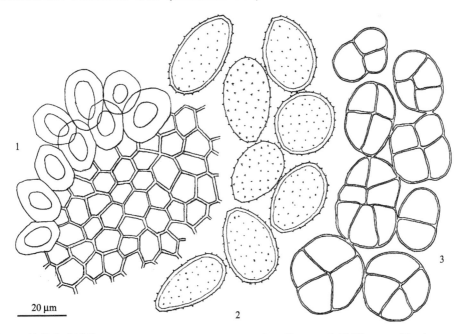

图 19　越桔直秀锈菌 *Naohidemyces vaccinii* (Jørst.) S. Sato, Katsuya & Y. Hirats. ex Vanderweyen & Fraiture 的夏孢子堆包被细胞和包被孔口细胞 (1)、夏孢子 (2) 和冬孢子平面观 (3) (HMAS 245209)

Durrieu (1980) 和 Ono 等(1990)在尼泊尔的珍珠花 *Lyonia ovalifolia* (Wall.) Drude 上也采得此菌，鉴定为 *Thekopsora vaccinii* (G. Winter) Hirats. f.，但后来 Ono 等 (1995) 改订为 *Thekopsora minima* (Arthur) P. Syd. & Syd. (≡ *Pucciniastrum minimum* Arthur 1906a)。*T. minima* 曾长期被许多作者并入 *T. vaccinii*，Sato 等 (1993) 认为应予独立；其夏孢子较小，20～24×12～18 μm，冬孢子较大，20～35×18～32 μm (Sydow and Sydow 1915)。我们在西藏采得的同寄主植物上的标本不符合 *T. minima* 的特征。*T. minima* 原产北美洲，可否分布于喜马拉雅，存疑。

膨痂锈菌属 Pucciniastrum G.H. Otth

Mitt. Naturf. Ges. Bern 1861: 71, 1861.

性孢子器 3 型，生于寄主植物角质层下，子实层平展，界限明显，无缘丝。春孢子器为有被春孢子器型 (peridermioid aecium)；春孢子串生成链状，表面具疣。夏孢子堆具包被，具一孔口，孔口细胞 (ostiolar cell) 分化明显；夏孢子单生于柄上，壁无色，表面具刺，芽孔不明显。冬孢子堆长期埋于寄主植物表皮下；冬孢子侧面紧密相连形成单层硬皮状孢子堆，无柄，由垂直隔膜分隔成 2 至多个细胞，壁薄，有色，每个细胞具 1 顶生芽孔；休眠后萌发，担子外生。

模式种：*Pucciniastrum epilobii* G.H. Otth

模式产地：瑞士

本属已知种的生活史为转主寄生 (heteroecious) 全孢型 (macrocyclic, eu-form)，其春孢子阶段生于冷杉属 *Abies*、云杉属 *Picea* 或铁杉属 *Tsuga*，夏孢子和冬孢子阶段生于多种双子叶植物。已知 23 种。尚有十余个疑隶此属的种因仅见夏孢子阶段而被暂置于式样属 (form genus) *Uredo* 中，其中有 2 种生于单子叶植物斑叶兰 *Goodyera* （兰科） (Hiratsuka 1958)。此属广布于北温带，我国已知 17 种。

分种检索表

1. 孔口细胞大，长 32～46 μm，上部疏生粗刺；夏孢子较大，23.5～42.5×10.5～19 μm，生于鹿蹄草科 Pyrolaceae (*Chimaphila*、*Pyrola*) ·············· 鹿蹄草膨痂锈菌 *P. pyrolae*
1. 孔口细胞小，长通常不及 30 μm，光滑；夏孢子长通常不及 40 μm ·······················2
  2. 生于槭树科 Aceraceae ··3
  2. 不生于槭树科 ··4
3. 夏孢子大，24～36×13～18 μm，生于 *Acer* ·············· 彦山膨痂锈菌 *P. hikosanense*
3. 夏孢子小，15～23×12～15 μm，生于 *Acer* ·················· 槭膨痂锈菌 *P. aceris*
  4. 生于壳斗科 Fagaceae ···5
  4. 不生于壳斗科 ··6
5. 夏孢子 10～30×8～15 μm，生于 *Castanea* ·················· 栗膨痂锈菌 *P. castaneae*
5. 夏孢子 12～23×10～15 μm，生于 *Fagus* ·················· 水青冈膨痂锈菌 *P. fagi*
  6. 生于柳叶菜科 Onagraceae ··7
  6. 不生于柳叶菜科 ··8
7. 夏孢子 15～28×12～15 μm，生于 *Circaea* ·················· 露珠草膨痂锈菌 *P. circaeae*
7. 夏孢子 15～28×12～18 μm，生于 *Epilobium* ·················· 柳叶菜膨痂锈菌 *P. epilobii*

槭膨痂锈菌

Pucciniastrum aceris H. Sydow in Sydow, Mitter & Tandon, Ann. Mycol. 35: 228, 1937; Cao et al., Mycosystema 19: 14, 2000; Zhuang & Wei in W.Y. Zhuang (ed.), Fungi of Northwestern China (Ithaca, New York: Mycotaxon Ltd.), p. 279, 2005.

　　夏孢子堆生于叶下面, 散生或小群聚生, 小圆形, 直径 0.1～0.2 mm, 裸露, 黄色; 包被半球形, 顶部具一孔口, 包被细胞不规则多角形, 壁厚约 1 μm, 光滑; 夏孢子近球形、倒卵形或宽椭圆形, 15～23×12～15 μm, 壁厚 1 μm, 无色或淡黄色, 表面匀布细刺, 芽孔不明显。

　　II, (III)

　　平基槭(元宝槭) *Acer truncatum* Bunge　陕西: 宁陕(HMNWFC-TR 02260 西北农林科技大学真菌标本馆, 未见), 太白山(HMNWFC-TR 02261, 未见)。

　　分布: 印度, 中国。

　　本种原记载于印度穆索里 (Mussoorie), 寄生于青皮槭 *Acer cappadocicum* Gled. (= *A. cultratum* Wall.) (Sydow et al. 1937)。曹支敏等 （2000）在陕西秦岭的元宝槭 *Acer truncatum* Bunge 上也发现, 但仅见夏孢子阶段。据 Sydow 等 （1937）描述, 冬孢子堆生于叶下面, 埋生于寄主表皮下, 单层, 壳状, 略散生, 初时淡黄色, 后变暗黄色; 冬孢子侧面紧密相连, 高 20～30 μm, 宽 6～11 μm, 壁厚约 1 μm, 近无色, 顶部有时略带褐色。

　　我们未能研究陕西的标本, 以上特征描述录自曹支敏和李振岐(1999)。

猕猴桃膨痂锈菌　图20

Pucciniastrum actinidiae Hiratsuka f., J. Jap. Bot. 27: 111, 1952.

Pucciniastrum actinidiae Hiratsuka f., Mem. Tottori Agric. Coll. 4: 279, 1936 (based on uredinia); Hiratsuka & Hashioka, Bot. Mag. Tokyo 51: 42, 1937; Sawada, Descriptive Catalogue of the Formosan Fungi IX, p. 98, 1943; Wang, Index Uredinearum Sinensium (Beijing, China: Academia Sinica), p. 76, 1951; Tai, Sylloge Fungorum Sinicorum (Beijing, China: Science Press), p. 692, 1979.

夏孢子堆生于叶下面，散生或聚生，多时布满全叶，初期被寄主表皮覆盖，后在中央开孔，圆形，直径 0.1～0.8 mm，淡黄褐色；包被半球形，顶部具一孔口，包被细胞不规则多角形，7～15×5～12 μm，壁厚约 1 μm，光滑，孔口细胞近球形、椭圆形或矩圆形，12～15×8～12 μm，壁厚 2～3 μm，近光滑，无色；夏孢子 18～28×12～18 μm，近球形、倒卵形、椭圆形或矩圆形，壁厚 1～1.5(～2) μm，无色，表面具细刺（刺距 2～2.5 μm），芽孔不明显。

II, (III)

硬齿猕猴桃 *Actinidia callosa* Lindl. (= 台湾猕猴桃 *A. callosa* Lindl.var. *formosana* Finet & Gagnep. = *A. formosana* Hayata) 台湾：台北 （11819），台中 (30 Oct. 1931, T. Suzuki, sine num., K)。

分布：日本，中国南部。

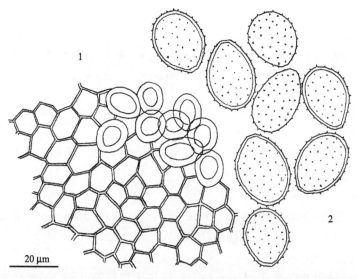

图20　猕猴桃膨痂锈菌*Pucciniastrum actinidiae* Hirats. f. 夏孢子堆包被细胞和包被孔口细胞 (1) 及夏孢子 (2) (HMAS 11819)

本种初见于台湾，生于硬齿猕猴桃 *Actinidia callosa* Lindl. (= 台湾猕猴桃 *A. formosana* Hayata)，仅见夏孢子阶段 (Hiratsuka 1936)。Hiratsuka (1952) 在日本四国的软枣猕猴桃 *Actinidia arguta* (Siebold & Zucc.) Planch. ex Miq.上发现了冬孢子并予以补充描述。据 Hiratsuka (1952, 1958) 描述，冬孢子堆生于叶下面，密集，常被叶脉所限，

多时布满全叶，埋生于寄主表皮下，淡黄色或褐色；冬孢子在寄主细胞间，纵切面观大多近球形、矩圆形或楔形，通常由垂直或斜隔膜分隔成 2～8 个细胞，常见 4 个细胞，高 20～30 μm，宽 17～18 μm，壁薄，淡黄色，表面光滑。在日本已报道的寄主尚有白背猕猴桃 *Actinidia hypoleuca* Nakai、淡红猕猴桃 *Actinidia rufa* Planch.等 (Hiratsuka et al. 1992)。

龙牙草膨痂锈菌　图 21

Pucciniastrum agrimoniae (Dietel) Tranzschel, Scripta Bot. Hort. Univ. Petrop. 4: 301, 1895; Liou & Wang, Contr. Inst. Bot. Natl. Acad. Peiping 3: 433, 1935; Hiratsuka & Hashioka, J. Jap. Bot. 12: 882, 1936; Sawada, Descriptive Catalogue of the Formosan Fungi VI, p. 51, 1933; Hiratsuka, Trans, Sapporo Nat. Hist. Soc. 16: 194, 1941; Sawada, Descriptive Catalogue of the Formosan Fungi IX, p. 98, 1943; Tai, Farlowia 3: 95, 1947; Wang, Contr. Inst. Bot. Natl. Acad. Peiping 6: 221, 1949; Cummins, Mycologia 42: 779, 1950; Wang, Index Uredinearum Sinensium (Beijing, China: Academia Sinica), p. 76, 1951; Qi, Bai & Zhu, Fungus Diseases of Cultivated Plants in Jilin Province (Beijing, China: Science Press), p. 318, 1966; Tai, Sylloge Fungorum Sinicorum (Beijing, China: Science Press), p. 692, 1979; Liu, J. Jilin Agr. Univ. 1983 (2): 5, 1983; Zhuang, Acta Mycol. Sin. 2: 147, 1983; Zhuang, Acta Mycol. Sin. 5: 75, 1986; Guo in anon. (ed.), Fungi and Lichens of Shennongjia (Beijing, China: World Publishing Corp.), p. 117, 1989; Zhuang & Wei, Mycosystema 7: 77, 1994; Zang, Li & Xi, Fungi of Hengduan Mountains (Beijing, China: Science Press), p. 81, 1996; Anon., Fungi of Xiaowutai Mountains in Hebei Province (Beijing, China: Agriculture Press of China), p. 127, 1997; Wei & Zhuang in Mao & Zhuang (eds.), Fungi of the Qinling Mountains (Beijing, China: Chinese Publ. House Agric. Sci. & Techn.), p. 72, 1997; Zhang, Zhuang & Wei, Mycotaxon 61: 74, 1997; Cao, Li & Zhuang, Mycosystema 19: 14, 2000; Zhuang & Wei in W.Y. Zhuang (ed.), Higher Fungi of Tropical China (Ithaca, New York: Mycotaxon Ltd.), p. 377, 2001; Zhuang & Wei, J. Jilin Agric. Univ. 24: 10, 2002; Zhuang & Wei, Mycosystema 22 (Suppl.) : 111, 2003; Zhuang & Wei in W.Y. Zhuang (ed.), Fungi of Northwestern China (Ithaca, New York: Mycotaxon Ltd.), p. 279, 2005; Azbukina & Zhuang in Li & Azbukina (eds.), Fungi of Ussuri River Valley (Beijing, China: Science Press), p. 294, 2011; Liu et al., J. Inner Mongolia Univ. (Nat. Sci. Ed.) 48: 648, 2017; Liu et al., J. Fungal Res. 15: 244, 2017.

Thekopsora agrimoniae Dietel, Hedwigia 29: 153, 1890.

Pucciniastrum agrimoniae-eupatoriae Lagerheim, Tromsø Mus. Aarsh. 17: 92, 1894; Miura, Flora of Manchuria and East Mongolia 3: 231, 1928; Lin, Bull. Chin. Agric. Soc. 159: 42, 1937.

夏孢子堆生于叶下面，散生或聚生，有时布满全叶，圆形，直径 0.1～0.5 mm，略粉状，黄色或淡黄色；包被半球形，顶部具一孔口，包被细胞不规则多角形，7～18×5～

15 μm，壁厚约 1 μm，光滑，孔口细胞近球形、矩圆形、椭圆形或无定形，15～25×12～20 μm，壁厚 2.5～5 μm，光滑。夏孢子 16～25(～28) ×13～20 μm，近球形、倒卵形、椭圆形或长倒卵形，壁厚 1～1.5 μm，无色，新鲜时内容物橙黄色，有细刺，芽孔不明显。

冬孢子堆生于叶下面，在细胞间隙散生或聚生，常互相连合，多时成片密布全叶，埋生于寄主表皮下，新鲜时红褐色，干时淡褐色；冬孢子侧面紧密粘连，平面观大多近球形、椭圆形或矩圆形，互相挤压略呈四边形，通常由垂直隔膜分隔成 2～4 个或多个细胞，18～32×15～25(～28) μm，壁厚 1～1.5 μm，淡黄褐色，光滑。

II, III

龙牙草 *Agrimonia pilosa* Ledeb. 北京：百花山（33399，33416，56788，56872，56876，80535），东灵山（77652，77653，82311，82312），妙峰山（33415）；河北：雾灵山（24788，24871），小五台山（33402，33409，34538，64475，64477，64479），兴隆（24872，89335），涿鹿（64481）；山西：五台山（33392，33395）；内蒙古：阿尔山（67294，67295，67296），额尔古纳（245194，245195），科尔沁左翼后旗（172175），锡林郭勒草原保护区（172174）；辽宁：草河口（64096）；吉林：安图（41838，41840），长春（79324，89586，89587，89590），公主岭（33413），蛟河（67297），龙井（89588，89589，241916，241957，241960），汪清（35375，241935，241937）；黑龙江：阿城（67307），虎林（89591，89592），漠河（82770，82771），牡丹江（92998，136005），宁安（241954），绥芬河（241949）；江苏：句容（11372），浦口（11373，11374，14579）；浙江：天目山（33417，56786，56236）；安徽：九华山（14574，14577），宿州（11371）；福建：武夷山（41837，41839）；台湾：台北（01756，01757，05036），台中（11647）；江西：庐山（14576），武功山（10424），武宁（19663，19665）；山东：崂山（08606），泰山（08325）；湖北：神农架（55412，55446，55447，55448，55449）；湖南：龙山（33406，33410，35376），南岳（00750）；广西：隆林（22420），南宁（77430），容县(S.Y. Cheo no.2588, PUR)，三江（14575），上思（77451）；重庆：大巴山（56863），涪陵（247530），巫溪（71007，71009，71012，71013，71014）；四川：丹巴（31327，33414），都江堰（56237，65612），峨眉山（33408，63894，63895，77678），九寨沟（63893），雷波（240392，240393），美姑（63891，63892），冕宁（241867），木里（63889，63890），青川（63884），松潘（67308），小金（19607），卧龙（44438，44439，63885，63886，63887，63888），盐源（243033）；贵州：梵净山（14578），江口(S.Y. Cheo no. 384, MICH)，雷山（245305，245306），镇宁（92957）；云南：宾川（183360，199430，199433），大理（00371），独龙江东岸(孔目)（240260，240261，240569），贡山（240266，240269），广南（25672），昆明（50251，56884，64097，77683），丽江（56767），马关（25670，25671），武定（51896），西畴（33394），云龙（240558，240708）；西藏：波密（45232，45233，242624，242625），吉隆（65610，65611，65613，65614，65615），加拉白垒峰东北坡（45234，45235），墨脱（45237），亚东（244477，244481，244485），易贡（45236，64095）；陕西：留坝（67298，67299），略阳（37231），勉县（67300），平利（71010），太白山（24570，33390，34537，55624，56200，56238），镇坪（71008，71011）；甘肃：迭部（67301，67302，67303），文县（67309），永登（134791），舟曲（67304，67305，67306）；青海：乐都（25673）；宁夏：六盘山（172172，172173）。

分布：世界广布。

本种极为常见，仅见于龙牙草属 *Agrimonia* 植物，生活史不清楚。

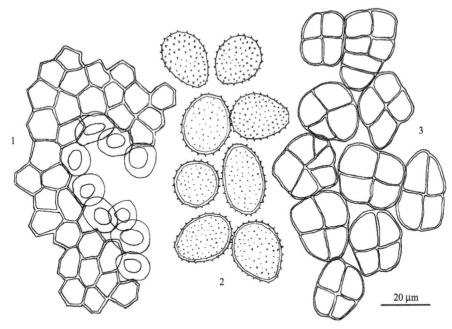

图 21 龙牙草膨痂锈菌 *Pucciniastrum agrimoniae* (Dietel) Tranzschel 夏孢子堆包被细胞和包被孔口细胞 (1)、夏孢子 (2) 和冬孢子平面观 (3) (HMAS 33395)

苎麻膨痂锈菌　图 22

Pucciniastrum boehmeriae P. Sydow & H. Sydow, Ann. Mycol. 1: 19, 1903; Tai, Sylloge Fungorum Sinicorum　(Beijing, China: Science Press), p. 693, 1979; Zhuang, Acta Mycol. Sin. 5: 76, 1986; Zhuang & Wei in W.Y. Zhuang (ed.), Higher Fungi of Tropical China (Ithaca, New York: Mycotaxon Ltd.), p. 377, 2001.

Pucciniastrum formosanum Sawada, Descriptive Catalogue of the Formosan Fungi X, p. 42, 1944 (based on uredinia, nom. nud.) .

夏孢子堆生于叶下面，散生或聚生，有时布满全叶，圆形，极小，直径 0.1～0.2 mm，孢子散发后略呈粉状，新鲜时黄色或淡黄色；包被半球形，顶部具一孔口，包被细胞不规则多角形，7～17×6～15 μm，壁厚 1～1.5 μm，近无色，光滑，孔口细胞近球形，光滑，10～15×8～12 μm，壁厚 1.5～2(～2.5) μm；夏孢子近球形、椭圆形、倒卵形、矩圆形、长卵形或梨形，16～28×12～15(～18) μm，壁厚约 1 μm，无色，有细刺，刺距 2～3 μm，芽孔不明显。

冬孢子堆生于叶下面，小群聚生，极小，埋于寄主表皮下，小壳状，淡黄褐色；冬孢子生于寄主细胞间隙，由垂直隔膜分隔成 1～4 个细胞，稀多于 4 个细胞，平面观近球形、椭圆形或多角状无定形，18～30×15～20 μm，壁厚不及 1 μm，淡黄色，光滑。

II, III

白面苎麻 *Boehmeria clidemioides* Miq. var. *diffusa* (Wedd.) Hand.-Mazz. 四川：雷波

（240391，240397，240398，241845）。

水苎麻 *Boehmeria macrophylla* Hornem. (= *B. platyphylla* D. Don) 贵州：雷山（245285，245286）；西藏：林芝(46921)，墨脱(46918，46919，46920，46922)。

腋球苎麻 *Boehmeria malabarica* Wedd. 西藏：墨脱(247314，247315，247316，247319)。

苎麻 *Boehmeria nivea* (L.) Gaudich. 贵州：荔波(245326，245330，245333，246135，246142，246143)。

长叶苎麻 *Boehmeria penduliflora* Wedd. ex D.G. Long 广西：上思(77519，77520，77521)；云南：龙陵(240337，240340)，屏边(81321)。

分布：日本，菲律宾，巴布亚新几内亚，尼泊尔，中国南部。

Hiratsuka 等 (1992) 记载日本冷杉 *Abies firma* Siebold & Zucc.为本种的春孢子阶段寄主。性孢子器生于寄主角质层下，半球形或锥形，95~165 μm 宽，褐色；春孢子器生于叶下面，圆柱形，直径 0.2~0.3 mm，高 0.5~1.5 mm，新鲜时橙黄色；春孢子近球形、宽椭圆形或椭圆形，17~25×13~20 μm。Kakishima 等(1985)通过接种试验认为冬海棠 *Begonia hiemalis* Fotsch.也是本种寄主，但我们认为此结果尚需进一步证实。

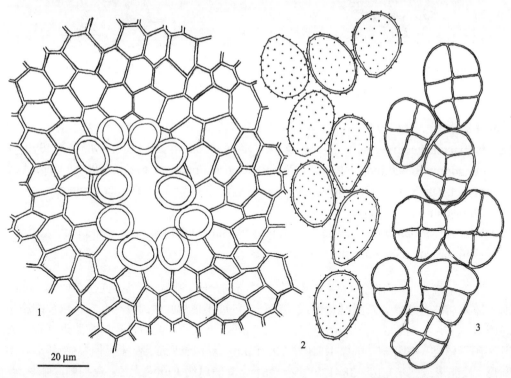

20 μm

图22 苎麻膨痂锈菌 *Pucciniastrum boehmeriae* P. Syd. & H. Syd.的夏孢子堆包被细胞和包被孔口细胞(1)、夏孢子 (2) 和冬孢子平面观 (3) (HMAS 245286)

栗膨痂锈菌　图23

Pucciniastrum castaneae Dietel, Hedwigia 41: (178), 1902; Hiratsuka & Hashioka, Trans. Tottori Soc. Agric. Sci. 4: 163, 1933; Sawada, Descriptive Catalogue of the Formosan

Fungi VI, p. 52, 1933; Sawada, Descriptive Catalogue of the Formosan Fungi IX, p. 99, 1943; Tai, Farlowia 3: 96, 1947; Cummins, Mycologia 42: 780, 1950; Wang, Index Uredinearum Sinensium (Beijing, China: Academia Sinica), p. 77, 1951; Tai, Sylloge Fungorum Sinicorum (Beijing, China: Science Press), p. 693, 1979; Zhuang, Acta Mycol. Sin. 2: 147, 1983; Guo in anon. (ed.), Fungi and Lichens of Shennongjia (Beijing, China: World Publishing Corp.), p. 117, 1989; Wei & Zhuang in Mao & Zhuang (eds.), Fungi of the Qinling Mountains (Beijing, China: Chinese Publ. House Agric. Sci. & Techn.), p. 72, 1997; Zhuang & Wei in W.Y. Zhuang (ed.), Higher Fungi of Tropical China (Ithaca, New York: Mycotaxon Ltd.), p. 377, 2001; Zhuang & Wei in W.Y. Zhuang (ed.), Fungi of Northwestern China (Ithaca, New York: Mycotaxon Ltd.), p. 279, 2005.

夏孢子堆生于叶下面，散生或聚生，多时布满全叶，圆形，直径 0.1～0.5 mm，裸露，略粉状，黄色或橙黄色；包被半球形，顶部具一孔口，包被细胞不规则多角形，7～15×5～10 μm，壁厚约 1(～1.5) μm，光滑，孔口细胞多角状近球形，直径 6～10 μm，壁厚 1.5～2.5 μm，光滑；夏孢子近球形、倒卵形、椭圆形、长卵形或近棍棒形，(10～)15～25(～30)×8～15 μm，壁厚 1～1.5 μm，无色，新鲜时内容物橙黄色，表面匀布细刺，刺距 2～2.5 μm，芽孔不明显。

冬孢子堆生于叶下面，散生或聚生，埋生于寄主表皮下，新鲜时黄褐色；冬孢子侧面紧密相连，平面观大多近椭圆形、矩圆形或无定形，通常由垂直隔膜分隔成 2～6 个细胞，18～33×15～30 μm，壁厚约 1 μm，淡黄色或近无色，光滑。

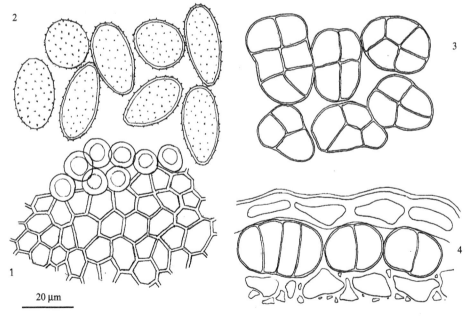

图 23　栗膨痂锈菌 *Pucciniastrum castaneae* Dietel 的夏孢子堆包被细胞和包被孔口细胞 (1)、夏孢子 (2)、冬孢子平面观 (3) 和纵切面观 (4) (HMAS 240322)

II, III

日本栗 *Castanea crenata* Siebold & Zucc. 台湾：台中（01762，05037，11640）。

锥栗 *Castanea henryi* (Skan) Rehder & E.H. Wilson 湖南：长沙（岳麓山 00417，00512）。

栗 *Castanea mollissima* Blume 福建：武夷山（41841）；台湾：台中（05038）；江西：庐山（55117），武功山（10426，55121）；湖北：利川（56211）；广西：凭祥（76439，77875）；重庆：大巴山（55122）；四川：成都（02821），青城山（55123）；云南：保山（240305，240311，240313，240317，240320，240322），昆明（01246）；陕西：太白山（55116）。

茅栗 *Castanea seguinii* Dode 湖南：长沙（岳麓山 00522，11375）。

分布：印度，菲律宾，中国，朝鲜半岛。

Sydow 和 Sydow（1915）、Ito（1938）和 Hiratsuka 等（1992）描述此菌夏孢子堆中有棍棒状或头状侧丝（30～40 μm 长），但在我国的标本中未见。冬孢子鲜见，此菌似可以夏孢子越冬。

露珠草膨痂锈菌 图 24

Pucciniastrum circaeae (G. Winter) Spegazzini ex de Toni in Saccardo, Sylloge Fungorum 7: 763, 1888; Hiratsuka & Hashioka, Trans. Tottori Soc. Agric. Sci. 5: 237, 1935; Hiratsuka, Trans, Sapporo Nat. Hist. Soc. 16: 194, 1941; Sawada, Descriptive Catalogue of the Formosan Fungi VII, p. 56, 1942; Wang, Index Uredinearum Sinensium (Beijing, China: Academia Sinica), p. 77, 1951; Tai, Sylloge Fungorum Sinicorum (Beijing, China: Science Press), p. 693, 1979; Guo in anon. (ed.), Fungi and Lichens of Shennongjia (Beijing, China: World Publishing Corp.), p. 117, 1989; Zang, Li & Xi, Fungi of Hengduan Mountains (Beijing, China: Science Press), p. 82, 1996; Liu et al., J. Inner Mongolia Univ. (Nat. Sci. Ed.) 48: 648, 2017.

Phragmopsora circaeae G. Winter, Hedwigia 18: 171, 1879.

Melampsora circaeae G. Winter in Rabenhorst, Deutschlands Kryptogammen-Flora Ed. 2, 1 (1), p. 243, 1882.

夏孢子堆生于叶下面，散生或聚生，常布满全叶，有时互相连合，圆形，直径 0.1～0.3 mm，新鲜时橙黄色或淡黄色；包被半球形，顶部具一孔口，包被细胞不规则多角形，8～20×6～15 μm，壁厚 1～1.5 μm，近无色，光滑，孔口细胞多角状近球形或椭圆形，壁厚 2～3 μm，无色，光滑；夏孢子近球形、椭圆形、倒卵形或长倒卵形，15～25（～28）×12～15 μm，壁厚约 1 μm，无色，新鲜时内容物橙黄色，表面有细刺，刺距 2～2.5 μm，芽孔不明显。

冬孢子堆多生于叶下面，埋于寄主表皮下，聚生，淡黄色；冬孢子平面观近球形、不规则多角形或无定形，由垂直隔膜分隔成 2～4 个细胞，稀 4 个细胞以上，20～30×15～25 μmμm，壁厚 1～1.5 μm，淡黄色或近无色，表面光滑。

II, III

高原露珠草 *Circaea alpina* L. subsp. *imaicola* (Asch. & Magnus) Kitam.（ = *Circaea pricei* Hayata) 台湾：新竹(01763)。

心叶露珠草(牛泷草) *Circaea cordata* Royle 湖北：神农架(57404)；四川：卧龙(44440)。

分布：欧亚温带广布。

Fischer (1917) 通过接种试验证明欧洲冷杉 *Abies alba* Mill.为本种在欧洲的春孢子阶段寄主；其性孢子器生于叶两面角质层下，100～130 μm 宽。春孢子器生于叶两面，多在叶下面，顺着气孔带在中脉两侧排成两列，短圆柱形，直径约 0.25 mm，高约 1 mm；春孢子近球形、卵形或多角形，14～32×11～21 μm。

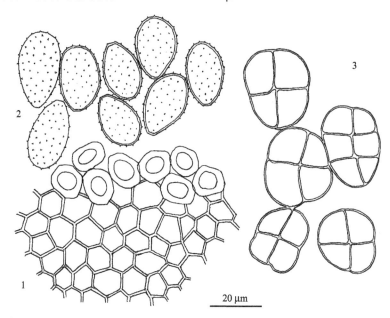

图 24 露珠草膨痂锈菌 *Pucciniastrum circaeae* (G. Winter) Speg. ex de Toni 的夏孢子堆包被细胞和包被孔口细胞 (1)、夏孢子 (2) 和冬孢子平面观 (3) (HMAS 44440)

马桑膨痂锈菌 图 25

Pucciniastrum coriariae Dietel, Bot. Jahrb. Syst. 28: 286, 1900; Hiratsuka & Hashioka, Trans. Tottori Soc. Agric. Sci. 4: 162, 1933; Sawada, Descriptive Catalogue of the Formosan Fungi V, p. 50, 1931; Ito, Mycological Flora of Japan 2 (2)：89, 1938; Sawada, Descriptive Catalogue of the Formosan Fungi IX, p. 99, 1943; Tai, Farlowia 3: 96, 1947; Cummins, Mycologia 42: 780, 1950; Wang, Index Uredinearum Sinensium (Beijing, China: Academia Sinica), p. 77, 1951; Jen, J. Yunnan Univ. (Nat. Sci.) 1956: 140, 1956; Tai, Sylloge Fungorum Sinicorum (Beijing, China: Science Press), p. 693, 1979; Zhuang, Acta Mycol. Sin. 5: 76, 1986; Zhuang & Wei in W.Y. Zhuang (ed.), Higher Fungi of Tropical China (Ithaca, New York: Mycotaxon Ltd.), p. 377, 2001; Zhuang & Wei in W.Y. Zhuang (ed.), Fungi of Northwestern China (Ithaca, New York: Mycotaxon Ltd.), p. 279, 2005.

夏孢子堆生于叶下面，散生或聚生，多时布满全叶，圆形，直径 0.1～0.5 mm，新鲜时黄色，干时浅黄白色；包被半球形，顶部具一孔口，包被细胞不规则多角形，7～20×5～13 μm，壁厚约 1.5 μm，近无色，光滑，孔口细胞近球形、宽椭圆形或无定形，直径 10～15 μm，壁厚约 1 μm 或不及，无色，光滑；夏孢子椭圆形、倒卵形或矩圆形，17～28(～32)×12～20 μm，壁厚 1 μm，无色，新鲜时内容物黄色，表面疏生细刺，刺距 2～4 μm，芽孔不明显。

冬孢子堆生于叶下面，聚生，极小，埋于寄主表皮下，壳状，淡褐色；冬孢子生于寄主表皮下细胞间隙，由垂直隔膜分隔成若干细胞，多数 2～4 个细胞，平面观近球形、椭圆形或矩圆形，密集时互相挤压成无定形，20～35×18～30 μm，壁厚不及 1 μm，淡黄色或近无色，光滑。

II, III

马桑 *Coriaria nepalensis* Wall. (= *C. sinica* Maxim.) 湖北：巴东(56187)；湖南：龙山(55100，55106)；广西：凌云 (S.Y. Cheo no. 1730, PUR)；重庆：涪陵(247549，247550，247559)；四川：都江堰(04406，04407，11378)，天全 (35377)，青城山(55621)，青川(64405，64406)；贵州：遵义 (S.Y. Cheo no. 284, MICH)；云南：保山(240329，240330，240331)，大理(199530，199531，199532)，昆明(10618，17970，50252，50253)；西藏：加拉白垒峰东北坡(46960)；陕西：洋县(74277)。

台湾马桑 *Coriaria intermedia* Matsum. 台湾：台中 （05418）。

分布：日本，印度，菲律宾，中国。

本种模式寄主为日本马桑 *Coriaria japonica* A. Gray (Dietel 1900b)，其生活史尚不清楚。

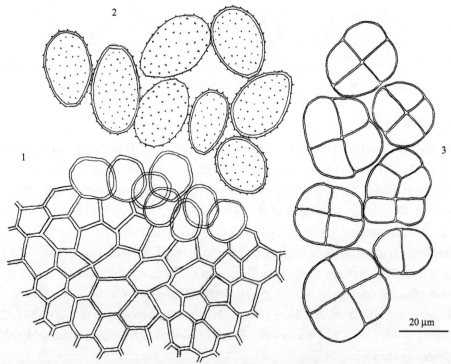

图 25　马桑膨痂锈菌 *Pucciniastrum coriariae* Dietel 的夏孢子堆包被细胞和包被孔口细胞 (1)、夏孢子 (2) 和冬孢子平面观 (3) (HMAS 50252)

榛膨痂锈菌　图 26

Pucciniastrum coryli Komarov in Jaczewski, Komarov & Tranzschel, Fungi Rossiae
　　Exsiccati no. 275, 1899; Komarov, Hedwigia 39: 125, 1900; Miura, Flora of Manchuria
　　and East Mongolia 3: 230, 1928; Tai, Sci. Rep. Natl. Tsing Hua Univ., Ser. B, Biol. Sci.
　　2: 392, 1936-1937; Lin, Bull. Chin. Agric. Soc. 159: 42, 1937; Hiratsuka, Trans,
　　Sapporo Nat. Hist. Soc. 16: 194, 1941; Wang, Index Uredinearum Sinensium (Beijing,
　　China: Academia Sinica), p. 77, 1951; Tai, Sylloge Fungorum Sinicorum (Beijing,
　　China: Science Press), p. 693, 1979.

　　夏孢子堆生于叶下面，散生或聚生，常布满全叶，圆形，直径 0.1～0.2 mm，新鲜
时淡褐色或淡黄色；包被半球形，顶部开裂，包被细胞不规则多角形，直径 8～22×6～
15 μm，壁厚 1～1.5 μm，近无色，光滑，孔口细胞近球形或宽椭圆形，直径 10～18 μm，
壁厚 2～4 μm，无色，光滑；夏孢子近球形、椭圆形、倒卵形或矩圆形，20～30×10 ～
18 μm，壁厚 1～1.5 μm，无色，表面疏生细刺，芽孔不明显。

　　冬孢子堆生于叶下面，单生或聚生，埋于寄主表皮下细胞间隙，小壳状，黄褐色；
冬孢子平面观近球形、矩圆形或近四边形，由垂直隔膜分隔成 2～8 个细胞或更多，18～
32×12～25 μm 宽，壁厚不及 1 μm，淡黄褐色，表面光滑。

　　II, III

　　榛 Corylus heterophylla Fisch. ex Trautv. 吉林:额穆 (Jacz., Kom. & Tranzschel, Fung.
Ross. Exsic. no. 275 = LE 44374　模式)。

　　分布：欧亚温带广布。

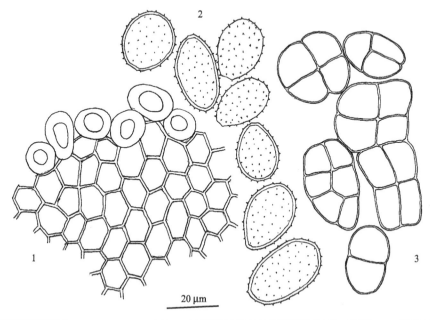

图 26　榛膨痂锈菌 *Pucciniastrum coryli* Kom.的夏孢子堆包被细胞和包被孔口细胞 (1)、夏孢子 (2) 和
冬孢子平面观 (3) (LE 44374)

Komarov (1900) 记载的模式产地 "Omoso" 可能是吉林张广才岭南部的额穆镇。我国的其他报道（见上列文献）都基于原始记载。Kaneko 和 Hiratsuka (1981) 通过接种试验证明此菌可在日本冷杉 *Abies firma* Siebold & Zucc.、日光冷杉 *Abies homolepis* Siebold & Zucc.和富士山冷杉 *Abies veitchii* Lindl.针叶上形成性孢子器和春孢子器。性孢子器生于叶两面角质层下，半球形或锥形，宽 85～150 μm，黄橙色或褐色。春孢子器生于叶下面，圆柱形，直径 0.2～0.3 mm，高 0.5～1.5 mm，新鲜时橙黄色；春孢子近球形、椭圆形或倒卵形，20～27×13～20 μm。

柳叶菜膨痂锈菌　图 27

Pucciniastrum epilobii G.H. Otth, Mitth. Naturf. Ges. Bern 71: 72, 84, 1861; Hiratsuka, Trans, Sapporo Nat. Hist. Soc. 16: 194, 1941; Tai, Sylloge Fungorum Sinicorum (Beijing, China: Science Press), p. 694, 1979; Zhuang, Acta Mycol. Sin. 5: 76, 1986; Guo in anon. (ed.), Fungi and Lichens of Shennongjia (Beijing, China: World Publishing Corp.), p. 118, 1989; Zhuang, Acta Mycol. Sin. 8: 266, 1989; Zang, Li & Xi, Fungi of Hengduan Mountains (Beijing, China: Science Press), p. 82, 1996; Wei & Zhuang in Mao & Zhuang　(eds.), Fungi of the Qinling Mountains (Beijing, China: Chinese Publ. House Agric. Sci. & Techn.), p. 73, 1997; Zhang, Zhuang & Wei, Mycotaxon 61: 75, 1997; Cao, Li & Zhuang, Mycosystema 19: 14, 2000; Zhuang & Wei in W.Y. Zhuang (ed.), Higher Fungi of Tropical China (Ithaca, New York: Mycotaxon Ltd.), p. 377, 2001; Zhuang & Wei, J. Jilin Agric. Univ. 24: 10, 2002; Zhuang & Wei in W.Y. Zhuang (ed.), Fungi of Northwestern China (Ithaca, New York: Mycotaxon Ltd.), p. 279, 2005; Azbukina & Zhuang in Li & Azbukina (eds.), Fungi of Ussuri River Valley (Beijing, China: Science Press), p. 294, 2011; Xu, Zhao & Zhuang, Mycosystema 32 (Suppl.) : 184, 2013; Liu et al., J. Inner Mongolia Univ. (Nat. Sci. Ed.) 48: 648, 2017; Liu et al., J. Fungal Res. 15: 244, 2017.

夏孢子堆生于叶下面，散生或聚生，圆形，直径 0.1～0.5 mm，黄色，干时浅黄白色；包被半球形，顶部具一孔口，包被上部细胞不规则多角形，7～18×5～13 μm，壁厚 1～1.5 μm，光滑，孔口细胞近球形或近椭圆形，略呈多角状，10～18×7～13 μm，壁厚 2～2.5 μm，无色，光滑；夏孢子近球形、倒卵形或矩圆形，15～23(～28) ×12～18 μm，壁厚约 1 μm，无色，表面疏生细刺，刺距 (2～) 2.5～3 μm，芽孔不明显。

冬孢子堆生于叶下面，稀生于茎上，散生或聚生，多时常布满全叶，埋生于寄主表皮下，新鲜时红褐色或黑褐色；冬孢子单生或侧面紧密相连，生于寄主细胞间隙，垂直平面观近球形、椭圆形或矩圆形，多时互相挤压略呈四边形或无定形，18～33×15～25 (～28) μm，通常由垂直隔膜分隔成 2～4 个或多个细胞，壁厚 1～1.5 μm，纵切面观大多近球形、矩圆形或短柱形，宽 17～30 μm，高 15～35 μm，顶部厚 1.5～3 μm，淡黄褐色，光滑。

II, III

柳兰 *Epilobium angustifolium* L. [≡ *Chamaenerion angustifolium* (L.) Scop.] 内蒙古:

牙克石(乌尔旗汗，82249)；吉林：安图(41842)；黑龙江：带岭(41843)，五营(43022)；湖北：神农架(57387)；四川：九寨沟(76429)，米亚罗(55165)，青川(76426，76427)，乡城(183378，199502，199503，199504)；陕西：平利(70995，70996)，太白山(25674，25675)；甘肃：舟曲(76428，76430，76431)；新疆：布尔津(172042，172043)，巩留(52997)。

毛脉柳叶菜 *Epilobium amurense* Haussk. 西藏：岗日嘎布山(46957)。

网脉柳叶菜 *Epilobium conspersum* Hausskn. 四川：贡嘎山(48606)；西藏：岗日嘎布山(46958，46959)，林芝(247407，247408，247419，247420)。

柳叶菜 *Epilobium hirsutum* L. 湖北：神农架(57411)；四川：木里(76434，77677)。

沼生柳叶菜 *Epilobium palustre* L. 黑龙江：饶河(93014)。

小花柳叶菜 *Epilobium parviflorum* Schreb. 云南：文山(55487)。

分布：世界广布。

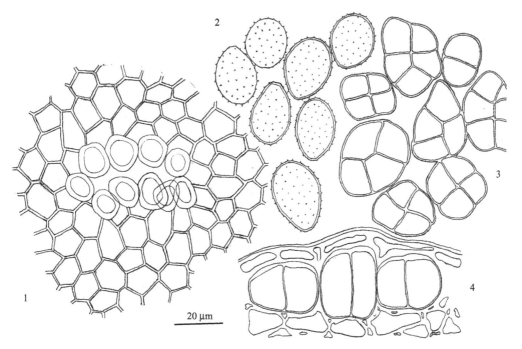

图 27 柳叶菜膨痂锈菌 *Pucciniastrum epilobii* G.H. Otth 的夏孢子堆包被细胞和包被孔口细胞 (1)、夏孢子 (2)、冬孢子平面观 (3) 和纵切面观 (4) (HMAS 70996)

Klebahn (1899)、Fischer (1900)、Bubák (1906) 等通过接种试验证明欧洲冷杉 *Abies alba* Mill.为本种在欧洲的春孢子阶段寄主；Fraser (1912) 和 Faull (1938b) 证明香脂冷杉 *Abies balsamea* (L.) Mill.为本种在北美洲的春孢子阶段寄主；Ziller (1974) 记载北美洲的春孢子阶段寄主还有温哥华冷杉 *A. amabilis* Douglas ex J. Forbes、白冷杉 *A. concolor* (Gordon & Glend.) Lindl. ex Hildebrandt、巨冷杉 *A. grandis* (Douglas ex D. Don) Lindl.和洛矶山冷杉 *A. lasiocarpa* (Hook.) Nutt.。Hiratsuka (1930) 的接种试验证明迈氏冷杉 *Abies sachalinensis* (Schmidt.) Mast. var. *mayriana* Miyabe & Kudo 是本种在日本的春孢子阶段寄主。Tranzschel (1939)、Kuprevicz 和 Tranzschel (1957) 记载西伯利亚冷杉

A. sibirica Ledeb.为本种在俄罗斯西伯利亚及远东地区的春孢子阶段寄主。Hiratsuka (1930) 描述其性孢子器生于寄主角质层下，宽 60～140 μm。春孢子器生于叶下面，不规则排成两列，短圆柱形，直径 0.2～0.3 mm，新鲜时橙黄色；春孢子近球形、椭圆形或倒卵形，13～23×10～18 μm。

水青冈膨痂锈菌　图 28

Pucciniastrum fagi G. Yamada ex Hiratsuka f., Bot. Mag. Tokyo 44: 280, 1930; Guo in anon. (ed.), Fungi and Lichens of Shennongjia (Beijing, China: World Publishing Corp.), p. 118, 1989.

夏孢子堆生于叶下面，散生或聚生，圆形，极小，直径 0.1 mm 或不及，黄色或淡黄褐色；包被半球形，顶部具一孔口，包被细胞不规则多角形，7～18×6～15 μm，壁厚约 1 μm，无色，表面光滑，孔口细胞近球形或宽椭圆形，10～15×8～10 μm，壁厚 1.5～3.5 μm，无色，表面光滑；夏孢子椭圆形、倒卵形、长椭圆形或长倒卵形，12～23×10～15 μm，壁厚约 1 μm 或不及，无色，新鲜时内容物橙黄色，表面疏生细刺，刺距 2～3 μm，芽孔不明显。

II, (III)

米心水青冈 *Fagus engleriana* Seem. 湖北：神农架(57277)。

分布：日本，中国。

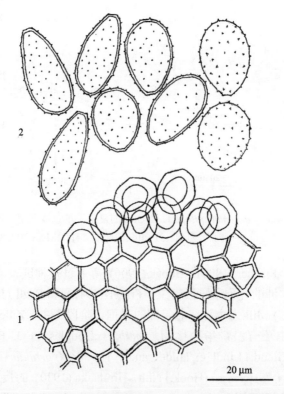

图 28　水青冈膨痂锈菌 *Pucciniastrum fagi* G. Yamada ex Hirats. f. 的夏孢子堆包被细胞和包被孔口细胞 (1) 及夏孢子 (2) (HMAS 57277)

本种在日本的模式寄主为圆齿叶水青冈 *Fagus crenatus* Blume (Hiratsuka 1930)；它极似 *Pucciniastrum castaneae* Dietel，两者可能同物，但本种夏孢子堆极小。在我国仅郭林（1989）在湖北神农架采到过，标本中未见冬孢子。据 Hiratsuka 等（1992）记载，冬孢子堆生于叶两面，埋生于寄主表皮下，新鲜时橙黄色或黄褐色；冬孢子生于寄主细胞间隙，偶见单生于叶肉组织中，纵切面观近球形或卵形，多角或侧面略平，高 12～27 μm，宽 12～25 μm，通常由垂直隔膜分隔成 2～5 个细胞，稀多于 5 个细胞，壁厚 1～1.5 μm，淡黄褐色。Kaneko 和 Hiratsuka (1980, 1983b) 通过接种试验证明此菌可在北海道铁杉 *Tsuga diversiflora* (Maxim.) Mast.和日本铁杉 *T. sieboldii* Carriere 产生春孢子器和春孢子。据原描述，性孢子器半球形或锥形，宽 80～115 μm，高 32～40 μm；春孢子器生于叶下面，圆柱形，宽 0.2～0.3 mm，长 0.5～1 mm，橙黄色，包被细胞近菱形，35～75×13～28 μm，春孢子椭圆形、倒卵形或近球形，16～22×12～18 μm，壁厚不及 1 μm，无色，表面密布粗疣，疣高 0.5～1.2 μm。

彦山膨痂锈菌

Pucciniastrum hikosanense Hiratsuka f., Ann. Phytopathol. Soc. Japan 10: 154, 1940; Hiratsuka, Mem. Tottori Agric. Coll. 7: 8, 1943; Wang, Index Uredinearum Sinensium (Beijing, China: Academia Sinica), p. 77, 1951; Sawada, Descriptive Catalogue of Taiwan (Formosan) Fungi XI, p. 81, 1959; Tai, Sylloge Fungorum Sinicorum (Beijing, China: Science Press), p. 694, 1979; Zhuang & Wei in W.Y. Zhuang (ed.), Higher Fungi of Tropical China (Ithaca, New York: Mycotaxon Ltd.), p. 377, 2001.

夏孢子堆生于叶下面，散生或聚生，有时布满全叶，圆形，直径 0.1～0.3 mm，橙黄色；包被半球形，顶部具一孔口，包被细胞不规则多角形，直径 8～18 μm，壁厚 1～1.5 μm，无色，表面光滑，孔口细胞近球形，表面光滑；夏孢子矩圆形、椭圆形或倒卵形，24～36×13～18 μm，壁厚 1～2 μm，无色，表面疏生细刺，芽孔不明显。

冬孢子堆生于叶下面，散生或聚生，埋生于寄主表皮下，新鲜时黄色或黄褐色，稀紫褐色；冬孢子单生或侧面紧密相连，纵切面观近球形或矩圆形，宽 18～36 μm，高 17～33 μm，通常由垂直隔膜分隔成 2～6 个细胞，壁厚约 1 μm，淡黄色或近无色，表面光滑。

II, III

红槭 *Acer rubescens* Hayata　台湾：台南（14 Jan. 1941, N. Hiratsuka & Y. Hashioka, s. n.，标本未见）。

分布：日本，中国台湾岛。

本种在我国仅见于台湾 (Hiratsuka 1941b)。我们未能研究台湾标本，以上描述录自 Hiratsuka 等(1992)，仅供参考。它在日本的模式寄主为褐脉槭 *Acer rufinerve* Siebold & Zucc.。本种与 *Pucciniastrum aceris* Syd.的区别仅在于夏孢子的形状和大小，后者的夏孢子近球形、倒卵形或宽椭圆形，15～23×12～15 μm (Hiratsuka 1940)。

藤绣球膨痂锈菌　图 29

Pucciniastrum hydrangeae-petiolaris Hiratsuka f., J. Fac. Agric. Hokkaido Univ. 21: 27, 93, 1927; Hiratsuka & Hashioka, Bot. Mag. Tokyo 48: 237, 1934; Sawada, Descriptive Catalogue of the Formosan Fungi VII, p. 56, 1942; Sawada, Descriptive Catalogue of the Formosan Fungi IX, p. 100, 1943; Cummins, Mycologia 42: 780, 1950; Wang, Index Uredinearum Sinensium (Beijing, China: Academia Sinica), p. 77, 1951; Tai, Sylloge Fungorum Sinicorum (Beijing, China: Science Press), p. 694, 1979; Zhuang, Acta Mycol. Sin. 2: 147, 1983; Zhuang, Acta Mycol. Sin. 5: 76, 1986; Guo in anon. (ed.), Fungi and Lichens of Shennongjia (Beijing, China: World Publishing Corp.), p. 118, 1989; Zhuang & Wei, Mycosystema 7: 77, 1994; Zhang, Zhuang & Wei, Mycotaxon 61: 75, 1997; Cao, Li & Zhuang, Mycosystema 19: 14, 2000; Zhuang & Wei in W.Y. Zhuang (ed.), Higher Fungi of Tropical China (Ithaca, New York: Mycotaxon Ltd.), p. 377, 2001; Zhuang & Wei in W.Y. Zhuang (ed.), Fungi of Northwestern China (Ithaca, New York: Mycotaxon Ltd.), p. 279, 2005.

夏孢子堆生于叶下面，散生或小群聚生，有时布满全叶，圆形，直径 0.1～0.3 mm，生于寄主表皮下，新鲜时黄褐色；包被半球形，顶部具一孔口，上部细胞不规则多角形，10～18×6～13 μm，下部细胞狭长，壁厚 1～1.5 μm，光滑，近无色；孔口细胞近球形，直径 10～15 μm，近光滑；夏孢子倒卵形、椭圆形、长矩圆形或近棍棒形，18～38×12～20 μm，壁厚 1～1.5 μm，无色，表面疏生细刺，刺距 2.5～5 μm，芽孔不明显。

冬孢子堆生于叶下面，散生或聚生，常在叶脉间密集，埋生于寄主表皮下细胞间隙，新鲜时黄褐色；冬孢子侧面紧密相连，平面观近球形、椭圆形、矩圆形或无定形，密集时互相挤压略呈不规则四边形，20～37×15～30 μm，纵切面观近球形、近卵形、矩圆形或近方形，宽 18～37 μm，高 18～33 μm，通常由垂直隔膜分隔成 2～4 个或多个细胞，壁厚约 1 μm，淡黄褐色，光滑。

II, III

冠盖绣球 *Hydrangea anomala* D.Don 台湾：阿里山（05039，11650）。

马桑绣球 *Hydrangea aspera* D. Don 贵州：绥阳（246164，246167，246174，246175，246194）。

微绒绣球 *Hydrangea heteromalla* D. Don 西藏：吉隆（64275，64276）。

圆锥绣球 *Hydrangea paniculata* Siebold 福建：武夷山（41844，41845，41846）；湖北：神农架（57227）。

腊莲绣球 *Hydrangea strigosa* Rehder 四川：都江堰（247448）。

绣球属 *Hydrangea* sp. 重庆：巫溪（71000）；贵州：江口（S.Y. Cheo no. 872, MICH）。

分布：日本，俄罗斯远东地区，中国，尼泊尔。

夏孢子堆包被孔口细胞的壁厚度未能测量，其轮廓不明显，可能很厚或细胞几乎无腔。在原描述中仅称"孔口细胞圆形，顶壁稍厚"（Hiratsuka 1927c; Hiratsuka et al. 1992）。湖北神农架标本的寄主植物被误订为大枝绣球 *Hydrangea rosthornii* Diels（郭林 1989），改订为圆锥绣球 *Hydrangea paniculata* Siebold。Ito（1938）记载台湾的蝶萼绣球 *H.*

kawakamii Hayata 也是本种寄主。

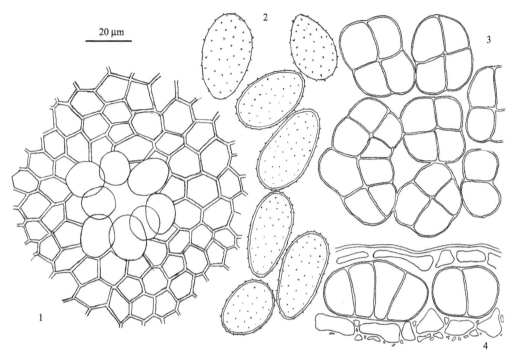

图 29　藤绣球膨痂锈菌 *Pucciniastrum hydrangeae-petiolaris* Hirats. f. 的夏孢子堆包被细胞和包被孔口
　　　 细胞 (1)、夏孢子 (2)、冬孢子平面观 (3) 和纵切面观 (4) (HMAS 57227)

宫部膨痂锈菌　图 30

Pucciniastrum miyabeanum Hiratsuka, Bot. Mag. Tokyo 12: 33, 1898; Zhuang & Wei,
　　　 Mycosystema 7: 77, 1994.

　　夏孢子堆生于叶下面，散生或不规则聚生，多时常布满全叶，圆形，极小，直径
0.1～0.2 mm，黄色；包被半球形，顶部具一孔口，包被细胞不规则多角形，10～18×8～
15 μm，壁厚 1～1.5 μm，无色，光滑，孔口细胞近球形或近卵形，直径 12～16 μm，
壁厚 2～2.5 μm，无色，光滑；夏孢子近球形、倒卵形、椭圆形或梨形，15～30×13～
18(～20) μm，壁厚 1～1.5 μm，无色，新鲜时内容物橙黄色，表面疏生细刺，刺距 2.5～
3 μm，芽孔不明显。

　　冬孢子堆生于叶两面，散生或聚生，常被叶脉所限，多时布满叶大部或全叶，埋生
于寄主表皮下，壳状，新鲜时黄色或黄褐色；冬孢子单生或小群聚生，常侧面相连，生
于寄主细胞间隙，平面观大小形状不规则，大多为 18～38×15～28 μm，通常由垂直隔
膜分隔成 2～6 个或多个细胞，纵切面观大多近球形、椭圆形、矩圆形、短柱形或无定
形，宽 15～33 μm，高 20～38 μm，壁厚约 1 μm 或不及，淡黄色或近无色，表面光滑。

　　II, III

　　淡红荚蒾 *Viburnum erubescens* Wall. ex DC. 西藏：吉隆 (65661)，聂拉木 (65657，
65658，65659，65662，65663)。

大花荚蒾 *Viburnum grandiflorum* Wall. ex DC. 西藏：聂拉木 (65791)。

显脉荚蒾 *Viburnum nervosum* D. Don (= *V. cordifolium* Wall. ex DC.) 云南：贡山 (孔目 240571)。

分布：日本，俄罗斯远东地区，中国，尼泊尔。

Hiratsuka (1932) 经接种试验证明迈氏冷杉 *Abies sachalinensis* (Schmidt.) Mast. var. *mayriana* Miyabe & Kudo 是本种在日本的春孢子阶段寄主。Hiratsuka (1932) 描述其性孢子器生于寄主角质层下，半球形，扁平，直径 112～156 μm。春孢子器生于叶下面，不规则排成两列，圆柱形，高 0.8～1.6 mm，直径 0.25～0.35 mm；春孢子近球形、椭圆形或倒卵形，18～27×15～18 μm。

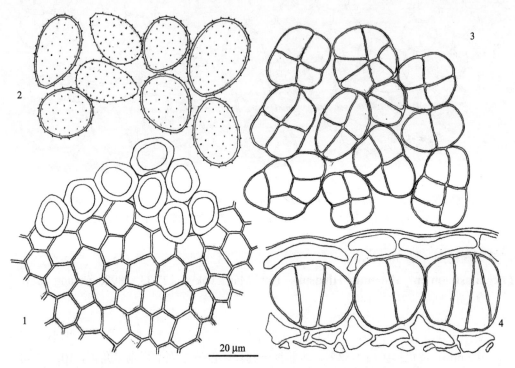

图 30 宫部膨痂锈菌 *Pucciniastrum miyabeanum* Hirats. 的夏孢子堆包被细胞和包被孔口细胞 (1)、夏孢子 (2)、冬孢子平面观 (3) 和纵切面观 (4) (HMAS 65658)

委陵菜膨痂锈菌 图 31

Pucciniastrum potentillae Komarov in Jaczewski, Komarov & Tranzschel, Fungi Rossiae Exsiccati no. 327, 1899; Miura, Flora of Manchuria and East Mongolia 3: 233, 1928; Ho & Wang, Ann. Res. Council Natl. Univ. Peiping, Agric. Sci. Ser., 1: 267, 1934; Tai, Sci. Rep. Natl. Tsing Hua Univ., Ser. B, Biol. Sci. 2: 392, 1936-1937; Hiratsuka, Trans, Sapporo Nat. Hist. Soc. 16: 194, 1941; Cummins, Mycologia 42: 779, 1950; Wang, Index Uredinearum Sinensium (Beijing, China: Academia Sinica), p. 78, 1951; Tai, Sylloge Fungorum Sinicorum (Beijing, China: Science Press), p. 694, 1979; Liu, J. Jilin Agr. Univ. 1983 (2) : 5, 1983; Wang & Zang (eds.), Fungi of Xizang (Tibet) (Beijing, China: Science Press), p. 33, 1983; Zhuang, Acta Mycol. Sin. 5: 76, 1986; Zhuang &

Wei, J. Jilin Agric. Univ. 24: 10, 2002; Liu et al., J. Inner Mongolia Univ. (Nat. Sci. Ed.) 48: 648, 2017.

夏孢子堆生于叶两面，多在叶下面，散生或小群聚生，有时布满全叶，圆形，直径 0.5～1 mm，生于寄主表皮下，新鲜时橙黄色；包被半球形，顶部具一孔口，上部细胞不规则多角形，8～18×6～15 μm，下部细胞狭长，壁厚 1～1.5 μm，光滑，近无色；孔口细胞近球形或近卵形，12～18×10～12 μm，壁厚 2～5 μm，厚度不均，近光滑，上部粗糙或有不明显的短细刺；夏孢子近球形、倒卵形或椭圆形，15～23×10～18 μm，壁厚 1～1.5 μm，无色，表面有细刺，刺距 2～3 μm，芽孔不明显。

冬孢子堆生于叶下面，散生或聚生，常在叶脉间密集，埋生于寄主表皮下，新鲜时红褐色；冬孢子多在细胞间隙，单生或不规则小群聚生，垂直平面观近球形、椭圆形或矩圆形，由垂直或斜隔膜分隔成 2～4 个细胞，18～28×15～23 μm，壁厚约 1 μm 或不及，淡黄褐色，光滑。

II, III

三叶委陵菜 *Potentilla freyniana* Bornm. 吉林：松江（地点不详，可能在蛟河境内）（56841）。

莓叶委陵菜 *Potentilla fragarioides* L. 内蒙古：阿尔山（67241，67242，67249，67250）；黑龙江：宁安（Jacz., Kom. & Tranzschel, Fung. Ross. Exsic. no. 327＝ LE 44367 模式）。

分布：亚洲东部，北美洲。

庄剑云（1986）采自西藏墨脱和岗日嘎布山 *Potentilla* sp. 上的标本（HMAS 45240，45241，45242，45243）经复查未见夏孢子堆包被及冬孢子，有侧丝，可能是 *Phragmidium potentillae* (Pers.) P. Karst. 的夏孢子阶段，记录可疑，不引证。

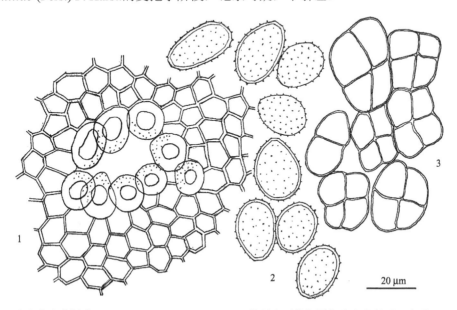

图 31 委陵菜膨痂锈菌 *Pucciniastrum potentillae* Kom. 的夏孢子堆包被细胞和包被孔口细胞 (1)、夏孢子 (2) 和冬孢子平面观 (3) (LE 44367)

鹿蹄草膨痂锈菌

Pucciniastrum pyrolae Dietel ex Arthur, North American Flora 7: 108, 1907; Tai, Sylloge
Fungorum Sinicorum (Beijing, China: Science Press), p. 694, 1979; Liu et al., J. Inner
Mongolia Univ. (Nat. Sci. Ed.) 48: 648, 2017.

Thekopsora pyrolae P. Karsten, Bidrag Kännedom Finlands Natur Folk 31: 59, 1879.

Pucciniastrum pyrolae (P. Karsten) J. Schröter, Jahresber. Schles. Ges. Vaterl. Cult. 58: 167,
1880; Hiratsuka & Hashioka, Bot. Mag. Tokyo 49: 523, 1935; Sawada, Descriptive
Catalogue of the Formosan Fungi VII, p. 57, 1942; Wang, Index Uredinearum
Sinensium (Beijing, China: Academia Sinica), p. 78, 1951.

夏孢子堆生于叶两面或叶柄上，多在叶下面，散生或小群聚生，圆形，直径 0.1～
0.4 mm，生于寄主表皮下，新鲜时黄褐色；包被半球形，顶部具一孔口，上部细胞不
规则多角形，直径 9～18 μm，壁约 2 μm 厚，近无色，表面光滑；孔口细胞大，长 32～
46 μm，上部疏生粗刺，下部的壁极厚；夏孢子椭圆形、长椭圆形或近棍棒形，23.5～
42.5×10.5～19 μm，壁厚 1.5～2.5 μm，近无色，表面有尖疣。

冬孢子堆生于叶下面，散生或聚生，埋生于寄主表皮下，肉眼看不明显；冬孢子单
生或小群聚生，纵切面观长矩圆形或近柱形，由垂直或斜隔膜分隔成若干细胞，24～
28×10～12 μm，壁厚约 1 μm，无色，表面光滑。

II, III

台湾喜冬草 *Chimaphila taiwaniana* Masamune 台湾：台北 (G. Masamune & K. Mori
no. 764, Y. Hashioka no. 763，未见)。

分布：北温带广布。

此菌广布北温带，常见于多种鹿蹄草属 *Pyrola* 植物，除台湾外，我国其他省（自治
区）可能也有，但我们一直以来从未见过。生于台湾喜冬草 *Chimaphila taiwaniana*
Masamune 的台湾标本未见，以上描述录自 Hiratsuka 等(1992)，仅供参考。Wilson 和
Henderson (1966) 称此菌冬孢子不常生成，可以夏孢子越冬。其他寄主尚有单侧花属
Orthilia。

安息香膨痂锈菌 图 32

Pucciniastrum styracinum Hiratsuka, Bot. Mag. Tokyo 12: 31, 1898; Hiratsuka &
Hashioka, Trans. Tottori Soc. Agric. Sci. 4: 162, 1933; Sawada, Descriptive Catalogue
of the Formosan Fungi VI, p. 52, 1933; Wang, Index Uredinearum Sinensium (Beijing,
China: Academia Sinica), p. 78, 1951; Tai, Sylloge Fungorum Sinicorum (Beijing,
China: Science Press), p. 694, 1979.

夏孢子堆生于叶下面，散生或聚生，多时常布满全叶，圆形，极小，直径 0.1～0.2 mm，
黄色；包被半球形，顶部具一孔口，包被细胞不规则多角形，8～18×6～15 μm，壁厚 1～
1.5 μm，近无色，表面光滑，孔口细胞近球形或椭圆形，13～18×10～13 μm，壁厚 2～
4 μm，无色，光滑；夏孢子近球形、倒卵形或椭圆形，15～27×13～18 μm，壁厚 1～

1.5 μm，无色，表面疏生细刺，刺距 2.5～4 μm，芽孔不明显。

II, (III)

台湾安息香 *Styrax formosanus* Matsum. 台湾：台北（01766，11800），台中（05040，11627）。

分布：日本，中国台湾。

在我国此菌仅知分布于台湾。台湾标本缺冬孢子；据 Hiratsuka (1936) 描述，冬孢子堆生于叶下面，散生或聚生，常被叶脉所限，埋生于寄主表皮下，新鲜时黄褐色或红褐色；冬孢子单生或小群聚生，生于寄主细胞间隙，纵切面观大多近球形或稍角形，通常由垂直隔膜分隔成 2～4 个细胞，稀 4 个细胞以上，高 18～30 μm，宽 10～24 μm，壁厚约 1 μm 或不及，淡黄色或近无色，表面光滑。

Kamei 1932 年接种试验证明迈氏冷杉 *Abies sachalinensis* (Schmidt.) Mast. var. *mayriana* Miyabe & Kudo 是本种在日本的春孢子阶段寄主。其性孢子器生于寄主角质层下，近锥形或凸透镜形，115～155×48～66 μm。春孢子器生于叶下面，在中脉两侧排成两列，圆柱形，长 0.5～2.5 mm，直径 0.2～0.3 mm；春孢子近球形或椭圆形，15～23×12～22 μm (Hiratsuka 1936；Hiratsuka et al. 1992)。

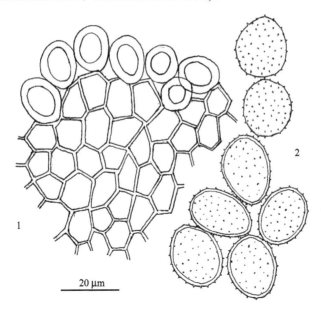

20 μm

图 32　安息香膨痂锈菌 *Pucciniastrum styracinum* Hirats. 的夏孢子堆包被细胞和包被孔口细胞 (1) 及夏孢子 (2) (HMAS 05040)

椴树膨痂锈菌　图 33

Pucciniastrum tiliae Miyabe ex Hiratsuka, Bot. Mag. Tokyo 11: 47, 1897; Miura, Flora of
　　Manchuria and East Mongolia 3: 233, 1928; Tai, Sci. Rep. Natl. Tsing Hua Univ., Ser.
　　B, Biol. Sci. 2: 392, 1936-1937; Lin, Bull. Chin. Agric. Soc. 159: 42, 1937; Cummins,
　　Mycologia 42: 780, 1950; Wang, Index Uredinearum Sinensium (Beijing, China:
　　Academia Sinica), p. 78, 1951; Tai, Sylloge Fungorum Sinicorum (Beijing, China:
　　Science Press), p. 695, 1979; Zhuang & Wei in W.Y. Zhuang (ed.), Fungi of

Northwestern China (Ithaca, New York: Mycotaxon Ltd.), p. 279, 2005; Azbukina & Zhuang in Li & Azbukina (eds.), Fungi of Ussuri River Valley (Beijing, China: Science Press), p. 295, 2011.

夏孢子堆生于叶下面，散生或聚生，圆形，极小，直径 0.1～0.2 mm，黄色；包被半球形，顶部具一孔口，包被细胞不规则多角形，8～15×6～13 μm，壁厚 1～1.5 μm，近无色，表面光滑，孔口细胞近球形或椭圆形，10～15×8～12 μm，壁厚 2.5～3 μm，近无色，表面光滑；夏孢子近球形、倒卵形、椭圆形、长椭圆形或长卵形，15～30(～33)×12～18 μm，壁厚 1～1.5 μm，无色，表面疏生细刺，刺距 2.5～4 μm，芽孔不明显。

冬孢子堆生于叶下面，散生或小群聚生，常被叶脉所限，壳状，埋生于寄主表皮下，新鲜时橙黄色或红褐色；冬孢子平面观大多近球形、近椭圆形或近四边形，通常由垂直隔膜分隔成 2～8 个细胞，18～38×15～25 μm，多时互相连合成无定形，壁厚约 1 μm 或不及，淡黄褐色或近无色，表面光滑。

II, III

紫椴 *Tilia amurensis* Rupr. 吉林：安图(41847)，蛟河(172094)。

亮绿叶椴 *Tilia laetevirens* Rehder & E.H. Wilson 甘肃：文县(77664)。

辽椴 *Tilia mandshurica* Rupr. & Maxim. 吉林：蛟河(172095)，张广才岭 (Jacz., Kom. & Tranzschel, Fungi Ross. Exsic. no. 226, LE)；黑龙江：阿城(74282，77877)，兴凯湖自然保护区(89208)，伊春(43024)。

椴树 *Tilia tuan* Szyszyl. 贵州：江口 (S.Y. Cheo no. 521, MICH)。

分布：日本，俄罗斯远东地区，朝鲜半岛，中国。

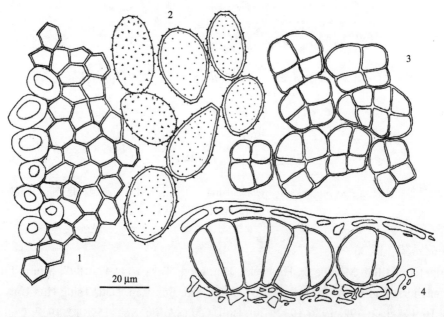

图 33　椴树膨痂锈菌 *Pucciniastrum tiliae* Miyabe ex Hirats. 的夏孢子堆包被细胞和包被孔口细胞 (1)、夏孢子 (2)、冬孢子平面观 (3) 和纵切面观 (4) (HMAS 172094)

Kamei (1934) 接种试验证明迈氏冷杉 *Abies sachalinensis* (Schmidt.) Mast. var.

mayriana Miyabe & Kudo 是本种在日本的春孢子阶段寄主。根据 Kamei (1934) 描述，其性孢子器生于寄主角质层下，近锥形、凸透镜形或扁半球形，直径 130～210 μm，高 20～70 μm。春孢子器生于叶下面，在中脉两侧排成两列，圆柱形，长达 3.5 mm，直径约 0.2 mm；春孢子近球形或椭圆形，19～33.5×12～22 μm。

Hiratsuka (1927b) 记载的我国东北(地点不详)紫椴 *Tilia amurensis* Rupr.上的标本("平地沟"，H. Misumi 采) 未能研究。

盖痂锈菌属 **Thekopsora** Magnus

Sitzungsber. Ges. Naturf. Freunde Berlin p. 58, 1875.

性孢子器 3 型，生于寄主植物角质层下，子实层平展，界限明显，无缘丝。春孢子器为有被春孢子器型 (peridermioid aecium)，圆柱形，脆弱；春孢子串生成链状，表面具疣。夏孢子堆具平扁、半球形或锥形包被，具一孔口，孔口细胞 (ostiolar cell) 分化明显；夏孢子单生于柄上，壁无色，表面具刺，芽孔不明显。冬孢子堆长期埋于寄主植物表皮细胞中，通常不形成明显的孢子堆；冬孢子无柄，由垂直隔膜分隔成 2 至多个细胞，壁薄，每个细胞具 1 芽孔；担子外生。

模式种：*Thekopsora areolata* (Fries) Magnus

  ≡ *Xyloma areolatum* Fries

模式产地：斯莫兰 (Småland)，瑞典

本属已知的生活史为转主寄生 (heteroecious) 全孢型 (macrocyclic, eu-form)，其春孢子阶段生于云杉属 *Picea* 或铁杉属 *Tsuga*，夏孢子和冬孢子阶段生于杜鹃花科 Ericaceae、菊科 Compositae、蔷薇科 Rosaceae、茜草科 Rubiaceae 等双子叶植物。已知 16 种，尚有若干种因仅见夏孢子阶段而被暂置于式样属 (form genus) *Uredo* 中 (Hiratsuka 1958; Sato et al. 1993; Cummins and Hiratsuka 2003；杨婷等 2014, 2015)。广布于北温带。我国已知 10 种。

分种检索表

1. 包被孔口细胞具细刺；夏孢子 18～28×13～20 μm，有细刺；生于 *Ostrya* (桦木科 Betulaceae) ……
                          铁木盖痂锈菌 *T. ostryae*
1. 包被孔口细胞光滑、粗糙或有细疣；不生于桦木科 ……………………………………………… 2
 2. 夏孢子小，17～20×13～18 μm，生于 *Brachybotrys* 等紫草科 Boraginaceae 植物 …………………
                  短序花盖痂锈菌 *T. brachybotrydis*
 2. 夏孢子长可超过 20 μm，不生于紫草科 ……………………………………………………… 3
3. 生于梾木 *Cornus* (山茱萸科 Cornaceae) ……………………………………………………… 4
3. 不生于山茱萸科 ………………………………………………………………………………… 5
 4. 包被孔口细胞密布细疣或粗糙；夏孢子 18～30×15～22 μm …………… 兰坪盖痂锈菌 *T. lanpingensis*
 4. 包被孔口细胞光滑或略皱，口缘多为 3 个细胞呈三角状排列；夏孢子 13～28×12～22 μm ……
                     三角盖痂锈菌 *T. triangula*
5. 包被孔口细胞分化不明显；夏孢子 18～28×15～18 μm；生于菊科 Compositae (*Aster*、*Heteropappus*、*Kalimeris* 等) ……………………………………………………………………… 紫菀盖痂锈菌 *T. asterum*
5. 包被孔口细胞分化明显；不生于菊科 …………………………………………………………… 6

网状盖痂锈菌　图 34

Thekopsora areolata (Fries) Magnus, Sitzungsber. Ges. Naturf. Freunde Berlin p. 58, 1875;
    Tai, Sci. Rep. Natl. Tsing Hua Univ., Ser. B, Biol. Sci. 2: 399, 1936-1937; Wang, Index
    Uredinearum Sinensium (Beijing, China: Academia Sinica), p. 80, 1951; Teng, Fungi of
    China (Beijing, China: Science Press), p. 318, 1963; Tai, Sylloge Fungorum Sinicorum
    (Beijing, China: Science Press), p. 739, 1979; Wang & Zang (eds.), Fungi of Xizang
    (Tibet) (Beijing, China: Science Press), p. 33, 1983; Zhuang, Acta Mycol. Sin. 5: 76,
    1986; Zhuang, Acta Mycol. Sin. 8: 266, 1989; Cao, Li & Zhuang, Mycosystema 19: 14,
    2000; Zhuang & Wei, Mycosystema 22 (Suppl.) : 111, 2003; Zhuang & Wei in W.Y.
    Zhuang (ed.), Fungi of Northwestern China (Ithaca, New York: Mycotaxon Ltd.), p. 280,
    2005; Xu, Zhao & Zhuang, Mycosystema 32 (Suppl.) : 184, 2013.

Xyloma areolatum Fries, Observationes Mycologicae 2: 358, 1817.

Thekopsora padi Klebahn, Jahrb. Wiss. Bot. 34: 378, 1900; Jen, J. Yunnan Univ. (Nat. Sci.)
    1956: 141, 1956.

    性孢子器生于果鳞下面角质层下，扁平壳状，形状不规则，晚期外露具蜜滴。

    春孢子器聚生于果鳞上面，半球形，直径约 1 mm, 高约 1 mm, 新鲜时淡褐色或暗褐色，后开裂成杯状，包被细胞正面观为不规则多角形， (15～)18～40(～43) ×20～30 μm, 淡黄色或淡黄褐色，密布无定形柱状粗疣；春孢子多角状球形、卵形、椭圆形、矩圆形、长椭圆形或长卵形，20～33(～40) ×15～25 μm, 无色，表面密生不规则柱状粗疣，壁和疣突厚 2.5～5 μm, 有时部分表面近光滑。

    夏孢子堆生于叶下面，散生或较疏聚生，圆形，直径 0.1～0.5 mm, 新鲜时橙黄色；包被半球形，顶部具一孔口，包被细胞不规则多角形，10～15×7～13 μm, 壁厚 1～1.5 μm, 光滑，近无色或淡黄色，孔口细胞较大，不规则角球形，高达 18 μm, 壁厚 1.5～2 μm, 无色，近光滑或粗糙；夏孢子矩圆形、长椭圆形、倒卵形或近球形，15～27(～30) ×10～18 μm, 壁厚 1～1.5 μm, 无色，表面有细刺，芽孔不明显。

    冬孢子堆生于叶两面，多生于叶下面，不形成明显的孢子堆，生在暗褐色变色叶斑，埋于寄主表皮细胞中；冬孢子平面观近球形、椭圆形或无定形，15～28×12～23 μm, 由垂直隔膜分隔成 2～4 个或多个细胞，通常 4 个细胞，纵切面观大多近球形、椭圆形或卵形，多为 2～4 个细胞，12～28×15～23 μm, 壁厚 1～1.5 μm, 顶部厚 2～2.5 μm,

淡黄褐色，顶部略深色，光滑。

0, I

雪岭云杉 *Picea schrenkiana* Fisch. & C.A. Mey. 新疆：巩留（50798）。

II, III

稠李 *Padus avium* Mill. [= *Padus racemosa* (Lam.) Gilib. = *Prunus padus* L.] 青海：循化（244511，244514）；新疆：巴尔鲁克山（53144，53145），巩留（37752，37753，53146，53147，53148），裕民（53144，53145）。

尼泊尔稠李 *Padus napaulensis* (Ser.) C.K. Schneid. 西藏：墨脱（46964）。

细齿稠李 *Padus obtusata* (Koehne) Te T. Yu & T.C. Ku [≡ *Prunus obtusata* Koehne = *Prunus vaniotii* H Lév.] 西藏：墨脱（45247，45248）。

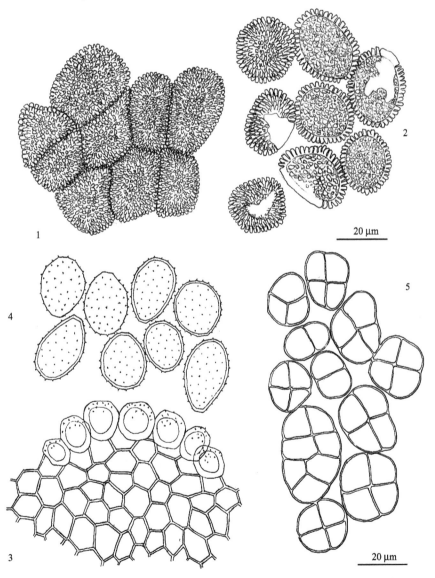

图34　网状盖痂锈菌 *Thekopsora areolata* (Fr.) Magnus 的春孢子器包被细胞 (1) 和春孢子 (2) (HMAS 50798)；夏孢子堆包被细胞和包被孔口细胞 (3)、夏孢子 (4) 和冬孢子平面观 (5) (HMAS 53147)

分布：北温带广布。

Klebahn (1900, 1907)、Fischer (1902) 等通过接种试验证明欧洲云杉 *Picea abies* (L.) Karst.为本种在欧洲的春孢子阶段寄主。Saho 和 Takahashi (1970) 通过接种试验证明鱼鳞云杉 *Picea jezoensis* Carr.是本种在日本的春孢子阶段寄主。

本种春孢子阶段危害云杉属植物球果，是云杉林重要的种实病害。罹病球果提早枯裂，种子数量减少，质量降低，发育不全，发芽率低，对云杉天然或人工更新影响很大。据报道我国四川小金、丹巴、宝兴、马尔康、米亚罗、木里等地，云南西北部，陕西秦岭，东北小兴安岭、长白山以及西藏，新疆等林区均有不同程度发生，丹巴、宝兴等林区球果被害率可达 50%以上，主要危害粗枝云杉 *Picea asperata* Mast.、丽江云杉 *P. likiangensis* (Franch.) E. Pritz.、紫果云杉 *P. purpurea* Mast.、雪岭云杉 *Picea schrenkiana* Fisch. & C.A. Mey.等（陈守常 1984）。

紫菀盖痂锈菌　图 35

Thekopsora asterum Tranzschel, Conspectus Uredinalium URSS, p. 380, 1939; Zang, Li & Xi, Fungi of Hengduan Mountains (Beijing, China: Science Press), p. 80, 1996; Zhuang & Wei in W.Y. Zhuang (ed.), Higher Fungi of Tropical China (Ithaca, New York: Mycotaxon Ltd.), p. 378, 2001; Zhuang & Wei in W.Y. Zhuang (ed.), Fungi of Northwestern China (Ithaca, New York: Mycotaxon Ltd.), p. 280, 2005; Azbukina & Zhuang in Li & Azbukina (eds.), Fungi of Ussuri River Valley (Beijing, China: Science Press), p. 295, 2011; Liu et al., J. Inner Mongolia Univ. (Nat. Sci. Ed.) 48: 648, 2017; Liu et al., J. Fungal Res. 15: 244, 2017.

夏孢子堆生于叶下面，偶生于叶上面或叶柄，散生或聚生，圆形，直径 0.2～0.5 mm，初期埋生于寄主表皮下，成熟时表皮开裂而外露，新鲜时黄色；包被半球形，顶部具一孔口，包被细胞不规则多角形，10～18×8～15 μm，壁厚约 1 μm，表面光滑，无色，孔口细胞分化不明显，多角状近球形或宽椭圆形；夏孢子近球形、椭圆形或倒卵形，18～28×15～18 μm，壁厚约 1 μm，无色，表面有细刺，芽孔不明显。

冬孢子堆生于叶下面，不形成明显的孢子堆；冬孢子埋生于寄主表皮细胞中，单生或小群聚生，平面观无定形，由垂直隔膜分隔成 2～4 个细胞，稀 5～6 个细胞，大小不一，多为 20～30×18～25 μm，壁厚约 1 μm 或不及，淡褐色或近无色，表面光滑。

II, III

紫菀 *Aster tataricus* L. 吉林：蛟河（67331）。

狗娃花 *Heteropappus hispidus* (Thunb.) Less. 吉林：龙井（241914，241915，241917）。

裂叶马兰 *Kalimeris incisa* (Fisch.) DC. 黑龙江：尚志（41861）。

马兰 *Kalimeris indica* (L.) Sch.Bip. 吉林：蛟河（77878）；广东：信宜（80434）。

全叶马兰 *Kalimeris integrifolia* Turcz. ex DC. 吉林：长春（89574，89575）。

山马兰 *Kalimeris lautureana* (Debeaux) Kitam. 黑龙江：密山（64138，65814）。

分布：俄罗斯远东地区，日本，朝鲜半岛，中国。

在紫菀 *Aster* 和狗娃花 *Heteropappus* 上尚有易与本种混淆的 *Uredo*

asteris-ageratoidis J.Y. Zhuang & S.X. Wei，其夏孢子堆有发育完好的包被，其包被及包被细胞形态特征与本种的几无差异，但其夏孢子为多角状近球形、椭圆形、矩圆形、近卵形或无定形，不对称，17～25(～28) ×14～20 μm，表面密布粒状细疣(疣宽不及1 μm)，与本种的夏孢子有明显区别，因从未发现冬孢子，暂作式样种 (form species) 命名 (刘铁志和庄剑云 2018)。

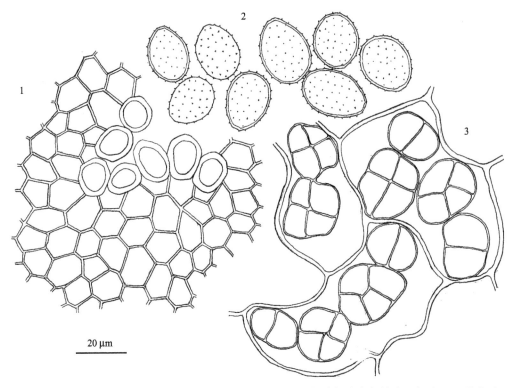

图35　紫菀盖痂锈菌 *Thekopsora asterum* Tranzschel 夏孢子堆包被细胞和包被孔口细胞 (1)、夏孢子 (2) 和冬孢子平面观 (3) (HMAS 41861)

短序花盖痂锈菌　图 36

Thekopsora brachybotrydis Tranzschel, Ann. Mycol. 5: 551, 1907; Miura, Flora of Manchuria and East Mongolia 3: 234, 1928; Tai, Sci. Rep. Natl. Tsing Hua Univ., Ser. B, Biol. Sci. 2: 400, 1936-1937; Lin, Bull. Chin. Agric. Soc. 159: 43, 1937; Hiratsuka, Trans, Sapporo Nat. Hist. Soc. 16: 193, 1941; Wang, Index Uredinearum Sinensium (Beijing, China: Academia Sinica), p. 80, 1951; Tai, Sylloge Fungorum Sinicorum (Beijing, China: Science Press), p. 739, 1979; Azbukina & Zhuang in Li & Azbukina (eds.), Fungi of Ussuri River Valley (Beijing, China: Science Press), p. 295, 2011.

Pucciniastrum brachybotrydis (Tranzschel) Jørstad, Nytt Mag. Bot. 6: 139, 1958.

　　夏孢子堆生于叶下面，散生或较疏聚生，圆形，直径 0.1～0.5 mm，新鲜时淡褐色；包被半球形，顶部具一孔口，上部包被细胞不规则多角形，直径 8～20 μm，下部的包被细胞狭长，辐射状排列，壁厚 1～1.5 μm，光滑，淡黄褐色，孔口细胞圆形，黄褐色，近光滑；夏孢子近球形、椭圆形或倒卵形，17～20×13～18 μm，壁厚 1～1.5 μm，无色，表面有细刺，芽孔不明显。

冬孢子堆生于叶下面，偶见于叶上面，不明显，埋生于寄主植物表皮细胞中；冬孢子平面观多为近球形、椭圆形或矩圆形，由垂直隔膜分隔成 2～4 个细胞，稀达 6 个细胞，直径 20～27 μm 或 18～30×15～25 μm，多时相互挤压呈多角状，壁厚 1～1.5 μm，淡黄褐色，表面光滑。

II, III

山茄子 *Brachybotrys paridiformis* Maxim. ex Oliv. 黑龙江：尚志(高岭子，张广才岭，Sept. 1905, P. Siuzev, sine num., LE)，牡丹江(135916)。

分布：中国东北，俄罗斯远东地区，朝鲜半岛，日本。

Hiratsuka (1941a) 记载此菌在我国东北亦侵染根附地菜 *Trigonotis radicans* (Turcz.) Stev.，原标本(黑龙江北安，Hiratsuka f., m-nos. 57 & 58)未见，待证。日本报道此菌寄生于蝎尾勿忘草 *Myosotis scorpioides* L.和鸡肠草 *Trigonotis brevipes* Maxim. (Hiratsuka et al. 1992)。

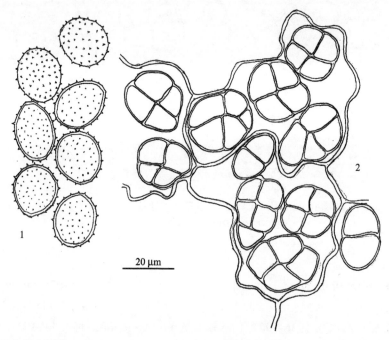

图 36 短序花盖痂锈菌 *Thekopsora brachybotrydis* Tranzschel 的夏孢子 (1) 和冬孢子平面观 (2) (P. Siuzev, sine num., LE)

小斑盖痂锈菌 图 37

Thekopsora guttata (J. Schröter) P. Sydow & H. Sydow, Monographia Uredinearum 3: 467, 1915; Hiratsuka, Trans, Sapporo Nat. Hist. Soc. 16: 193, 1941; Hiratsuka, Trans, Sapporo Nat. Hist. Soc. 17: 77, 1942; Tai, Sylloge Fungorum Sinicorum (Beijing, China: Science Press), p. 739, 1979; Zhuang, Acta Mycol. Sin. 5: 76, 1986; Zhuang & Wei, Mycosystema 7: 78, 1994; Anon., Fungi of Xiaowutai Mountains in Hebei Province

(Beijing, China: Agriculture Press of China), p. 128, 1997; Zhuang & Wei in W.Y. Zhuang (ed.), Fungi of Northwestern China (Ithaca, New York: Mycotaxon Ltd.), p. 280, 2005; Azbukina & Zhuang in Li & Azbukina (eds.), Fungi of Ussuri River Valley (Beijing, China: Science Press), p. 295, 2011.

Melampsora guttata J. Schröter, Abh. Schles. Ges. Vaterl. Cult., Abth. Naturwiss. 1869-1872: 26, 1872.

Pucciniastrum galii E. Fischer, Die Uredineen der Schweiz, p. 471, 1904；Tai, Sylloge Fungorum Sinicorum (Beijing, China: Science Press), p. 694, 1979.

夏孢子堆生于叶下面，偶见在叶柄或茎上，散生或聚生，有时布满全叶，圆形，直径 0.1～0.2 mm，新鲜时黄色，略隆起；包被半球形，顶部具一孔口，上部细胞不规则多角形，7.5～15×5～10 μm，壁厚 1～1.5 μm，光滑，无色，孔口细胞近球形或无定形，高 10～15 μm，无色，近光滑，壁厚 1.5～2.5 μm；夏孢子近球形、椭圆形或倒卵形，15～23(～25)×12～16 μm，壁厚 1～1.5 μm，无色，新鲜时内容物橙黄色，表面疏生细刺，芽孔不明显。

冬孢子堆生于叶两面，多在叶下面，肉眼看不明显，生在暗褐色变色叶斑，埋于寄主表皮细胞中；冬孢子平面观无定形，由垂直隔膜分隔成 2～4 个或多个细胞，18～50×10～30 μm，多时成片连合并相互挤压，纵切面观大多近球形或近柱状矩圆形，宽 10～30 μm，壁厚约 1 μm，顶部稍厚，新鲜时黄褐色，光滑。

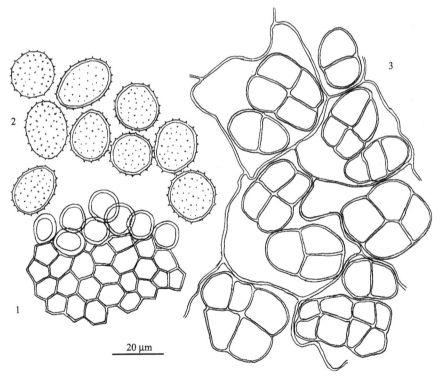

20 μm

图 37　小斑盖痂锈菌 *Thekopsora guttata* (J. Schröt.) P. Syd. & H. Syd.的夏孢子堆包被细胞和包被孔口细胞 (1)、夏孢子 (2) 和冬孢子平面观 (3) (HMAS 67327)

II, III

猪殃殃 *Galium aparine* L. 河北：小五台山(67327)；西藏：聂拉木(67867)。

刺种猪殃殃 *Galium aparine* L. var. *echinospermum* (Wallr.) Cufod. 内蒙古：和林格尔(67332)；四川：都江堰(67866)；西藏：波密(46845)。

六叶葎 *Galium asperuloides* Edgew. subsp. *hoffmeisteri* (Klotzsch) H. Hara 云南：昆明(50257)。

达呼里拉拉藤（大叶猪殃殃）*Galium davuricum* Turcz. ex Ledeb. 黑龙江：抚远(93011)，虎林(89572)，牡丹江(135974，135975)，五营(43027)。

异叶轮草 *Galium maximowiczii* (Kom.) Pobed. 内蒙古：科尔沁左翼后旗(大青沟82797)。

三棱猪殃殃 *Galium tricorne* Stokes 甘肃：迭部(80517)。

分布：北温带广布。

此菌仅生于拉拉藤属 *Galium* 植物，生活史不明。Gäumann (1959) 称此菌在欧洲可以夏孢子阶段在多年生寄主植物基部越冬。

兰坪盖痂锈菌　图 38

Thekopsora lanpingensis Y.M. Liang & T. Yang, Mycoscience 56: 464, 2015.

夏孢子堆生于叶下面，散生或小群聚生，圆形，直径 0.1～0.2 mm 或不及 0.1 mm，

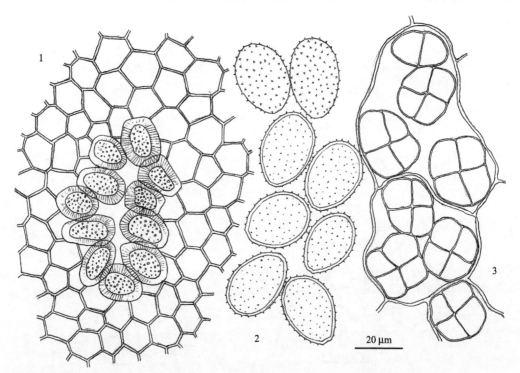

图 38　兰坪盖痂锈菌 *Thekopsora lanpingensis* Y.M. Liang & T. Yang 的夏孢子堆包被细胞和包被孔口
细胞 (1)、夏孢子 (2) 和冬孢子平面观 (3) (BJFC-R00380)

淡黄色；包被半球形，顶部具一孔口，上部细胞不规则多角形，10～20×8～15 μm，壁约 1 μm 厚，光滑，无色，孔口细胞近球形、近椭圆形或近卵形，15～20×12～18 μm，壁厚 2～5 μm，顶部略增厚，无色，表面密布细疣或粗糙；夏孢子近球形、椭圆形倒卵形或梨形，18～30×15～22 μm，壁厚约 1 μm，无色，表面有细刺，芽孔不明显。

冬孢子堆生于下两面，不形成明显的孢子堆；冬孢子埋于寄主植物表皮细胞中，平面观多为近球形、椭圆形或近方形，由垂直隔膜分隔成 2～4 个细胞，15～30×12～25 μm，纵切面观大多近球形或椭圆形，12～22×11～21 μm，壁厚约 1 μm，淡褐色或近无色，表面光滑。

II, III

毛梾 *Cornus walteri* Wangerin 云南：兰坪（BJFC-R00355，主模式 holotypus；BJFC-R00380，副模式 paratypus；北京林业大学菌物标本馆）。

分布：中国。

本种的主要特征是其夏孢子堆包被孔口细胞密布细疣或显粗糙，光学显微镜下看顶部似有不甚明显的线纹，在本属中罕见。冬孢子纵切面形态大小录自原描述（杨婷等 2015）。

东洋盖痂锈菌　图 39

Thekopsora nipponica Hiratsuka f., J. Jap. Bot. 16: 615, 1940; Zhuang & Wei in W.Y. Zhuang (ed.), Fungi of Northwestern China (Ithaca, New York: Mycotaxon Ltd.), p. 280, 2005; Liu et al., J. Inner Mongolia Univ. (Nat. Sci. Ed.) 48: 648, 2017.

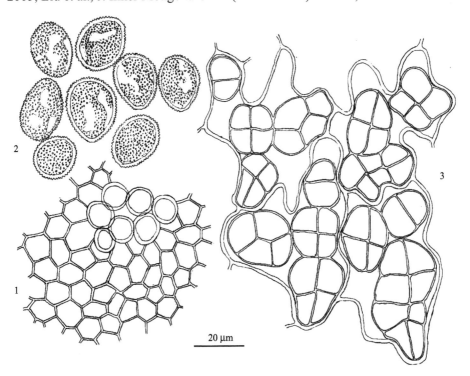

图 39　东洋盖痂锈菌 *Thekopsora nipponica* Hirats. f. 的夏孢子堆包被细胞和包被孔口细胞 (1)、夏孢子 (2) 和冬孢子平面观 (3) (HMAS 80515)

夏孢子堆生于叶下面，散生或小群聚生，有时布满全叶，圆形，直径 0.1～0.2 mm，新鲜时黄色或黄褐色；包被半球形，顶部具一孔口，上部细胞不规则多角形，6～15×5～10 μm，壁厚约 1 μm，光滑，无色，孔口细胞近球形，无色，光滑；夏孢子近球形、椭圆形或倒卵形，15～23(～25)×14～20(～22) μm，壁厚 2～2.5 μm，无色，表面密布细疣，芽孔不明显。

冬孢子堆生于叶两面，不形成明显的孢子堆；冬孢子埋于寄主植物表皮细胞中，平面观大多近球形、椭圆形、近四方形或不规则，20～40×18～25 μm，由垂直隔膜分隔成 2～6 个或多个细胞，壁厚 1～1.5 μm，纵切面观顶部稍厚，淡褐色或近无色，表面光滑。

II, III

少花拉拉藤（猪殃殃）*Galium aparine* L. var. *tenerum* (Gren. & Godr.) Rchb. 内蒙古：科尔沁左翼后旗（246768）；甘肃：舟曲（80515，80516）。

分布：日本，中国。

本种近似于同属植物上的 *Thekopsora guttata* (J. Schröt.) P. Syd. & Syd.，不同仅在于其夏孢子稍大，壁较厚，表面密生细疣。

铁木盖痂锈菌　图 40

Thekopsora ostryae Y.M. Liang & T. Yang, Mycoscience 55: 250, 2014.

夏孢子堆生于叶下面，散生或聚生，圆形，直径 0.1～0.2 mm，淡黄色；包被半球形，顶部具一孔口，上部细胞不规则多角形，8～18×5～15 μm，壁厚约 1 μm，光滑，

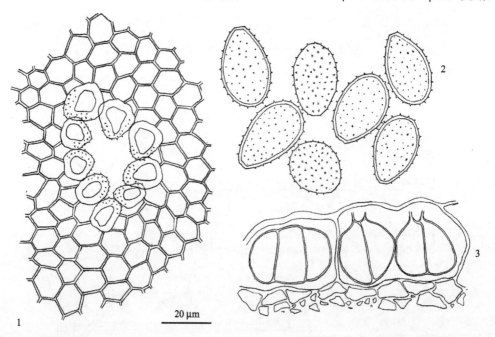

图 40　铁木盖痂锈菌 *Thekopsora ostryae* Y.M. Liang & T. Yang 的夏孢子堆包被细胞和包被孔口细胞 (1)、夏孢子 (2) (HMBF-GS-78＝BJFC-R00553) 和冬孢子纵切面观 (3) (HMBF-GS-129)

近无色；孔口细胞近球形或近椭圆形，直径 12～18 μm，壁厚 2～5 μm，无色，表面疏生细刺；夏孢子椭圆形或倒卵形，18～28×13～20 μm，壁厚 1～1.5 μm，无色，表面疏生细刺，刺距 2～2.5 μm，芽孔不明显。

冬孢子堆生于叶两面，散生或聚生，不形成明显的孢子堆，生在褐色叶斑中；冬孢子纵切面观不规则近球形或近椭圆形，由垂直隔膜分隔成 2～4 个细胞，12～22×11～21 μm，壁厚约 1 μm，表面光滑。

铁木 Ostrya japonica Sarg. 甘肃：迭部 (HMBF-GS-129，主模式 holotypus；HMBF-GS-78 = BJFC-R00553，副模式 paratypus；北京林业大学菌物标本馆)。

分布：中国。

本种的主要特征是其夏孢子堆包被孔口细胞疏生细刺，尤在顶部较明显，在本属中罕见。我们在副模式标本 (HMBF-GS-78 = BJFC-R00553) 中未检出冬孢子，以上冬孢子特征描述摘自原文，冬孢子线条图根据原文附图 (显微照片，杨婷等 2014) 参照副模式标本夏孢子图比例尺临绘。

樱桃盖痂锈菌　图 41

Thekopsora pseudocerasi Hiratsuka f., J. Fac. Agric. Hokkaido Univ. 21: 16, 1927; Zhuang & Wei, Mycosystema 7: 78, 1994.

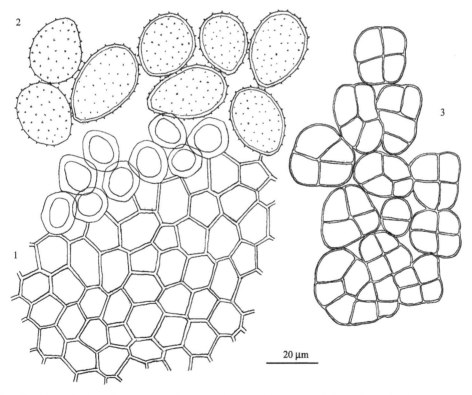

图 41　樱桃盖痂锈菌 Thekopsora pseudocerasi Hirats. f. 的夏孢子堆包被细胞和包被孔口细胞 (1)、夏孢子 (2) 和冬孢子平面观 (3) (HMAS 65591)

夏孢子堆生于叶下面，散生或聚生，圆形，直径 0.1～0.5 mm，新鲜时黄褐色；包被半球形，顶部具一孔口，上部细胞不规则多角形，直径 10～18 μm 或 10～18×7～15 μm，壁厚 1～1.5 μm，光滑，近无色；孔口细胞近球形或多角无定形，直径 12～18 μm，壁厚 2～3 (～5) μm，无色，表面光滑；夏孢子椭圆形、倒卵形或长倒卵形，20～33 (～38) ×13～23 (～25) μm，壁厚 1～1.5 μm，无色，表面疏生细刺，刺距 2～3 μm，芽孔不明显。

冬孢子堆生于叶两面，散生或聚生，常被叶脉所限，不形成明显的孢子堆，生在栗褐色叶斑中；冬孢子埋于寄主表皮细胞中；平面观不规则近球形、椭圆形或矩圆形，由垂直隔膜分隔成 2～4 个或多个细胞，18～33×15～28 μm，多时成片连合充满整个寄主细胞并相互挤压呈不规则多角形，纵切面观大多近球形、矩圆形或无定形，高 25～38 μm，宽 13～30 μm，壁厚约 1 μm，淡黄色或淡黄褐色，表面光滑。

II, III

红毛樱桃 *Cerasus rufa* Wall. 西藏：吉隆（65591，65792，67326，67888）。

分布：日本，俄罗斯远东地区，中国。

此菌在我国可能广布，但作者仅有采自西藏的标本。西藏标本的孢子比原描述的略大。Hiratsuka (1927c) 描述的夏孢子为 20～31×12～19 μm，冬孢子为 23～29×16～27 μm（纵切面）。

茜草盖痂锈菌　图 42

Thekopsora rubiae Komarov, Hedwigia 39: 127, 1900; Miura, Flora of Manchuria and East Mongolia 3: 234, 1928; Liou & Wang, Contr. Inst. Bot. Natl. Acad. Peiping 3: 347, 1935; Tai & Cheo, Bull. Chin. Bot. Soc. 3: 53, 1937; Wang, Index Uredinearum Sinensium (Beijing, China: Academia Sinica), p. 80, 1951; Tai, Sylloge Fungorum Sinicorum (Beijing, China: Science Press), p. 739, 1979; Zhuang, Acta Mycol. Sin. 5: 76, 1986; Zhuang & Wei, Mycosystema 7: 78, 1994; Zang, Li & Xi, Fungi of Hengduan Mountains (Beijing, China: Science Press), p. 81, 1996; Anon., Fungi of Xiaowutai Mountains in Hebei Province (Beijing, China: Agriculture Press of China), p. 128, 1997; Wei & Zhuang in Mao & Zhuang (eds.), Fungi of the Qinling Mountains (Beijing, China: Chinese Publ. House Agric. Sci. & Techn.), p. 74, 1997; Cao, Li & Zhuang, Mycosystema 19: 14, 2000; Zhuang & Wei, Mycosystema 22 (Suppl.): 111, 2003; Zhuang & Wei in W.Y. Zhuang (ed.), Fungi of Northwestern China (Ithaca, New York: Mycotaxon Ltd.), p. 280, 2005; Azbukina & Zhuang in Li & Azbukina (eds.), Fungi of Ussuri River Valley (Beijing, China: Science Press), p. 295, 2011; Liu et al., J. Inner Mongolia Univ. (Nat. Sci. Ed.) 48: 648, 2017.

夏孢子堆生于叶下面，散生或小群聚生，圆形，直径 0.1～0.2 mm，新鲜时黄色；包被半球形，顶部具一孔口，上部细胞不规则多角形，直径 (5～)12～20 μm 或 10～20×7～15 μm，壁厚 1～1.5 μm，光滑，近无色；孔口细胞近球形或无定形，10～20×5～15 μm，无色，光滑，壁厚 2～3(～4) μm；夏孢子近球形、椭圆形或倒卵形，17～28×12～

20 μm，壁厚 1～1.5 μm，无色，新鲜时内容物黄色，表面有细刺，芽孔不明显。

冬孢子堆生于叶下面，散生或聚生，不形成明显的孢子堆，有时布满全叶，生在褐色或黑褐色叶斑中，埋于寄主植物表皮细胞中；冬孢子平面观近球形、椭圆形、矩圆形或无定形，由垂直隔膜分隔成 2～4 个或多个细胞，25～35(～38)×18～33 μm，壁厚 1 μm 或不及，新鲜时淡褐色或淡黄褐色，光滑。

II, III

中国茜草 *Rubia chinensis* Regel & Maack　四川：贡嘎山（48612，48613）。

茜草 *Rubia cordifolia* L. 北京：百花山（22556，80524，80525），东灵山（77646），房山（08610，08612），西山（08609，08611，26437），香山（55484）；河北：雾灵山（25681），小五台山（22557）；山西：沁水（55769）；内蒙古：海拉尔（82798）；吉林：地点不详（宁安至额穆之间）(Jacz., Kom. & Tranzschel, Fungi Ross. Exsic. no. 328a, LE)，蛟河（77774）；黑龙江：虎林（89580），牡丹江（93013）；四川：青川（140476），卧龙（140477），乡城（183374，199467，199468）；甘肃：迭部（80521）；青海：乐都（25679），民和（25680）。

膜叶茜草 *Rubia membranacea* (Franch.) Diels　西藏：吉隆（65511）。

钩毛茜草 *Rubia oncotricha* Hand.-Mazz. 云南：昆明（50258）；　西藏：林芝（183394，183395）。

卵叶茜草 *Rubia ovatifolia* Z. Ying Zhang　四川：九寨沟（80518）；陕西：宁陕（56433）；甘肃：舟曲（80519，80520，80522）。

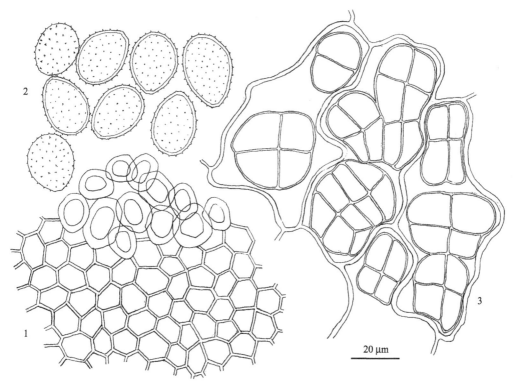

20 μm

图 42　茜草盖痂锈菌 *Thekopsora rubiae* Kom.的夏孢子堆包被细胞和包被孔口细胞 (1)、夏孢子 (2) 和冬孢子平面观 (3) (HMAS 80524)

林生茜草 *Rubia sylvatica* (Maxim.) Nakai 吉林：蛟河（74378）；黑龙江：带岭（41863），五营（43028）。

多花茜草（光茎茜草）*Rubia wallichiana* Decne. 西藏：加拉白垒峰东北坡（46846）。

分布：日本，朝鲜半岛，俄罗斯远东地区，中国，尼泊尔。

此菌仅生于茜草属 *Rubia* 植物，生活史不明。

三角盖痂锈菌　图 43

Thekopsora triangula Y.M. Liang & T. Yang, Mycoscience 56: 465, 2015.

Pucciniastrum corni auct. non Dietel: Zhuang, Acta Mycol. Sin. 5: 76, 1986; Zhang, Zhuang & Wei, Mycotaxon 61: 75, 1997; Cao, Li & Zhuang, Mycosystema 19: 14, 2000; Zhuang & Wei in W.Y. Zhuang (ed.), Fungi of Northwestern China (Ithaca, New York: Mycotaxon Ltd.), p. 279, 2005.

夏孢子堆生于叶下面，散生或聚生，圆形，直径 0.1～0.2 mm，淡黄色；包被半球形，顶部具一孔口，上部细胞不规则多角形，7～18×6～15 μm，壁厚 1～1.5 μm，光滑，近无色；孔口细胞围绕孔口不规则排列，多角状近球形或无定形，15～23×13～18 μm，口缘有 3～4 个细胞，多为 3 个细胞呈三角状排列，无色，光滑或略皱，壁不明显，似厚壁或几无腔；夏孢子椭圆形、倒卵形或梨形，13～28×12～22 μm，壁厚约 1 μm，无色，表面疏生细刺，刺距 2～3 μm，芽孔不明显。

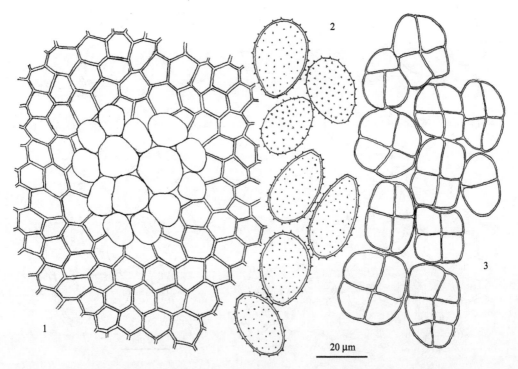

图 43　三角盖痂锈菌 *Thekopsora triangula* Y.M. Liang & T. Yang 的夏孢子堆包被细胞和包被孔口细胞 (1)、夏孢子 (2) 和冬孢子平面观 (3) (BJFC-R00316)

冬孢子堆生于叶下面，散生或聚生，不形成明显的孢子堆，生在褐色叶斑中，埋于寄主植物表皮细胞中；冬孢子平面观近球形、椭圆形、矩圆形、近方形或无定形，由垂直隔膜分隔成 2～4 个或多个细胞，18～38× (15～)18～28(～33) μm，壁厚约 1 μm 或不及，淡黄色或淡黄褐色，表面光滑。

II, III

高山梾木(红椋子)*Cornus hemsleyi* C.K. Schneid. & Wangerin 西藏：易贡(46961)。

大叶山茱萸(梾木)*Cornus macrophylla* Wall. 云南：兰坪(BJFC-R00411)；陕西：秦岭(BJFC-R00316 主模式 holotypus，北京林业大学菌物标本馆)；甘肃：迭部 (BJFC-R00585)。

长圆叶梾木 *Cornus oblonga* Wall. 重庆：巫溪(70914)。

分布：中国西部。

本种夏孢子堆包被孔口细胞似有多个围绕孔口，顶端口缘 3 个细胞常呈三角状排列，此为本种主要鉴别特征(杨婷等 2015)。

拟夏孢锈菌属 Uredinopsis Magnus

Atti Congr. Inst. Bot. Genova, 1892, p. 167, 1893.

性孢子器 3 型，生于寄主植物角质层下，稀 1 型和 2 型，生于表皮下，子实层平展 (2 型和 3 型) 或深陷于叶肉组织中 (1 型)。春孢子为有被春孢子器型 (peridermioid aecium)，圆柱形，脆弱；春孢子串生成链状，表面具疣。夏孢子堆具膜质脆弱包被，开口不规则，孔口细胞分化不明显；夏孢子单胞，单生于不明显的柄上，挤压成团时常呈白色卷须，略呈披针形，顶端常具短尖，无色，表面光滑或具 1～2 纵列嵌齿状瘤突或脊，芽孔不明显，位于孢子两端。某些种有休眠夏孢子；休眠夏孢子具柄，多面体，表面常有疣。不形成明显的冬孢子堆；冬孢子单个散生或不规则聚生于寄主叶肉组织中，无柄，单胞或由垂直隔膜分隔成 2 至若干个细胞，壁薄，每个细胞具 1 芽孔，但不明显；在越冬蕨叶上萌发；担子外生。

模式种：*Uredinopsis filicina* Magnus

模式产地：巴特霍夫加施泰因 (Bad Hofgastein)，奥地利

本属所有的种的生活史可能均为转主寄生 (heteroecious) 全孢型 (macrocyclic, eu-form)，其春孢子阶段生于冷杉 *Abies*，夏孢子和冬孢子阶段生于蕨类植物。已知 26 种，尚有 2 种因仅见夏孢子阶段而被暂置于式样属 (form genus) *Uredo* 中 (Hiratsuka 1958)，广布于北温带。我国已知 9 种。本属寄生于系统地位较原始的蕨类和冷杉，且其所有类型的孢子均无色素，因此被认为是锈菌目中最原始的一员。

分种检索表

1. 夏孢子从顶部至基部有纵向排列的疣或瘤突，顶端尖或呈喙状 ························· 2
1. 夏孢子无纵向排列的疣或瘤突，顶端不呈喙状 ··· 7
   2. 夏孢子常被黏液包裹，近卵状纺锤形或近纺锤形，23～45×10～18 μm ···············
   ··· 铁线蕨拟夏孢锈菌 *U. adianti*
   2. 夏孢子无黏液包裹 ·· 3

3. 夏孢子 30～50×8～14 μm，顶端喙长 6～15 μm；休眠夏孢子宽 14～27 μm·················
···羊齿拟夏孢锈菌 *U. filicina*
3. 夏孢子顶端细尖或有短喙，喙长稀达 10 μm；休眠夏孢子有或无·····························4
　4. 夏孢子 27～54×12～16 μm，顶端钝或具细尖，不呈喙状；休眠夏孢子 23～44×14～24 μm ·····
···龟井拟夏孢锈菌 *U. kameiana*
　4. 夏孢子顶端钝、尖或有短喙，喙长可达 5 μm 或更长 ······································5
5. 夏孢子 20～50×10～18 μm，顶端钝、尖或有短喙，喙长 2.5～5 μm；不产生休眠夏孢子·········
···蹄盖蕨拟夏孢锈菌 *U. athyrii*
5. 夏孢子顶喙长可超过 5 μm，产生休眠夏孢子 ···6
　6. 夏孢子 28～60×10～18 μm，顶端喙长 2～10 μm；休眠夏孢子 20～45×12～27 μm ··········
···蕨拟夏孢锈菌 *U. pteridis*
　6. 夏孢子 25～50×10～18 μm，顶端喙长 2～8 μm；休眠夏孢子 18～38×10～25 μm ············
···荚果蕨拟夏孢锈菌 *U. struthiopteridis*
7. 夏孢子较小，近球形、倒卵形或椭圆形，15～33×12～24 μm，表面有细刺····················
···弘前拟夏孢锈菌 *U. hirosakiensis*
7. 夏孢子较大，长可达 40 μm 或更长，表面疏生不明显的细疣或光滑·····························8
　8. 夏孢子长倒卵形、近棍棒形或近头状棍棒形，25～60×10～18 μm，表面疏生细疣··········
···桥冈拟夏孢锈菌 *U. hashiokai*
　8. 夏孢子多为骨形、不规则多角状倒卵形或长倒卵形，22～43×12～18 μm，表面光滑·········
···骨状拟夏孢锈菌 *U. ossiformis*

铁线蕨拟夏孢锈菌　图 44

Uredinopsis adianti Komarov in Jaczewski, Komarov & Tranzschel, Fungi Rossiae
　　Exsiccati no. 278, 1899; Sydow & Sydow, Monographia Uredinearum 3: 492, 1915;
　　Miura, Flora of Manchuria and East Mongolia 3: 236, 1928; Tai, Sci. Rep. Natl. Tsing
　　Hua Univ., Ser. B, Biol. Sci. 2: 404, 1936-1937; Lin, Bull. Chin. Agric. Soc. 159: 44,
　　1937; Hiratsuka, Trans, Sapporo Nat. Hist. Soc. 16: 193, 1941; Wang, Index
　　Uredinearum Sinensium (Beijing, China: Academia Sinica), p. 81, 1951; Tai, Sylloge
　　Fungorum Sinicorum (Beijing, China: Science Press), p. 761, 1979.

　　夏孢子堆生于叶下面，散生或稍聚生，小圆疱状，直径 0.1～0.2 mm，孢子成团时
白色；包被脆弱，包被细胞不规则多角形或多角状近球形，7～15×5～10 μm，或直径 7～
15 μm，壁极薄，无色，表面光滑；夏孢子常被黏液包裹，近卵状纺锤形或近纺锤形，
23～45×10～18 μm，壁厚约 1 μm 或不及，无色，表面有一列纵向排列的细疣，其余表
面近光滑，芽孔不明显。
　　冬孢子堆生于叶两面，不形成明显的孢子堆，冬孢子单个散生或稍聚生于寄主表皮
下的叶肉组织中，近球形、宽椭圆形或矩圆形，单胞或由垂直隔膜分隔成 2～4 个细胞，
稀 5 胞或多胞，20～31×17～28 μm 或直径 17～31 μm，壁厚不及 1 μm，无色，表面
光滑。
　　II, III
　　掌叶铁线蕨 *Adiantum pedatum* L. 吉林：张广才岭（Jacz., Kom. & Tranzschel, Fungi
Ross. Exsic. no. 278 = LE 44423 模式 typus）。

分布：中国东北，俄罗斯远东地区，朝鲜半岛，日本。

Kamei (1933, 1940) 通过接种试验证实迈氏冷杉 *Abies sachalinensis* (Schmidt.) Mast. var. *mayriana* Miyabe & Kudo 为其春孢子阶段寄主。据原描述，性孢子器生于叶两面角质层下，扁锥形或半球形，70～165 μm 宽；春孢子器生于叶下面，在中脉两侧排成两列，圆柱形，直径约 0.2 mm，高约 1 mm；包被细胞为不规则多角形或矩圆形，26～33×18～22 μm；春孢子近球形或椭圆形，20～30×15～25 μm，壁厚约 1 μm 或不及，表面有细疣或近光滑，无色。

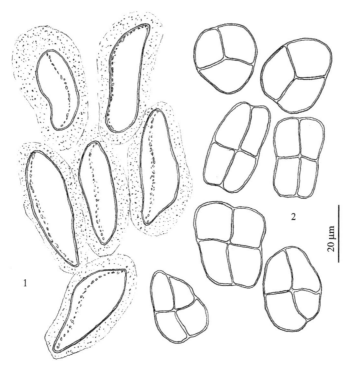

图 44　铁线蕨拟夏孢锈菌 *Uredinopsis adianti* Kom. 的夏孢子 (1) 和冬孢子 (2) (Fungi Ross. Exsic. no. 278 = LE 44423)

蹄盖蕨拟夏孢锈菌　图 45

Uredinopsis athyrii Kamei, Trans. Sapporo Nat. Hist. Soc. 12: 163, 1932; Hiratsuka, Mem. Tottori Agric. Coll. 7: 3, 1943; Wang, Index Uredinearum Sinensium (Beijing, China: Academia Sinica), p. 81, 1951; Sawada, Descriptive Catalogue of Taiwan (Formosan) Fungi XI, p. 80, 1959; Tai, Sylloge Fungorum Sinicorum (Beijing, China: Science Press), p. 761, 1979; Zhuang, Acta Mycol. Sin. 2: 146, 1983; Zhuang, Acta Mycol. Sin. 5: 75, 1986; Zhuang & Wei, Mycosystema 7: 79, 1994.

夏孢子堆生于叶下面，散生或略聚生，常聚集于叶脉或叶柄，圆形，直径 0.2～1 mm，成团时常呈白色；包被脆弱，包被细胞不规则多角形，8～18×7～15 μm，光滑，无色；夏孢子倒卵形、长倒卵形、近棍棒形或近纺锤形，20～43 (～50) ×10～18 μm，顶端钝、尖或有短喙（长 2.5～5 μm），壁厚约 1 μm 或不及，无色，表面有两列相对纵向排列的小瘤突，其余表面疏生细疣，芽孔不明显。

冬孢子堆生于叶两面，多在叶下面，冬孢子单个散生或不规则聚生于寄主表皮下的叶肉组织中，近球形或宽椭圆形，单胞或由垂直隔膜分隔成 2 至若干个细胞，20～40×15～30 μm，壁厚不及 1 μm，无色，光滑。

II, III

岩生蹄盖蕨 *Athyrium rupicola* (Edgew. ex Hope) C. Chr. 西藏：吉隆（67855）。

蹄盖蕨属 *Athyrium* sp. 台湾：新竹（July 14, 1935, Y. Hashioka, sine num., 未见）；西藏：波密（47020）。

西藏峨眉蕨 *Lynathyrium tibeticum* Ching 西藏：波密（47021）。

分布：日本，中国。

本种不产生休眠夏孢子。Hiratsuka (1943) 和 Sawada (1959) 记载台湾新竹也有，标本未见。Kamei (1932, 1940) 通过接种试验证实迈氏冷杉 *Abies sachalinensis* (Schmidt.) Mast. var. *mayriana* Miyabe & Kudo 为其春孢子阶段寄主。性孢子器生于寄主植物角质层下，扁锥形或半球形，宽 74～137 μm；春孢子器生于叶下面，在中脉两旁排成两列，圆柱形，直径 200～700 μm；包被细胞为不规则多角形，26～44.5×15～29.5 μm；春孢子近球形或椭圆形，13～27.5×12～23.5 μm。

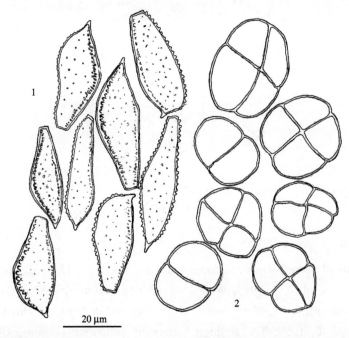

图 45　蹄盖蕨拟夏孢锈菌 *Uredinopsis athyrii* Kamei 的夏孢子 (1) 和冬孢子 (2) (HMAS 47021)

羊齿拟夏孢锈菌

Uredinopsis filicina Magnus, Atti Congr. Bot. Internaz. Genova (1892), p. 167, 1893;
Hiratsuka, Trans, Sapporo Nat. Hist. Soc. 16: 193, 1941; Tai, Sylloge Fungorum Sinicorum (Beijing, China: Science Press), p. 762, 1979.

夏孢子堆生于叶下面，散生或聚生，小圆疱状，直径 0.18～0.25 mm，成团时白色；包被脆弱，包被细胞不规则多角形；夏孢子近卵状纺锤形或近纺锤形，30～50×8～14 μm，顶端渐尖成喙，喙长 6～15 μm，壁厚约 1 μm 或不及，无色，表面有一列不明显纵向排列的细疣，其余近光滑，芽孔不明显；休眠夏孢子不规则倒卵状多角形，宽 14～27 μm，壁厚 1～1.5 μm，表面密生细疣。

冬孢子堆生于叶两面，不形成明显的孢子堆，冬孢子单个散生或稍聚生于寄主表皮下的叶肉组织中，近球形、椭圆形或矩圆形，单胞或由垂直隔膜分隔成 2 至若干个细胞，稀超过 4 胞，直径 14～27 μm，壁厚不及 1 μm，无色，表面光滑。

II, III

卵果蕨 *Phegopteris connectilis* (Michx.) Watt (=*P. polypodioides* Fée) "东北"：地点不详 [Kokai-son (Waryu-ken)] (Hiratsuka f. m-no. 53，未见)。

分布：欧亚温带广布。

此菌系 Hiratsuka (1941a) 记载，标本采自我国东北（地点不详）。标本未见，以上描述录自 Hiratsuka (1936)。Sydow 和 Sydow (1915) 描述的冬孢子大小为 16～26×15～23 μm，而 Azbukina (2015) 描述的冬孢子很小，直径仅为 12～15 μm。

Kamei (1933) 通过接种试验证明此菌可在迈氏冷杉 *Abies sachalinensis* (Schmidt.) Mast. var. *mayriana* Miyabe & Kudo 上形成性孢子器和春孢子器。性孢子器生于叶两面角质层下，凸起，略锥形，73～118.5 μm 宽。春孢子器生于叶下面，排成两列，圆柱形，直径 0.2～0.5 mm，高 0.8～1.3 mm，白色；春孢子近球形或椭圆形，18～29×14.5～24 μm，壁厚约 2 μm。

桥冈拟夏孢锈菌　图 46

Uredinopsis hashiokai Hiratsuka f., Mem. Tottori Agric. Coll. 4: 82, 1936; Hiratsuka & Hashioka, Bot. Mag. Tokyo 51:41, 1937; Sawada, Descriptive Catalogue of the Formosan Fungi VII, p. 59, 1942; Wang, Index Uredinearum Sinensium (Beijing, China: Academia Sinica), p. 82, 1951; Tai, Sylloge Fungorum Sinicorum (Beijing, China: Science Press), p. 762, 1979; Zhuang, Acta Mycol. Sin. 5: 75, 1986; Zhuang & Wei in W.Y. Zhuang (ed.), Higher Fungi of Tropical China (Ithaca, New York: Mycotaxon Ltd.), p. 379, 2001.

夏孢子堆生于叶下面，散生或略聚生，圆形，直径 0.2～1 mm，成团时常呈白色，粉状；包被半球形，脆弱，包被细胞不规则多角形，7～18×6～15 μm，壁薄，光滑，无色；夏孢子长倒卵形、近棍棒形或近头状棍棒形，25～60×10～18 μm，壁厚约 1 μm 或不及，无色，表面疏生细疣，芽孔不明显。

冬孢子堆生于叶两面，多在叶上面；冬孢子单个散生或不规则聚生于寄主表皮下或叶肉组织中，近球形或椭圆形，单胞或由垂直隔膜分隔成 2 至若干个细胞，直径 15～30×14～27 μm，壁厚约 1 μm，无色，光滑。

II, III

长绵毛蕨 *Pteridium aquilinum* (L.) Kuhn var. *lanuginosum* Hook. 台湾：阿里山

(01572 模式 typus)，台北 (01577)。

毛轴蕨 *Pteridium revolutum* (Blume) Nakai 云南：永德（240346，240347）；西藏：墨脱（47022），亚东（244479，244484，244489）。

分布：中国南部，尼泊尔。

Durrieu (1980) 报道本种在尼泊尔生于 *Pteridium aquilinum* (L.) Kuhn var. *wightianum* Tryon.。

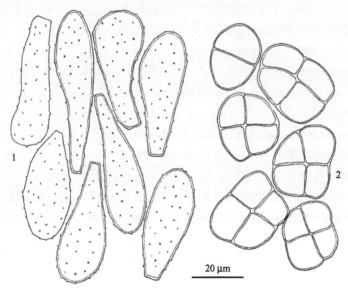

图 46　桥冈拟夏孢锈菌 *Uredinopsis hashiokai* Hirats. f.的夏孢子 (1) 和冬孢子 (2) (HMAS 01572)

弘前拟夏孢锈菌

Uredinopsis hirosakiensis Kamei & Hiratsuka f. in Kamei, Trans. Sapporo Nat. Hist. Soc. 12: 164, 1932; Hiratsuka, Trans, Sapporo Nat. Hist. Soc. 17: 77, 1942; Tai, Sylloge Fungorum Sinicorum (Beijing, China: Science Press), p. 762, 1979; Zhang, Zhuang & Wei, Mycotaxon 61: 76, 1997; Zhuang & Wei in W.Y. Zhuang (ed.), Fungi of Northwestern China (Ithaca, New York: Mycotaxon Ltd.), p. 281, 2005.

夏孢子堆生于叶下面，散生或小群聚生，圆形，小，直径 0.1～0.3 mm，初期生于寄主表皮下，后表皮破裂成团裸露，白色，粉状；包被半球形或近锥形，脆弱，从中心孔开裂，包被细胞不规则多角形，宽 8～16 μm，壁厚约 1 μm，无色，表面光滑；夏孢子近球形、倒卵形或椭圆形，15～33×12～24 μm，壁厚 1～1.8 μm，无色，表面有细刺，芽孔不清楚。

冬孢子堆生于叶两面，不形成明显的孢子堆；冬孢子单个散生或稍聚生于寄主表皮下的叶肉组织中，近球形或矩圆形，单胞或由垂直隔膜分隔成 2～4 个细胞，稀超过 4 胞，18～40×15～27 μm，壁厚不及 1 μm，无色，表面光滑。

II, III

毛叶沼泽蕨 *Thelypteris palustris* (L.) Schott. var. *pubescens* (Lawson) Fernald "东

北"：地点不详 (Botanko: Tonei-ken) (Aug. 1940, M. Irie, m-no.375，未见)。

分布：日本，俄罗斯远东地区，朝鲜半岛，中国。

此菌系 Hiratsuka (1942) 记载，标本采自我国东北（地点不详），未见，译录 Hiratsuka 等 (1992) 的描述供参考。张宁等（1997）根据采自陕西镇坪的标本也记载了此菌，但经复查原标本发现鉴定有误，改订为 *Milesina erythrosora* (Faull) Hirats. f.。

Kamei (1932，1934) 通过接种试验证明此菌可在迈氏冷杉 *Abies sachalinensis* (Schmidt.) Mast. var. *mayriana* Miyabe & Kudo 上形成性孢子器和春孢子器。性孢子器生于叶两面角质层下，稍隆起，半球形或圆锥形，宽 74～317 μm。春孢子器多生于叶下面，排成两列，圆柱形，直径 0.2～0.3 mm，高 0.6～1.2 mm，白色；春孢子近球形或卵形，15～26.5×11～17.5 μm，壁厚 1～1.5 μm。

龟井拟夏孢锈菌

Uredinopsis kameiana Faull, Contr. Arnold Arbor. 11: 82, 1938; Hiratsuka, Trans, Sapporo Nat. Hist. Soc. 17: 77, 1942; Tai, Sylloge Fungorum Sinicorum (Beijing, China: Science Press), p. 762, 1979.

夏孢子堆生于叶下面，散生或聚生，圆形或长圆形，0.2～1 mm 长，初期生于寄主表皮下，后表皮破裂成团裸露，白色，粉状；包被凸圆，包被细胞不规则多角形，8～16×6～12 μm，壁厚不及 1 μm；夏孢子倒卵形、椭圆形或纺锤形，27～54×12～16 μm，顶端钝或具细尖，壁厚约 1 μm，无色，正反两面有两列纵向排列的嵌齿状突起，其余表面光滑，芽孔似有 4 个，不清楚；休眠夏孢子多角倒卵形或不规则多面体，有长柄，23～44×14～24 μm，壁厚 1.5～4 μm，无色，表面密生细疣。

冬孢子堆生于叶下面，不形成明显的孢子堆；冬孢子单个散生或稍聚生于寄主表皮下的细胞间隙中，近球形或宽椭圆形，单胞或由垂直隔膜分隔成 2～5 个细胞，通常 4 胞，20～32×18～25 μm，壁厚 1 μm 或不及，无色，表面光滑。

II, III

蕨 *Pteridium aquilinum* (L.) Kuhn var. *latiusculum* (Desv.) Underw. ex Heller 吉林：'kaizanton'（龙井：开山屯？）(Hiratsuka f. m-no. 374，未见)。

分布：日本，俄罗斯远东地区，朝鲜半岛，中国。

此菌系 Hiratsuka (1942) 记载，标本采自我国东北（地点不详，可能是吉林龙井开山屯）。Faull (1938a) 记载贵州也有。标本未见，以上描述录自 Hiratsuka 等 (1992)，供参考。从形态描述看，我们认为此菌与蕨拟夏孢锈菌 *Uredinopsis pteridis* Dietel & Holw. 并无区别，细微差异仅在于此菌休眠夏孢子表面具细疣，而后者的休眠夏孢子表面细疣不明显或近光滑。

Kamei (1940) 通过接种试验证明此菌可在迈氏冷杉 *Abies sachalinensis* (Schmidt.) Mast. var. *mayriana* Miyabe & Kudo 上形成性孢子器和春孢子器。性孢子器生于叶两面角质层下，近圆锥形，宽 66～132 μm，高 37～66 μm。春孢子器生于叶下面，圆柱形，白色，直径 0.3～0.5 mm，高 1～1.5 mm；春孢子近球形或宽椭圆形，16～22×14～19 μm，壁厚 1～1.2 μm。

骨状拟夏孢锈菌 图 47

Uredinopsis ossiformis Kamei, Trans. Sapporo Nat. Hist. Soc. 12: 167, 1932.

　　夏孢子堆生于叶下面，散生或稍聚生，圆形或椭圆形，0.1～0.5 mm 长，初期生于寄主表皮下，后表皮破裂成团裸露，白色，粉状；包被半球形或扁锥形，极脆弱，包被细胞不规则多角形，宽 8～18 µm，壁约 1 µm 厚，无色，表面光滑；夏孢子无定形，多为骨形、不规则具棱角的倒卵形或长倒卵形，两端平截或近圆滑，22～43×12～18 µm，壁厚约 1 µm，棱部略厚，无色，表面光滑，芽孔不清楚。

　　冬孢子堆生于叶两面，不形成明显的孢子堆；冬孢子单个散生或稍聚生于寄主表皮下的细胞间隙或叶肉组织中，近球形或近椭圆形，单胞或由垂直隔膜分隔成 2～4 个细胞，稀多于 4 胞，20～33×17～25 µm，壁厚不及 1 µm，无色，表面光滑。

　　II, III

　　广布鳞毛蕨 *Dryopteris expansa* (Presl) Fraser-Jenkins & Jermy 吉林：长白山（67366）。

　　分布：日本，俄罗斯远东地区，朝鲜半岛，中国。

　　Kamei (1932) 通过接种试验证明此菌可在日本冷杉 *Abies firma* Siebold & Zucc.和迈氏冷杉 *Abies sachalinensis* (Schmidt.) Mast. var. *mayriana* Miyabe & Kudo 上形成性孢子器和春孢子器。根据原描述，性孢子器生于叶下面表皮下，宽 154～259 µm，高 110～241 µm。春孢子器生于叶两面，在中脉两侧排成两列，圆柱形，白色，直径 0.2～0.5 mm，高 0.5～1.1 mm；春孢子近球形或椭圆形，21～30.5×15～25 µm，壁厚 1～2 µm。

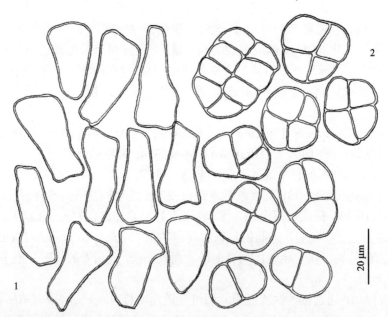

图 47　骨状拟夏孢锈菌 *Uredinopsis ossiformis* Kamei 的夏孢子 (1) 和冬孢子 (2) (HMAS 67366)

蕨拟夏孢锈菌 图 48

Uredinopsis pteridis Dietel & Holway in Dietel, Ber. Deutsch. Bot. Ges. 13: 331, 1895;

Fujikuro, Trans. Nat. Hist. Soc. Formosa 19: 10, 1914; Miura, Flora of Manchuria and East Mongolia 3: 235, 1928; Sawada, Descriptive Catalogue of the Formosan Fungi IV, p. 33, 1928; Tai, Sci. Rep. Natl. Tsing Hua Univ., Ser. B, Biol. Sci. 2: 404, 1936-1937; Lin, Bull. Chin. Agric. Soc. 159: 44, 1937; Wang, Index Uredinearum Sinensium (Beijing, China: Academia Sinica), p. 82, 1951; Tai, Sylloge Fungorum Sinicorum (Beijing, China: Science Press), p. 762, 1979; Zhuang, Acta Mycol. Sin. 2: 146, 1983; Zhuang, Acta Mycol. Sin. 5: 75, 1986; Zang, Li & Xi, Fungi of Hengduan Mountains (Beijing, China: Science Press), p. 79, 1996; Zhuang & Wei in W.Y. Zhuang (ed.), Higher Fungi of Tropical China (Ithaca, New York: Mycotaxon Ltd.), p. 379, 2001; Azbukina & Zhuang in Li & Azbukina (eds.), Fungi of Ussuri River Valley (Beijing, China: Science Press), p. 295, 2011; Liu et al., J. Inner Mongolia Univ. (Nat. Sci. Ed.) 48: 648, 2017.

Uredinopsis macrosperma auct. non Magnus: Hiratsuka & Hashioka, Bot. Mag. Tokyo 51:41, 1937; Sawada, Descriptive Catalogue of the Formosan Fungi IV, p. 33, 1928; Sawada, Descriptive Catalogue of the Formosan Fungi VII, p. 59, 1942; Wang, Index Uredinearum Sinensium (Beijing, China: Academia Sinica), p.82 , 1951.

　　夏孢子堆生于叶下面，散生或聚生，圆形或椭圆形，直径 0.2～0.5 mm，孢子成团时常呈白色；包被脆弱，包被细胞不规则多角形，宽 7～18 μm，光滑，无色；夏孢子长椭圆形、长卵形、近纺锤形、近卵状纺锤形或无定形，28～55(～60) ×10～18 μm，顶端有喙（长 2～10 μm），基部变狭或略平截，壁厚约 1 μm，无色，从顶部至基部有相对而生的两列纵向排列的瘤突，芽孔不明显；休眠夏孢子不规则多角形或多面体,20～40(～45) ×12～27 μm，壁厚 1.5～3.5 μm，棱处略增厚，有不清晰的线纹，表面近光滑或有细疣，常有不规则棱状突起，无色。

　　不形成完整的冬孢子堆；冬孢子单个散生于寄主表皮下的叶肉组织中，近球形或椭圆形，单胞或 2～4 个细胞，20～30(～33) ×18～25 μm，壁厚不及 1 μm，无色，光滑。

　　II, III

　　蕨 *Pteridium aquilinum* (L.) Kuhn var. *latiusculum* (Desv.) Underw. ex Heller 北京：百花山(25688)；吉林：长白山(67367)，汪清(89560，89561)；黑龙江：兴凯湖自然保护区(89562，92996)；福建：武夷山(41871，41872)；台湾：阿里山(01582)，台北(01580)；湖南：宜章(92943，94021)，张家界(242650，242655)；广东：惠东(82253)，信宜(82255)；海南：昌江(243309，243313)，尖峰岭(77899)；广西：上思(77412，77452，77453，77454，77455)；重庆：石柱(247566，247574)，永川(247484，247487)；四川：都江堰(67854，247433，247434)；贵州：绥阳(246161，246168，246189，246205，246211)；云南：麻栗坡(140442)，勐海(80441)，思茅(80440，140437)，腾冲(240336)。

　　毛轴蕨 *Pteridium revolutum* (Blume) Nakai 广东：信宜(82254)；海南：霸王岭(240245，240246，240247，240251，240252)；四川：雷波(240394，240395，240396)，冕宁(241863，241864)，越西(241872，241873，241875)；云南：保山(240301，240302，240303)，福贡(240565，240566，240567)，昆明(50262)，龙陵(240338，240339，240341)，

武定（50261），漾濞（240354，240358，240361），云县（240351）；西藏：墨脱（47023，47024）。

分布：世界广布。

接种试验证明本种在日本的春孢子阶段寄主为迈氏冷杉 *Abies sachalinensis* (Schmidt.) Mast. var. *mayriana* Miyabe & Kudo，在北美洲的春孢子阶段寄主为温哥华冷杉 *Abies amabilis* (Douglas) Forbes、北美冷杉 *Abies grandis* (Douglas ex D. Don) Lindl.和洛矶山冷杉 *Abies lasiocarpa* (Hook.) Nutt. (Kamei 1930a; Hiratsuka 1936; Ziller 1959)。据 Kamei (1930a) 描述，其性孢子器生于针叶两面，多在叶下面，极多，小点状，不规则聚生或散生，初为蜜黄色，后变红褐色，生于角质层下，略隆起，凸镜状或近锥状，宽 66～132 μm，高 37～66 μm；性孢子矩圆形或近矩圆状卵形，4.5～6.7×1.6～2.8 μm，光滑，无色；春孢子器生于叶两面，多在叶下面，排列在中脉两侧，两列，圆柱形，高 1～1.5 μm，直径 0.3～0.5 μm，顶端开裂；包被细胞略覆瓦状叠生，菱形、长六角形或不规则多角形，19～40×11～22 μm，内壁有密疣，厚 2～3 μm，外壁厚约 1 μm，光滑；春孢子球形或椭圆形，18～30×15～24 μm，壁厚 1～2 μm，密布细疣，有时有光滑区。

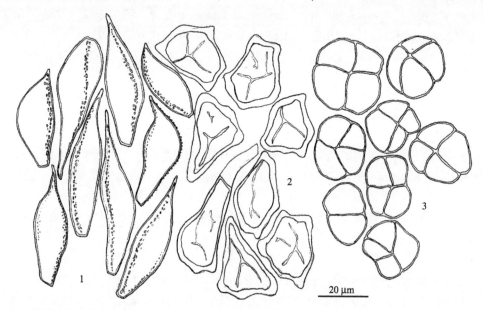

图 48　蕨拟夏孢锈菌 *Uredinopsis pteridis* Dietel & Holw.的夏孢子 (1)、休眠夏孢子 (2) 和冬孢子 (3)
(HMAS 247434)

荚果蕨拟夏孢锈菌　图 49

Uredinopsis struthiopteridis F.C.M. Störmer ex Dietel, Ber. Deutsch. Bot. Ges. 13: 331, 1895; Jørstad, Ark. Bot. Ser. 2, 4: 361, 1959; Tai, Sylloge Fungorum Sinicorum (Beijing, China: Science Press), p. 762, 1979; Cao, Li & Zhuang, Mycosystema 19: 14, 2000; Zhuang & Wei in W.Y. Zhuang (ed.), Fungi of Northwestern China (Ithaca, New York: Mycotaxon Ltd.), p. 281, 2005.

夏孢子堆生于叶下面，散生或聚生，圆形，直径 0.1～0.5 mm，常布满全叶，初期被黄褐色或褐色表皮覆盖，成团时白色；包被细胞不规则多角形，宽 7～16 μm，光滑，无色；夏孢子长椭圆形、长卵形、近纺锤形或近棍棒形，25～50×10～18 μm，顶端尖或有喙（长 2～8 μm），壁厚不及 1 μm，无色，表面从顶部至基部有纵向排列的瘤突，芽孔不明显；休眠夏孢子无定形多面体，18～38×(10～)15～25 μm，有短柄，壁厚 1.5～3 μm，棱部较厚，无色，表面有极细不明显的小疣或近光滑，芽孔不明显。

冬孢子堆生于叶两面，不形成明显的孢子堆；冬孢子单个散生或稍聚生于寄主表皮下或叶肉组织中，近球形或近椭圆形，单胞或 2～4 个细胞，稀多于 4 个细胞，18～30×15～25 μm，壁厚不及 1 μm，无色，光滑。

II, III

荚果蕨 *Matteuccia struthiopteris* (L.) Todaro 北京：东灵山（77643）；黑龙江：巴彦（67368）；四川：地点不详 ('between Bäor and Tha', H. Smith no. 4878, UPS)；重庆：巫溪（70998，70999）；陕西：镇坪（70999）。

分布：北温带广布。

Arthur (1934) 所列的寄主植物尚有蹄盖蕨 *Athyrium*、冷蕨 *Cystopteris*、鳞毛蕨 *Dryopteris* 和狗脊 *Woodwardia* 等属。后来 Faull (1938a) 将上述不同寄主上的菌分开成不同的种 (*U. arthyrii* Faull、*U. ceratophora* Faull、*U. longimucronata* Faull 和 *U. atkinsonii* Magnus)。我们在此按照 Faull (1938a) 的意见暂将本种限在 *Matteuccia struthiopteris* (L.) Todaro 一种寄主植物上。

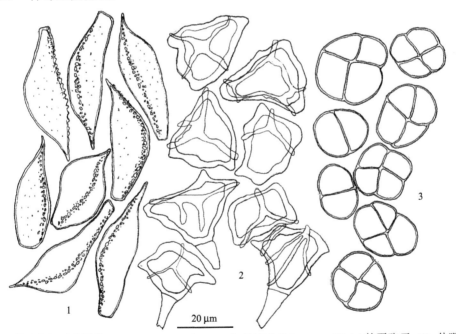

图 49　荚果蕨拟夏孢锈菌 *Uredinopsis struthiopteridis* F.C.M. Störmer ex Dietel 的夏孢子 (1)、休眠夏孢子 (2) 和冬孢子 (3) (HMAS 67368)

接种试验证明此菌可在欧洲冷杉 *Abies alba* Mill. （欧洲，Klebahn 1916）、香脂冷杉 *A. balsamea* Mill. （北美洲，Fraser 1913; Faull 1938c）、洛矶山冷杉 *Abies lasiocarpa* (Hook.) Nutt. （北美洲，Ziller 1970) 和迈氏冷杉 *Abies sachalinensis* (Schmidt.) Mast. var. *mayriana*

Miyabe & Kudo（日本，Kamei 1940）上形成性孢子器和春孢子器。据 Kamei (1940) 描述，性孢子器生于叶下面角质层下，78～130×30～74 μm。春孢子器生于叶下面，排成两列，圆柱形，白色，直径 0.1～0.2 mm，高 0.5～1 mm；春孢子近球形，19～25.5×16～25 μm，壁厚约 1.5 μm。

膨痂锈菌科 Pucciniastraceae 的可疑记录 (doubtful records)

北极膨痂锈菌
Pucciniastrum arcticum Tranzschel

此菌系庄剑云(1986)所记载，标本(HMAS 45238，45239)采自西藏喜马拉雅岗日嘎布山，生于一种悬钩子属植物 Rubus sp.（种名未确认）。标本中仅见夏孢子；夏孢子小，15～20×10～16 μm，有细刺。因未见夏孢子堆包被，不能确认为膨痂锈菌属 Pucciniastrum 的种。P. arcticum 分布于俄罗斯西伯利亚和北美洲寒带及亚寒带地区，我国高纬度及高海拔地区可能也有，鉴于无可靠标本为据，暂不列入本志。

散生盖痂锈菌
Thekopsora sparsa (G. Winter) Magnus

本种为王云章和臧穆(1983)记载。原标本可能是谌谟美在西藏林芝所采和鉴定(学名种加词被误写为'sparosa')，仅见春孢子阶段，生于林芝云杉 Picea likiangensis (Franch.) Pritz. var. linzhiensis Cheng & L.K. Fu。我们未能研究该标本，难于证实。此菌夏孢子和冬孢子阶段仅知寄生于杜鹃花科的天栌属 Arctous，在我国至今未发现。因无可靠标本为据，此菌暂不列入本志。

间型拟夏孢锈菌
Uredinopsis intermedia Kamei

此菌为庄剑云和魏淑霞(1994)所记载，标本采自西藏吉隆。寄主植物被误订为 Coniogramme intermedia Hieron.，实为凤尾蕨 Pteris cretica L. var. nervosa (Thunb.) Ching & S.H. Wu (≡ P. nervosa Thunb.)。锈菌也被误订为 Uredinopsis intermedia Mamei。标本中未见冬孢子，改订为 Uredo pteridis-creticae J.Y. Zhuang & S.X. Wei (刘铁志和庄剑云 2018)。U. intermedia 在我国可能有分布，因无标本为据，暂不列入本志。

金锈菌科 CHRYSOMYXACEAE

性孢子器 2 型，生于寄主植物表皮下，子实层平展，界限明显。春孢子器为有被春孢子器型 (peridermioid aecium)，包被由单层细胞组成，顶部不规则开裂；春孢子串生成链状，表面具疣。夏孢子堆裸露，无包被或包被退化、发育不全，似裸春孢子器 (caeomoid)；夏孢子串生成链状，表面具疣，似春孢子。冬孢子堆裸露，蜡质，垫状或强烈隆起，有时基部具菌丝束状梗；冬孢子单胞，串生成链状，密集并互相聚结，壁薄，芽孔不明显，不休眠；担子外生。

模式属：*Chrysomyxa* Unger

本科为 Liro (1908) 所创，后 Gäumann (1959, 1964) 及 Leppik (1972) 采用。Cummins 和 Hiratsuka (1983, 2003) 不予承认，将金锈菌属 *Chrysomyxa* 置于鞘锈菌科 Coleosporiaceae 中。我们认为 *Chrysomyxa* 因其冬孢子串生成链状并产生外生担子而与鞘锈菌属 *Coleosporium* 差异甚大；其春孢子阶段生于云杉属 *Picea* 植物，仅个别种生于铁杉属 *Tsuga* 和油杉属 *Keteleeria*，未见生于松属 *Pinus*。然而，*Coleosporium* 的春孢子阶段生于松属植物。我们认为 *Chrysomyxa* 与 *Coleosporium* 无密切的亲缘关系，将它们置于同一科不合适。尽管支持金锈菌科的作者较少，但我们认为此科的建立有其合理性，在此予以采纳，并将 Crane (2005) 建立的鞘金锈菌属 *Diaphanopellis* 纳入此科。本科仅有 2 属，30 余种，广布于北温带。生活史为全孢型 (macrocyclic, eu-form) 或缺夏孢型 (opsis-form, demicyclic)，少数种仅见冬孢子阶段 (microcyclic) (Cummins and Hiratsuka 2003)。我国已知 13 种。一些仅知无性阶段的种暂归入式样属 (form genus) *Uredo* 中。

金锈菌属 **Chrysomyxa** Unger

Beitr. Vergl. Pathol. 1: 24, 1840.

Barclayella Dietel, Hedwigia 29: 266, 1890.

Melampsoropsis Arthur, Rés. Sci. Congr. Intern. Bot. Vienne, p.338, 1906.

Stilbechrysomyxa M.M.Chen, Sci. Silvae Sin. 20: 267,1984.

（属特征描述从略，参见科特征描述）

模式种：*Chrysomyxa abietis* (Wallr.) Unger

≡ *Blennoria abietis* Wallr.

模式产地：奥地利

本属已知的生活史大多为转主寄生全孢型 (heteroecious, macrocyclic, heteromacrocyclic, eu-form)，其春孢子阶段生于云杉属 *Picea*，仅有个别种生于铁杉属 *Tsuga* 和油杉属 *Keteleeria*，多数种的夏孢子和冬孢子阶段生于杜鹃花科 Ericaceae，少数种生于冬青科 Aquifoliaceae、岩高兰科 Empetraceae、鹿蹄草科 Pyrolaceae、越桔科 Vacciniaceae 等双子叶植物。有些种为缺夏孢型 (opsis-form, demicyclic)。尚有 5 个短生活史 (microcyclic) 的种，其中 3 个种生于云杉，2 个种分别生于铁杉和油杉。未见休眠孢子，冬孢子成熟后立即萌发。

有些种的冬孢子堆基部具菌丝束状梗，谌谟美 (1984) 据此建立了新属 *Stilbechrysomyxa*，将 *Chrysomyxa himalensis* Barclay, *C. succinea* (Sacc.) Tranzschel 和 *C. stilbi* Y.C. Wang, M.M. Chen & L. Guo 三个种组合于此属中。我们认为仅以此宏观特征

建立新属依据不足，在此不予支持。

本属有些种是重要的林木病原菌，如 *C. pirolata* G. Winter 可严重侵染云杉 *Picea* spp. 球果，*Chrysomyxa abietis* (Wallroth) Unger 可严重侵染云杉针叶。

本属有 30 余种 (Cummins and Hiratsuka 2003)，我国已知 13 种。一些仅知无性阶段的种暂归入式样属 (form genus) *Uredo* 中。

分种检索表

云杉属 *Picea* 上春孢子阶段分种检索表

1. 春孢子器生于球果种鳞外侧；春孢子 25～43×18～35 μm，密布多角形或条形粗疣，孢壁与疣突厚 2.5～5 μm ·· 鹿蹄草金锈菌 *C. pirolata*
1. 春孢子器生于针叶上 ··· 2
  2. 病叶簇生成毛刷状；春孢子 25～60×12～35 μm，壁与疣突厚 2～2.5 μm ··················· ·· 伏鲁宁金锈菌 *C. woroninii*
  2. 病叶不簇生成毛刷状；春孢子通常不大于 40×30 μm ··· 3
3. 春孢子器无定形，侧扁；春孢子有时一端或两端略平，18～28×15～22 μm ················ ··· 杜鹃金锈菌 *C. rhododendri*
3. 春孢子可达 40×30 μm ·· 4
  4. 春孢子器圆柱形；春孢子 20～38×15～28 μm ················· 杜香金锈菌 *C. ledi*
  4. 春孢子器扁球形或无定形，不规则开裂 ·· 5
5. 春孢子 25～38×17～30 μm，疣体呈低垫状无定形，中央突尖 ·········· 祁连金锈菌 *C. qilianensis*
5. 春孢子 19～40×10～27 μm，疣体呈不规则柱状，有环纹 ············· 琥珀色金锈菌 *C. succinea*

夏孢子和冬孢子阶段分种检索表

1. 生活史短，仅见冬孢子 ··· 2
1. 生活史长，转主寄生全孢型 (少数种为缺夏孢型) ·· 8
  2. 生于松科植物 ··· 3
  2. 生于杜鹃花科植物 ··· 5
3. 冬孢子堆长条形隆起；冬孢子不规则长椭圆形、卵形或四边形，12～23×8～15 μm，生于 *Picea* ······ ··· 变形金锈菌 *C. deformans*
3. 冬孢子长可达 35 μm 或过之，不生于 *Picea* ·· 4
  4. 冬孢子堆窄带形或扁柱形，长 2.5～6 mm；冬孢子常一端长渐尖或尾尖，20～45×5～18 μm (不 包括尾尖)，"尾" 长可达 50 μm 或更长，生于 *Keteleeria* ················ 油杉金锈菌 *C. keteleeriae*
  4. 冬孢子堆圆形，直径 0.5～1 mm；冬孢子两端圆，有时一端或两端略尖，15～42×13～20 μm， 生于 *Tsuga* ·································· 云南铁杉金锈菌 *C. tsugae-yunnanensis*
5. 冬孢子堆圆柱形，直径 0.2～0.5 mm；冬孢子 27～45×12～24 μm，生于 *Vaccinium* ············· ··· 大霸尖金锈菌 *C. taihaensis*
5. 冬孢子堆球形或头形，基部具梗或无梗，生于杜鹃 *Rhododendron* ······························ 6
  6. 冬孢子堆基部无梗；冬孢子 2～4 个串生，20～38×15～20 μm，仅见于 *Rhododendron dahuricum* ······ ··· 科马罗夫金锈菌 *C. komarovii*
  6. 冬孢子堆基部具梗，梗长达 1 mm 或更长 ·· 7
7. 冬孢子 15～60×10～20 μm，3～8 个串生 ······························· 束梗金锈菌 *C. stilbi*
7. 冬孢子 22～35×10～23 μm，多为 3～5 个串生 ······················· 喜马拉雅金锈菌 *C. himalensis*
  8. 产生夏孢子和冬孢子 ··· 9

变形金锈菌　图 50

Chrysomyxa deformans (Dietel) Jaczewski, Mitt. Leningrader Forst. 33: 131, 1926; Anon.,
　Fauna and Flora of the Mt. Tomur Region in Tian Shan (Urumqi, China: People
　Publishing House of Xinjiang), p. 287, 1985; Zhuang, Acta Mycol. Sin. 8: 260, 1989;
　Zhuang & Wei in W.Y. Zhuang (ed.), Fungi of Northwestern China　(Ithaca, New
　York: Mycotaxon Ltd.), p. 236, 2005; Xu, Zhao & Zhuang, Mycosystema 32 (Suppl.) :
　172, 2013; Zhuang & Zheng, J. Xichang Univ. (Nat. Sci. Edit.) 31 (4) : 3, 2017.

Barclayella deformans Dietel, Hedwigia 29: 266, 1890.

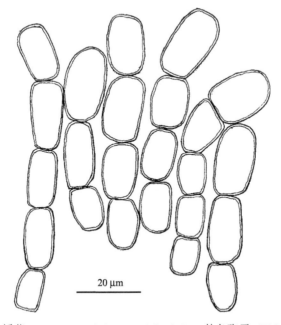

20 μm

图 50　变形金锈菌 *Chrysomyxa deformans* (Dietel) Jacz.的冬孢子 (HMAS 37737)

　　冬孢子堆生于早春初萌新芽，病叶稍肿、畸形和反卷，因节间不展或缩短致使病叶
簇生成帚状，孢子堆埋生于寄主表皮下，不规则长条形，隆起，蜡质，常密布全叶并互

相连合，新鲜时橙红色；冬孢子单胞，椭圆形、长椭圆形、卵形、不规则四边形或无定形，12～23×8～15 μm，通常 3～7 个串生，侧面互相黏合，壁厚约 1 μm 或不及，无色，新鲜时内容物黄色。担子 4 个细胞，常弯曲，担孢子近球形，直径 9～11 μm。

III

雪岭云杉 *Picea schrenkiana* Fisch. & C.A. Mey. 新疆：博格达山(245269)，阜康(37737)，哈密(37738)，托木尔峰(37739)。

分布：印度西喜马拉雅地区，日本，哈萨克斯坦，中国西北。

本种为短生活史种，缺性孢子器、春孢子器和夏孢子堆。在印度的模式寄主为印度云杉 *Picea morinda* Link (Dietel 1890)，在中亚见于雪岭云杉 *Picea schrenkiana* Fisch. & Mey. (Nevodovski 1956；王云章等 1985)，在日本的寄主为欧洲云杉 *Picea abies* (L.) H. Karst.和鱼鳞云杉 *Picea jezoensis* Carriere (Hiratsuka et al. 1992)。

喜马拉雅金锈菌　图 51

Chrysomyxa himalensis Barclay, Sci. Mem. Off. Med. Army India 5: 79, 1890; Balfour-Browne, Bull. Brit. Mus.　(Nat. Hist.) Bot. 1 (7): 204, 1955; Wang & Zang (eds.), Fungi of Xizang (Tibet) (Beijing, China: Science Press), p. 34, 1983; Zhuang & Zheng, J. Xichang Univ. (Nat. Sci. Edit.) 31 (4) : 3, 2017.

Stilbechrysomyxa himalensis (Barclay) M.M. Chen, Sci. Silvae Sin. 20: 268, 1984.

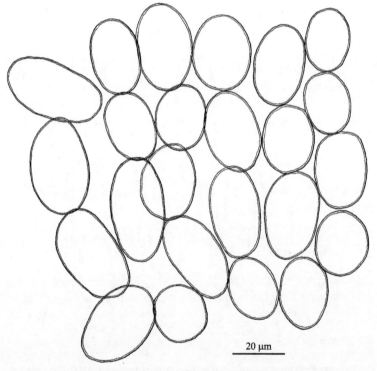

20 μm

图 51　喜马拉雅金锈菌 *Chrysomyxa himalensis* Barclay 的冬孢子
(Ludlow, Sherriff & Taylor no. 4324, K)

冬孢子堆多生于叶柄或叶下面中脉上，稀生于叶下面其他部位或果上，密集，强烈隆起，近球形或不规则条形，长 0.5～2 mm，蜡质，基部具梗，梗长 0.5～1 mm，稀达 2 mm，金黄色或红褐色；冬孢子单胞，矩圆形，22～30(～35) × (10～)12～20(～23) μm，多为 3～5 个孢子串生，孢子链 75～120 μm 长，侧面互相黏合，壁厚约 1 μm 或不及，无色。

III

白毛杜鹃 *Rhododendron vellereum* Hutch.ex Tagg 西藏：莫洛（Molo，林芝境内）(Ludlow, Sheriff & Taylor no. 4324, K)。

分布：印度喜马拉雅地区，中国西藏东南部。

本种系 Balfour-Browne (1955) 所报道，标本存放于英国丘园植物标本馆 (K)。它的冬孢子堆与 *Chrysomyxa stilbi* Y.C. Wang, M.M. Chen & L. Guo 的在宏观形态上近似，基部也有梗，但冬孢子链较短，冬孢子也远比后者的粗短。在印度的寄主有树形杜鹃 *Rhododendron arboreum* Sm.、钟花杜鹃 *R. campanulatum* D. Don、多裂杜鹃 *R. hodgsonii* Hook. f.等 (Sydow et al., 1906; Sydow and Sydow 1915)。Puri (1955) 认为印度云杉 *Picea morinda* Link 可能是其春孢子阶段寄主。

油杉金锈菌 图 52

Chrysomyxa keteleeriae (F.L. Tai) Y.C. Wang & R.S. Peterson, Acta Mycol. Sin. 1: 16, 1982; Zhuang & Zheng, J. Xichang Univ. (Nat. Sci. Edit.) 31 (4) : 4, 2017.

Cronartium keteleeriae F.L. Tai, Farlowia 3: 96, 1947; Wang, Index Uredinearum Sinensium (Beijing, China: Academia Sinica), p. 21, 1951; Jen, J. Yunnan Univ. (Nat. Sci.) 1956: 147, 1956; Tai, Sylloge Fungorum Sinicorum (Beijing, China: Science Press), p. 440, 1979.

冬孢子堆生于叶下面,散生或聚生,窄带形或扁柱形,直立或稍弯曲,长 2.5～6 mm,宽 200～600 μm,新鲜时橙红色,干时黄色,吸湿性,干时坚硬,遇水扭曲扩展变软；冬孢子单胞串生,侧面互相黏合,纺锤形、矩圆纺锤形或无定形,两端尖或一端钝另一端长渐尖或尾尖,20～37(～45) × (5～)7～15(～18) μm（不包括尾尖部分）,"尾"长可达 50 μm 或更长,壁厚约 1 μm 或不及,顶部有时稍厚,无色。

III

云南油杉 *Keteleeria evelyniana* Mast. 云南：昆明(0429，0637，0638 模式，0639，04299，13335，56115，58066)。

分布：中国西南。

此菌原被戴芳澜（1947）命名为 *Cronartium keteleeriae* F.L. Tai。因冬孢子无胞外基质,可互相撕离而不破裂,王云章和 Peterson（1982）认为它不同于柱锈菌 *Cronartium* 而更近于金锈菌 *Chrysomyxa*,因而予以改隶。云南油杉 *Keteleeria evelyniana* Mast.上的 *Peridermium kunmingense* Jen（1956）和 *Peridermium keteleeriae-evelynianae* T.X. Zhou & Y.H. Chen（1994）和本种有无关系,需在接种试验后才能确定。

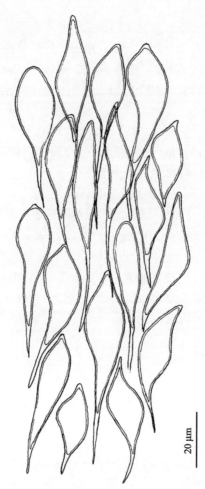

20 μm

图 52 油杉金锈菌 *Chrysomyxa keteleeriae* (F.L. Tai) Y.C. Wang & R.S. Peterson 的冬孢子 (HMAS 0638)

科马罗夫金锈菌 图 53

Chrysomyxa komarovii Tranzschel, Conspectus Uredinalium URSS, p. 313, 1939; Zhuang & Zheng, J. Xichang Univ. (Nat. Sci. Edit.) 31 (4) : 4, 2017.

冬孢子堆生于叶下面，聚生，常布满叶大部或全部并互相连合，初期生于寄主表皮下，后露出，圆形，直径 0.5～1 mm，新鲜时橙红色，蜡质；冬孢子 2～4 个串生成短链状，孢子链长 50～75 μm，侧面互相黏合；冬孢子单胞，宽椭圆形或矩圆形，20～38×15～20 μm，壁厚约 1 μm，无色；担子近球形，直径 10～12 μm。

III

兴安杜鹃 *Rhododendron dahuricum* L. 黑龙江：大兴安岭 (67483)。

分布：俄罗斯东西伯利亚，中国东北。

本种仅知生于兴安杜鹃 *Rhododendron dahuricum* L.，仅见冬孢子。Kuprevich 和 Tranzschel (1957) 称此菌的冬孢子极似 *Chrysomyxa woroninii* Tranzschel 的，但寄主植物不同难于确定是否同物。

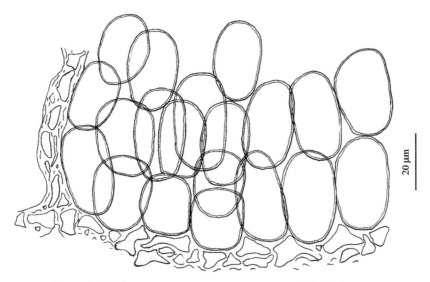

20 μm

图 53　科马罗夫金锈菌 *Chrysomyxa komarovii* Tranzschel 的冬孢子 (HMAS 67483)

杜香金锈菌　图 54

Chrysomyxa ledi de Bary, Bot. Zeitung (Berlin) 37: 809, 1879; Tai, Sylloge Fungorum
　　Sinicorum (Beijing, China: Science Press), p. 397, 1979; Zhuang & Wei, J. Jilin Agric.
　　Univ. 24: 6, 2002; Zhuang & Zheng, J. Xichang Univ. (Nat. Sci. Edit.) 31 (4): 4, 2017;
　　Liu et al., J. Inner Mongolia Univ. (Nat. Sci. Ed.) 48: 649, 2017.

　　夏孢子堆生于叶下面，偶见于茎上，散生或聚生，小圆形，直径 0.2～0.3 mm，常
互相连合成不规则形状，直径达 1 mm 或更大，隆起，橙黄色或橙红色；夏孢子串生成
链状，近球形、宽椭圆形、矩圆形或卵形，有时基部略平截，17～30×15～25 μm，壁
厚 0.5～1 μm，与疣突厚 2～2.5(～3) μm，无色，新鲜时内容物橙黄色，表面密布柱状
疣，疣顶略尖，芽孔不清楚。

　　冬孢子堆生于叶下面，散生或聚生，扁平，蜡质，直径 0.1～0.2 mm，血红色或橙
红色；冬孢子单胞，矩圆形、椭圆形、长矩圆形或近四方形，18～35(～38) ×10～20 μm，
3～6 个串生成链状，孢子链长 70～100 μm 或更长，密集但易分离，壁厚不及 1 μm，
光滑，无色，新鲜时内容物橙红色，芽孔不明显。

　　II, III
　　杜香 *Ledum palustre* L. 黑龙江：大兴安岭（67484）。
　　狭叶杜香 *Ledum palustre* L. var. *angustum* N. Busch. 黑龙江：漠河（82415）。
　　分布：欧洲、亚洲、北美洲寒带和亚寒带广布。
　　Crane (2005) 将采自大兴安岭的标本 (67484) 鉴定为杜鹃金锈菌 *Chrysomyxa
rhododendri* de Bary，我们不认可，在此予以改订。
　　接种试验证明此菌可在欧洲云杉 *Picea abies* (L.) H. Karst. (= *P. excelsa* Link)、加拿
大云杉 *P. canadensis* Link、恩格尔曼云杉 *P. engelmannii* Engelm.、芬兰云杉 *P. fennica*
Regel、鱼鳞云杉 *P. jezoensis* Carriere、黑云杉 *P. mariana* Britton, Sterns & Poggenb.、印
度云杉 *P. morinda* Link、西伯利亚云杉 *P. obovata* Ledeb.、淡红云杉 *P. rubens* Sarg. 等

多种云杉产生性孢子器和春孢子器 (de Bary 1879; Klebahn 1902, 1903; Liro 1906, 1907; Arthur 1910; Fraser 1911, 1912; Ito 1938)。Spaulding (1961) 记载中国西南的丽江云杉 *Picea likiangensis* (Franch.) E. Pritz.也是本种的春孢子阶段寄主。

据 Crane (2001) 描述，性孢子器生于针叶两面表皮下，排成两列，子实层略凹陷或平展，高 90～150 μm，宽 100～190 μm；春孢子器生于针叶两面，圆柱形，白色，宽 0.3～1.3 mm，顶端开口，晚期侧面撕裂；包被细胞不规则多角形或菱形，外侧深凹，内侧浅凹，外壁近光滑，内壁有密疣，疣突常呈波状条纹；春孢子卵形、椭圆形或近球形，20～38×15～28 μm，壁厚不及 1 μm，壁与疣突合 1.6～4.9 μm。扫描电镜下观察夏孢子疣体有若干(通常 4～5)环带，下部的环带较大，向上渐小，疣顶略尖；孢子表面有时有明显纵向沟槽，沟底散布形状不规则的小突起。

Jørstad (1940) 称此菌在挪威北部可在杜香 *Ledum palustre* L.以夏孢子阶段菌丝越冬，无需专主。

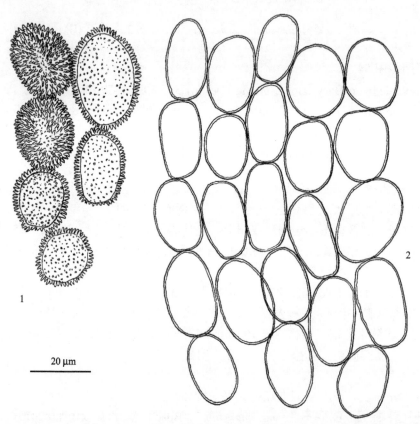

20 μm

图 54　杜香金锈菌 *Chrysomyxa ledi* de Bary 的夏孢子 (1) 和冬孢子 (2) (HMAS 67484)

鹿蹄草金锈菌　图 55

Chrysomyxa pirolata G. Winter in Rabenhorst, Deutschlands Kryptogammen-Flora Ed. 2, 1 (1), p. 250, 1882; Zhuang & Wei in W.Y. Zhuang (ed.), Fungi of Northwestern China (Ithaca, New York: Mycotaxon Ltd.), p. 236, 2005; Xu, Zhao & Zhuang, Mycosystema 32 (Suppl.) : 172, 2013; Zhuang & Zheng, J. Xichang Univ.　(Nat. Sci. Edit.) 31 (4): 4,

2017.

Chrysomyxa pyrolae Rostrup, Bot. Centralbl. 5: 127, 1881 (based on uredinia)；Miura, Flora
of Manchuria and East Mongolia 3: 237, 1928; Tai, Sci. Rep. Natl. Tsing Hua Univ., Ser.
B, Biol. Sci. 2: 308, 1936-1937; Wang, Index Uredinearum Sinensium (Beijing, China:
Academia Sinica), p. 11, 1951; Teng, Fungi of China (Beijing, China: Science Press), p.
320, 1963; Tai, Sylloge Fungorum Sinicorum (Beijing, China: Science Press), p. 397,
1979.

性孢子器生于种鳞上面，连片分布，极多，肉眼看不明显。春孢子器生于种鳞外侧，
小疱状，密集，有发育不良易消解的包被，粉状；春孢子近球形、椭圆形、矩圆形、卵
形或无定形，大小不一，25～43×18～30(～35) μm，无色，表面密布不规则多角形或条
形粗疣，孢壁与疣突厚 2.5～5 μm，疣宽 2～4 μm，长 2.5～5(～7) μm。

夏孢子堆生于叶下面，圆形，直径 0.5～1 mm，裸露，具极脆弱易消解的包被，有
破裂的寄主表皮围绕，常均匀布满全叶，新鲜时黄色或橙黄色，略粉状；夏孢子串生成
链状，近球形、椭圆形或倒卵形，18～38×12～23(～25) μm，壁厚不及 1 μm，无色，
表面布满粗疣，疣宽 0.5～2 μm，长达 4 μm，高 0.5～1.5 μm，间距 1～3 μm，芽孔不
清楚。

冬孢子堆生于叶下面，常均匀布满全叶，圆形或椭圆形，垫状，蜡质，直径 0.2～
0.5 mm，新鲜时橙红色或血红色，干时变褐色；冬孢子单胞，无定形，近矩圆形或近
椭圆形，15～25(～32) ×6～10 μm，串生成链状，孢子链长可达 100～130 μm 或更长，
密集并互相聚结，壁厚不及 1 μm，光滑，无色，芽孔不明显。

0, I
雪岭云杉 *Picea schrenkiana* Fisch. & Mey. 新疆："天山"（13636），阜康（38274）。
II, III
红花鹿蹄草 *Pyrola incarnata* Fisch. ex Kom. 内蒙古：阿尔山（42812，54236）。
圆叶鹿蹄草 *Pyrola rotundifolia* L. 新疆：哈密（37740）。
分布：北温带广布。

本种学名种加词 *pirolata* 源自寄主植物 *Pyrola* L. 1753 的同物异名 *Pirola* Neck.
1770，并非拼写错误。我们按照多数作者意见予以认可 (Sydow and Sydow 1915;
Cummins 1962; Wilson and Henderson 1966; Ziller 1974; Hiratsuka et al. 1992; Azbukina
2005, 2015)。

本种的春孢子阶段寄主在欧洲为欧洲云杉 *Picea abies* (L.) H. Karst. (= *P. excelsa*
Link) (Gäumann 1959)，在北美洲为恩格尔曼云杉 *P. engelmannii* Engelm.、白云杉 *Picea
glauca* (Moench) Voss、黑云杉 *P. mariana* Britton, Sterns & Poggenb.和淡红云杉 *P. rubens*
Sarg. (Arthur 1934)，在俄罗斯远东地区为鱼鳞云杉 *Picea jezoensis* Carrière (Azbukina
2005)。夏孢子和冬孢子阶段生于多种鹿蹄草属 *Pyrola* 植物。Gjaerum (1996) 报道在俄
罗斯远东地区的单侧花 *Orthilia secunda* (L.) House 和钝叶单侧花 *O. obtusata* (Turcz.)
Hara 上也有发生。

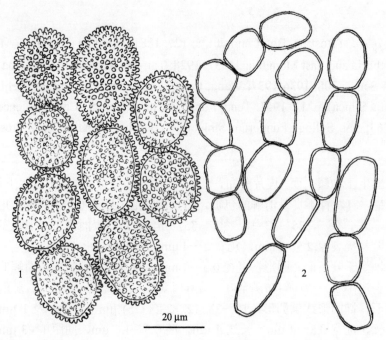

图 55　鹿蹄草金锈菌 *Chrysomyxa pirolata* G. Winter 的夏孢子 (1) 和冬孢子 (2) (HMAS 54236)

祁连金锈菌　图 56

Chrysomyxa qilianensis Y.C. Wang, X.B. Wu & B. Li, Acta Mycol. Sin. 6: 87, 1987; Zhuang & Wei in W.Y. Zhuang (ed.), Fungi of Northwestern China (Ithaca, New York: Mycotaxon Ltd.), p. 236, 2005; Zhuang & Zheng, J. Xichang Univ. (Nat. Sci. Edit.) 31 (4): 5, 2017.

性孢子器生于叶下面，聚生，直径约 120～200 μm，起初黄褐色，后变黑褐色。

春孢子器生于叶上面，疱状，扁球形，直径 0.2～0.3 mm，或矩圆形，长 1～3 mm 或更长，黄色；包被细胞多角状长椭圆形或矩圆形，45～90×20～38 μm，侧壁有明显细线纹；春孢子串生成链状，椭圆形、长椭圆形或矩圆形，25～38×17～30 μm，无色，表面密布粗疣，孢壁与疣突厚 1.5～2(～2.5) μm；疣体无定形，低垫状，中央突尖。

冬孢子堆生于叶下面，聚生，头状，蜡质，直径 0.2～0.5(～0.7) mm，新鲜时橙黄色，基部具或不具短梗，梗长 0.2～0.5 mm，稀达 1 mm；冬孢子单胞，长椭圆形或矩圆形，15～27(～30) ×10～15 μm，串生成链状，孢子链长 100～135 μm，互相聚结，包埋于胶质基质中，壁厚不及 1 μm，光滑，无色。担孢子近球形，直径 10～12 μm 或 10～14×8～12 μm。

0, I

青海云杉 *Picea crassifolia* Kom. 甘肃：天祝 (52077，52865)。

III

陇蜀杜鹃 *Rhododendron przewalskii* Maxim. 甘肃：天祝 (52078 模式，52866，52867)；青海：西宁 (24398，25364)。

分布：中国西北。

根据交互接种试验及自然发病现象观察，本种可在青海云杉 *Picea crassifolia* Kom. 和陇蜀杜鹃 *Rhododendron przewalskii* Maxim.之间转换寄主。在青海云杉自然发病区域发现有 4 种杜鹃，即烈香杜鹃 *Rhododendron anthopogonoides* Maxim.、头花杜鹃 *R. capitatum* Maxim.、陇蜀杜鹃 *R. przewalskii* Maxim.和千里香杜鹃 *R. thymifolium* Maxim.，接种试验证实仅在 *R. przewalskii* 上产生冬孢子。多次接种试验均未见夏孢子产生，推测此菌属缺夏孢型 (opsis-form, demicyclic)。此菌在祁连山林区严重危害青海云杉，在 7 月下旬至 8 月上旬造成大量落叶；一般仅侵染当年新叶，2 年以上老叶未见发病（王云章等 1987）。

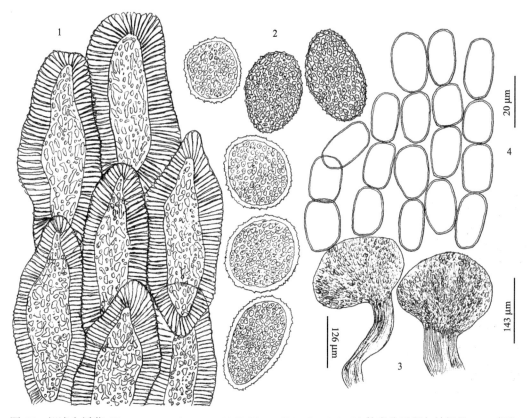

图 56 祁连金锈菌 *Chrysomyxa qilianensis* Y.C. Wang, X.B. Wu & B. Li 的春孢子器包被细胞 (1)、春孢子 (2) (HMAS 52077)、冬孢子堆 (3) 和冬孢子 (4) (HMAS 52078) （比例尺 1、2、4：20 μm；3：左 126 μm，右 143 μm）

杜鹃金锈菌 图 57

Chrysomyxa rhododendri de Bary, Bot. Zeitung (Berlin) 37: 809, 1879; Miura, Flora of Manchuria and East Mongolia 3: 238, 1928; Wang, Index Uredinearum Sinensium (Beijing, China: Academia Sinica), p. 11, 1951; Tai, Sylloge Fungorum Sinicorum (Beijing, China: Science Press), p. 397, 1979; Liu, J. Jilin Agr. Univ. 1983 (2): 1, 1983; Zhuang & Zheng, J. Xichang Univ. (Nat. Sci. Edit.) 31 (4): 5, 2017.

Chrysomyxa ledi de Bary var. *rhododendri* (de Bary) Savile, Can. J. Bot. 33: 491, 1955; Zhuang & Wei, J. Jilin Agric. Univ. 24: 6, 2002; Liu et al., J. Inner Mongolia Univ. (Nat.

Sci. Ed.) 48: 649, 2017.

性孢子器生于针叶两面表皮下，隆起，子实层浅凹或平展，高 100～150 µm，宽 150～200 µm 或更宽。

春孢子器生于针叶两面，无定形，侧扁，白色，单生或相连，长度不一，宽 0.5～1.5 mm；包被细胞不规则多角形，略呈覆瓦状叠生，25～50×13～28 µm，外壁近光滑，内壁有密疣，侧壁有条纹；春孢子卵形、椭圆形或近球形，有时一端或两端略平或具小帽状突起，18～25(～28)×15～22 µm，表面有密疣，壁厚不及 1 µm，与疣合 2～2.5 µm，无色。

夏孢子堆多生于叶下面，有时也生在叶柄、果梗或枝条上，散生或聚生，有时互相连合，圆形，直径 0.2～2 mm，隆起，新鲜时略粉状，橙黄色或橙红色，干时坚实，淡黄色或近灰白色；夏孢子串生成链状，椭圆形、矩圆形、卵形、近球形或无定形，18～30×13～22(～25) µm，偶见长达 38 µm，壁厚约 1 µm 或不及，无色，新鲜时杏黄色，表面密布柱状疣，疣和孢壁厚 1～2.5 µm，常具不规则的纵向条状斑块（光学显微镜下看似光滑），芽孔不清楚。

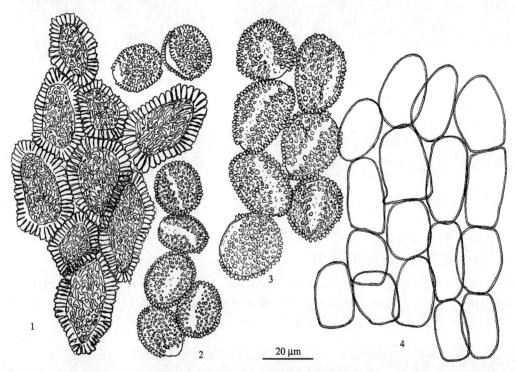

图 57　杜鹃金锈菌 *Chrysomyxa rhododendri* de Bary 的春孢子器包被细胞 (1)、春孢子 (2) (HMAS 58243)、夏孢子 (3) 和冬孢子 (4) (HMAS 245244)

冬孢子堆生于叶下面，散生或小群聚生，垫状，蜡质，直径 0.5～2 mm，有时互相连合，新鲜时红褐色，干时坚实，淡黄色或近苍白色；冬孢子单胞，矩圆形、近方形、椭圆形或短柱形，20～30(～33)×10～15(～20) µm，通常 4～6 个串生成链状，孢子链长可达 150 µm 或更长，密集并互相聚结，壁薄，光滑，无色，新鲜时内容物橙红色，芽孔不明显。

0, I

鱼鳞云杉 *Picea jezoensis* (Siebold & Zucc.) Carriere 吉林：安图（58243）。

红皮云杉 *Picea koraiensis* Nakai 吉林：安图（58242）。

II, III

兴安杜鹃 *Rhododendron dahuricum* L. 内蒙古：根河（245243，245244）；黑龙江：呼玛（82416）。

分布：北温带广布。

扫描电镜下观察夏孢子的疣为圆柱形，疣顶圆钝；纵向条斑是由许多大小形状不规则、有的互相连合的隆块形成，疣体有不甚明显的不规则环纹。Crane (2001) 描述春孢子表面也有明显纵向条斑，由许多大小形状不规则、有的互相连合的隆块形成，疣体有环带，疣顶钝或略尖；春孢子器包被细胞外壁浅凹近光滑，内壁具形状、大小和排列不规则呈迷宫状的密疣。

本种广布于北温带偏北地区，在我国的有关记载不少，但据我们复查中国科学院菌物标本馆 (HMAS) 保藏的被鉴定为本种的所有标本，发现多数标本被误订了。本种在我国的分布区尚不清楚，根据目前的可靠记录仅限于东北地区。

束梗金锈菌 图 58

Chrysomyxa stilbi Y.C. Wang, M.M. Chen & L. Guo, Acta Microbiol. Sin. 20: 16, 1980 (as 'stilbae'); Wang & Zang (eds.), Fungi of Xizang (Tibet) (Beijing, China: Science Press), p. 34, 1983; Zhuang, Acta Mycol. Sin. 5: 80, 1986; Zang, Li & Xi, Fungi of Hengduan Mountains (Beijing, China: Science Press), p. 86, 1996; Zhuang & Zheng, J. Xichang Univ. (Nat. Sci. Edit.) 31 (4): 5, 2017.

Chrysomyxa himalensis auct. non Barclay: Zhuang, Acta Mycol. Sin. 5: 80, 1986.

Chrysomyxa perlaria B. Li, Acta Mycol. Sin. Suppl. 1: 160, 1986; Zang, Li & Xi, Fungi of Hengduan Mountains (Beijing, China: Science Press), p. 85, 1996.

Stilbechrysomyxa stilbae (Y.C. Wang, M.M. Chen & L. Guo) M.M. Chen, Sci. Silvae Sin. 20: 269, 1984.

冬孢子堆生于叶下面，聚生，裸露，胶质，头状，直径 0.2～0.5 mm，基部具短梗，梗长 0.2～1 mm 或更长；冬孢子单胞，矩圆形、长矩圆形、椭圆形或近圆柱形，15～45(～60) ×10～18(～20) μm，3～8 个串生成链状，孢子链长 90～250 μm，互相聚结，包埋于胶质基质中，壁厚不及 1 μm，光滑，无色，芽孔不明显；担孢子椭圆形，10～12×8～10 μm。

III

大叶金顶杜鹃 *Rhododendron faberi* Hemsl. subsp. *prattii* (Franch.) D.F. Champ. ex Cullen & D.F. Champ. (≡ *R. prattii* Franch.) 甘肃：合作（冶力关，58623）。

黄花杜鹃 *Rhododendron fulvum* Balf. f. & W.W. Sm. 西藏：昌都（38654 模式）。

川西杜鹃 *Rhododendron sikangense* W.P. Fang 四川：贡嘎山（48400），松潘

（48386）。

大理杜鹃 *Rhododendron taliense* Franch. 四川：贡嘎山（48401）。

无柄杜鹃 *Rhododendron watsonii* Hemsl. 四川：贡嘎山（48402，48403），松潘（47858，48398，48399，50007）。

分布：中国。

本种近似于 *Chrysomyxa himalensis* Barclay 和 *Chrysomyxa succinea* (Sacc.) Tranzschel，它们的冬孢子堆基部都有梗，但本种的冬孢子很长，原描述称达 43 μm，但据我们观测可达 55 μm 或更长。*C. succinea* 和 *C. himalensis* 的冬孢子长度极少超过 35 μm，显然与 *C. stilbi* 有区别（Sydow and Sydow 1915；王云章等 1980）。

李滨（1986）根据采自四川松潘无柄杜鹃 *Rhododendron watsonii* Hemsl.上的标本描述了 *Chrysomyxa perlaria* B. Li。原描述称该种的冬孢子堆基部无梗。我们复查了模式标本（HMAS 47858），发现孢子堆具短梗，冬孢子极似 *Chrysomyxa stilbi* Y.C. Wang, M.M. Chen & L. Guo，我们认为两者为同物。

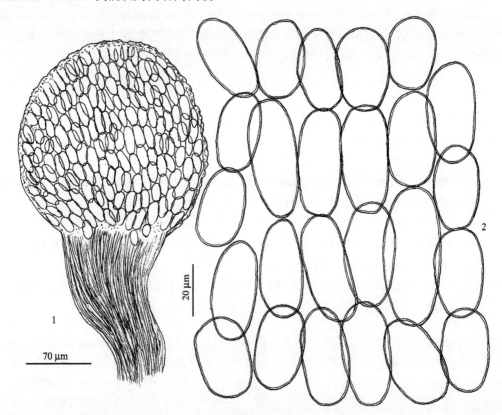

图 58　束梗金锈菌 *Chrysomyxa stilbi* Y.C. Wang, M.M. Chen & L. Guo 的冬孢子堆 (1) 及冬孢子 (2)
(HMAS 38654)

琥珀色金锈菌　图 59

Chrysomyxa succinea (Saccardo) Tranzschel, Conspectus Uredinalium URSS, p. 70, 314, 1939; Hiratsuka, Mem. Tottori Agric. Coll. 7: 16, 1943; Sawada, Descriptive Catalogue of Taiwan (Formosan) Fungi XI, p. 82, 1959; Tai, Sylloge Fungorum Sinicorum

(Beijing, China: Science Press), p. 397, 1979; Zhuang, Acta Mycol. Sin. 5: 80, 1986; Cao, Li & Zhuang, Mycosystema 19: 15, 2000; Zhuang & Wei in W.Y. Zhuang (ed.), Higher Fungi of Tropical China (Ithaca, New York: Mycotaxon Ltd.), p. 353, 2001; Zhuang & Wei in W.Y. Zhuang (ed.), Fungi of Northwestern China (Ithaca, New York: Mycotaxon Ltd.), p. 236, 2005; Zhuang & Zheng, J. Xichang Univ. (Nat. Sci. Edit.) 31 (4): 6, 2017.

Gloeosporium succineum Saccardo, Michelia 2 (6): 146, 1880.

Chrysomyxa expansa Dietel, Bot. Jahrb. Syst. 28: 287, 1900; Hiratsuka & Hashioka, Bot. Mag. Tokyo 48: 238, 1934; Sawada, Descriptive Catalogue of the Formosan Fungi VII, p. 60, 1942; Sawada, Descriptive Catalogue of the Formosan Fungi IX, p. 102, 1943; Wang, Index Uredinearum Sinensium (Beijing, China: Academia Sinica), p. 11, 1951; Teng, Fungi of China (Beijing, China: Science Press), p. 320, 1963; Tai, Sylloge Fungorum Sinicorum (Beijing, China: Science Press), p. 396, 1979; Wang & Zang (eds.), Fungi of Xizang (Tibet) (Beijing, China: Science Press), p. 34, 1983; Zang, Li & Xi, Fungi of Hengduan Mountains (Beijing, China: Science Press), p. 85, 1996; Zhuang & Wei in W.Y. Zhuang (ed.), Higher Fungi of Tropical China (Ithaca, New York: Mycotaxon Ltd.), p. 353, 2001.

Chrysomyxa alpina Hiratsuka, Bot. Mag. Tokyo 43: 471, 1929; Wang, Index Uredinearum Sinensium (Beijing, China: Academia Sinica), p. 11, 1951.

Stilbechrysomyxa succinea (Saccardo) M.M. Chen, Sci. Silvae Sin. 20: 268, 1984.

夏孢子堆生于叶下面，散生或聚生，圆形，直径 0.2～1 mm，垫状，新鲜时略胶状，橙黄色；包被存留，包被细胞不规则多角形或无定形，8～18×7～13 μm，壁厚约 1 μm 或不及，光滑；夏孢子串生成链状，无定形，多为近球形、椭圆形、卵形、矩圆形、长卵形、长矩圆形或近纺锤形，两端圆钝，稀一端略尖，有时一端略平截，18～33(～37) × 13～23 μm，无色，表面密布柱状疣，壁和疣厚 1.5～2.5 μm，常在侧面或端部呈现条状或帽状斑块（光学显微镜下看似光滑），芽孔不清楚。

冬孢子堆生于叶下面，小圆群聚生，裸露，胶质，近球形或不规则，直径 0.2～1 mm，有时互相连合，基部具短梗，梗长 120～250 μm 或更长；冬孢子单胞，近球形、矩圆形或椭圆形，15～30(～35) ×8～18 μm，串生成链状，密集并互相聚结，包埋于胶质基质中，壁薄，光滑；担孢子宽椭圆形或近椭圆状肾形，直径 7～8×6～7.5 μm。

II, III

毛喉杜鹃 *Rhododendron cephalanthum* Franch. 四川：得荣（199540，199541，199542）。

泡泡叶杜鹃 *Rhododendron edgeworthii* Hook. f. 四川：木里（47888）；西藏：米林（46926）。

金顶杜鹃 *Rhododendron faberi* Hemsl. 四川：峨眉山（04424，15285），木里（58636），松潘（48394，48395，48396）。

大叶金顶杜鹃 *Rhododendron faberi* Hemsl. subsp. *prattii* (Franch.) D.F. Champ. ex

Cullen & D.F. Champ. (≡ *R. prattii* Franch.) 四川：木里（58636，243064），松潘（48388）。

粘毛杜鹃 *Rhododendron glischrum* Balf. f. & W.W. Sm. 西藏：墨脱（46934）。

半被毛杜鹃（粉背碎米花）*Rhododendron hemitrichotum* Balf. f. & Forrest 四川：冕宁（241894）。

玉山杜鹃 *Rhododendron morii* Hayata 台湾：台南（00925，00926，11639）。

奥氏杜鹃（砖红杜鹃）*Rhododendron oldhamii* Maxim. 台湾：南投（244756，244757，244760）。

绒毛杜鹃 *Rhododendron pachytrichum* Franch. 四川：贡嘎山（48392，48393）。

阿里山杜鹃 *Rhododendron pseudochrysanthum* Hayata 台湾：台南（04976）。

大王杜鹃 *Rhododendron rex* H. Lév. 四川：普格（241889，241890）。

凸尖杜鹃 *Rhododendron sinogrande* Balf. f. & W.W. Sm. 西藏：墨脱（46932）。

白碗杜鹃 *Rhododendron souliei* Franch. 四川：康定（55188）。

芒刺杜鹃 *Rhododendron strigillosum* Franch. 四川：普格（241881，241882，241883，241884）。

单色杜鹃 *Rhododendron tapetiforme* Balf. f. & Kingdon-Ward 云南：丽江（34392）。

硬叶杜鹃 *Rhododendron tatsienense* Franch. 四川：乡城（199445，199476，199477，199481）。

草原杜鹃 *Rhododendron telmateium* Balf. f. & W.W. Sm. 四川：木里（243064，243072）。

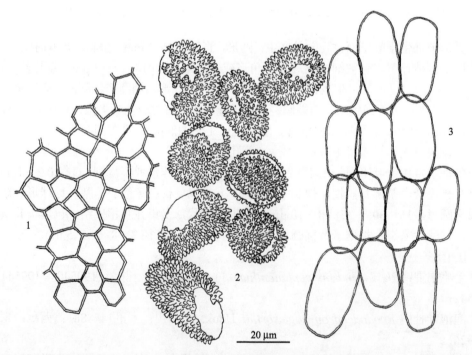

图 59 琥珀色金锈菌 *Chrysomyxa succinea* (Sacc.) Tranzschel 的夏孢子堆包被细胞 (1)、夏孢子 (2) 和冬孢子 (3) (HMAS 241894)

川滇杜鹃 *Rhododendron traillianum* Forrest & W.W. Sm. 四川：马尔康（47887）。

无柄杜鹃 *Rhododendron watsonii* Hemsl. 四川：九寨沟(47886)，松潘(58633)。

杜鹃属 *Rhododendron* sp. 西藏：边坝(念青唐古拉山)(183398)。

分布：欧亚温带广布。

Hiratsuka 和 Sato (1969) 通过接种试验证明此菌可在鱼鳞云杉 *Picea jezoensis* Carrière 产生性孢子器和春孢子器。春孢子器生于叶下面，排成两列，侧扁，包被不规则开裂，白色；包被细胞略呈覆瓦状叠生，侧壁厚 2～2.5 μm，纵切面外壁薄，凹陷或略平，内壁较厚，凸起，有横向粗条纹或疣；春孢子椭圆形、近球形或矩圆形，19～40×10～27 μm，壁厚约 1 μm，无色，表面多疣 (Hiratsuka et al. 1992)。

电子显微镜下观察夏孢子的疣为柱状或不规则，疣体有环纹，环纹似由不规则小突起相连而成。

大霸尖金锈菌

Chrysomyxa taihaensis Hiratsuka f. & Hashioka, Trans. Tottori Soc. Agric. Sci. 5: 238, 1935; Sawada, Descriptive Catalogue of the Formosan Fungi VII, p. 60, 1942; Wang, Index Uredinearum Sinensium (Beijing, China: Academia Sinica), p. 11, 1951; Jørstad, Ark. Bot. Ser. 2, 4: 344, 1959; Tai, Sylloge Fungorum Sinicorum (Beijing, China: Science Press), p. 397, 1979; Zhuang, Acta Mycol. Sin. 5: 80, 1986; Zhuang & Wei in W.Y. Zhuang (ed.), Higher Fungi of Tropical China (Ithaca, New York: Mycotaxon Ltd.), p. 354, 2001; Zhuang & Zheng, J. Xichang Univ. (Nat. Sci. Edit.) 31(4): 7, 2017.

冬孢子堆生于叶下面，散生或聚生，裸露，圆柱形，直径 0.2～0.5 mm，新鲜时橙黄色；冬孢子单胞，椭圆形、矩圆形或近棍棒形，有时一端或两端狭，27～45×12～24 μm，串生成链状，孢子链 270～450 μm 长或更长，壁厚不及 1 μm，无色，光滑，新鲜时内容物黄色，芽孔不明显。

III

梅氏越桔 *Vaccinium merrillianum* Hayata 台湾：新竹(大霸尖山，1935 年 7 月 16 日，桥冈良夫采，模式 typus，未见)。

锡金越桔(荚蒾叶越桔)*Vaccinium sikkimense* Clarke 云南：德钦 ('Mts. above Tseku and Tsehchung', J.F. Rock no.8792, UPS，未见)；西藏：墨脱(46943)。

分布：中国南部。

台湾产的模式标本以及 J.F. Rock 在云南德钦(茨菇和茨中以北山区)采的标本均未研究 (Hiratsuka and Hashioka 1935; Jørstad 1959)。作者在西藏采的标本(HMAS 46943)孢子堆已溃败，检出的孢子极少。以上描述根据 Hiratsuka 和 Hashioka (1935) 原文(无附图)。

云南铁杉金锈菌　图 60

Chrysomyxa tsugae-yunnanensis Teng, Bot. Bull. Acad. Sin. 1: 43, 1947; Teng, Fungi of China (Beijing, China: Science Press), p. 320, 1963; Tai, Sylloge Fungorum Sinicorum (Beijing, China: Science Press), p. 398, 1979; Zhuang & Zheng, J. Xichang Univ. (Nat.

Sci. Edit.) 31 (4) : 7, 2017.

Chrysomyxa tsugae Teng, Sinensia 11: 123, 1940 non *Chrysomyxa tsugae* Hiratsuka f., J. Jap.
Bot. 13: 246, 1937; Wang, Index Uredinearum Sinensium (Beijing, China: Academia
Sinica), p. 11, 1951.

冬孢子堆生于叶下面，散生或小群聚生，初期生于寄主表皮下，后破皮露出，圆形，
直径 0.5～1 mm，高 0.5～0.7 mm，新鲜时橙红色，蜡质，干时淡黄色，坚硬；冬孢子
25～35 个串生，孢子链长 300～500 μm，侧面互相黏合；冬孢子单胞，近球形、卵形、
椭圆形、矩圆形、长矩圆形或近纺锤形，两端圆，有时一端或两端略尖，15～35(～42)×
13～20 μm，壁厚约 1 μm，无色。

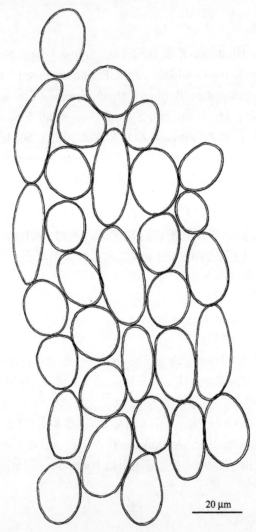

20 μm

图 60　云南铁杉金锈菌 *Chrysomyxa tsugae-yunnanensis* Teng 的冬孢子(CUP-CH-001656)

III
云南铁杉 *Tsuga dumosa* (D. Don) Eichler [= *Tsuga yunnanensis* (Franch.) E. Pritz.].

四川：九龙 (CUP-CH-001656 模式，CUP，美国康奈尔大学)。

分布：中国西南。

本种近似于日本产的日本铁杉 *Tsuga sieboldii* Carriere 上的 *Chrysomyxa tsugae* Hirats. f. (1937)，不同在于后者的冬孢子链较短(据原描述为 150～290 μm)，且孢子狭长(18～42×8～14 μm)。

本种至今仅见于模式产地(四川九龙县洪坝乡)(邓叔群 1940，1947，1963)。

伏鲁宁金锈菌　图 61

Chrysomyxa woroninii Tranzschel, Centralbl. Bakteriol. 2. Abth. 11: 106, 1903; He et al., J. Northeast Forest. Univ. 23: 111-114, 1995; Zhuang & Wei, J. Jilin Agric. Univ. 24: 6, 2002; Zhuang & Zheng, J. Xichang Univ. (Nat. Sci. Edit.) 31(4): 7, 2017.

性孢子器 2 型，生于叶芽表皮下，多在叶中上部，近球形，直径 100～150 μm，淡褐色。

春孢子器生于早春初萌新芽，因节间不展或缩短致使病叶簇生成毛刷状，有被春孢子器型，常生于叶两面，沿针叶全长伸展，宽达 50 μm，初期埋生于寄主表皮下，后表皮纵向开裂而露出，包被早败，包被细胞不规则多角形或菱形，外壁有横线纹，内壁有密疣；春孢子单胞，椭圆形、长椭圆形、矩圆形、卵形、长卵形或无定形，串生成链状，25～55(～60) × (12～)15～30(～35) μm，壁与疣厚 2～2.5 μm，无色，疣棱柱形，高 1.5～2 μm，宽 0.5～2 μm，间距 1.5～3 μm。

冬孢子未见。

0, I

红皮云杉 *Picea koraiensis* Nakai 黑龙江：塔河(67482；1991 年 6 月 11 日，何秉章和薛煜采，无号，东北林业大学森林病理教研室)。

鱼鳞云杉 *Picea jezoensis* (Siebold & Zucc.) Carriere var. *microsperma* (Lindl.) W.C. Cheng & L.K. Fu 黑龙江：大兴安岭(245268)。

分布：欧洲、亚洲、北美洲北部寒带和亚寒带(环北方 circumboreal) 广布。

本种为何秉章等(1995)所报道，危害红皮云杉顶芽和侧芽，发生在大兴安岭和小兴安岭林区。在欧洲和北美洲危害白云杉 *Picea glauca* (Moench) Voss 和黑云杉 *P. mariana* Britton, Sterns & Poggenb. (Ziller 1974)。本种显著特征是其春孢子很大，Savile (1955) 记载可达 62 μm 长。我们未见其冬孢子。已报道的冬孢子阶段寄主有杜香 *Ledum palustre* L.、斜升杜香 *L. palustre* var. *decumbens* Aiton 和格陵兰杜香 *L. groenlandicum* Retz.。以往有关此菌寄主转换关系仅根据自然发病现象推测，Crane 等 (2000) 首次通过接种试验证实此菌可在黑云杉 *P. mariana* 和格陵兰杜香 *L. groenlandicum* 之间转换寄主。何秉章等(1995)曾用红皮云杉上的春孢子接种杜香，未见感染。此菌在我国的侵染循环有待进一步研究。田泽君等(1980)报道川西人工林中的麦吊云杉 *Picea brachytyla* (Franch.) Pritz.也有此菌发生，因缺标本为据，待证。

本种缺夏孢子。据 Kuprevich 和 Tranzschel (1957) 描述，生于杜香 *Ledum palustre* 上的冬孢子堆多见于当年幼叶或多年罹病帚状枝病芽上；冬孢子新鲜时橙红色，平伏或略隆起，多在叶下面，常覆盖叶大部或全部，但柄芽下的叶可免于感染；冬孢子 80～90×14 μm，呈短链状串生；担孢子近球状卵形，11～13×8～13 μm，新鲜时内容物橙红色。Savile (1950) 描述生于格陵兰杜香 *L. groenlandicum* 上的冬孢子 18.5～40×12～19 μm，担孢子 8.5～11.5×6.5～9.5 μm。

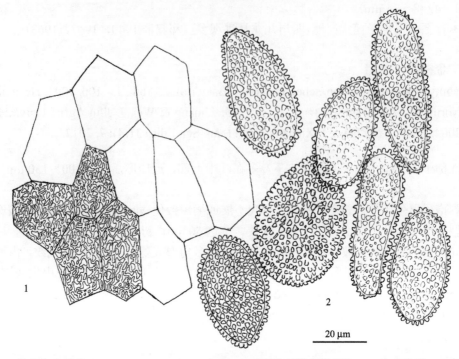

图 61　伏鲁宁金锈菌 *Chrysomyxa woroninii* Tranzschel 的春孢子器包被细胞 (1) 和春孢子 (2) (HMAS 67482)

鞘金锈菌属 Diaphanopellis P.E. Crane

Mycologia 97: 539, 2005.

性孢子器和春孢子器未见。夏孢子堆裸露，为杯形春孢子器型 (aecidioid uredinium)；夏孢子串生成链状，表面具疣，似春孢子。冬孢子堆裸露，胶质，垫状，橙黄色，有透明罩膜覆盖；冬孢子单胞，串生成链状，壁薄，表面具细疣，有透明薄鞘包裹，孢子间侧面不黏结，芽孔不明显，不休眠；担子外生。

模式种：*Diaphanopellis forrestii* P.E. Crane
模式产地：中国西藏

本属与金锈菌属 *Chrysomyxa* 的不同仅在于其夏孢子堆具包被，为杯形春孢子器型 (aecidioid uredinium)；其冬孢子周围有透明薄鞘包裹。仅知 1 种，分布于我国西南和印度喜马拉雅地区。

福氏鞘金锈菌　图 62
Diaphanopellis forrestii P.E. Crane, Mycologia 97: 539, 2005.

Aecidium rhododendri Barclay, Sci. Mem. Off. Med. Army India 6: 71, 1891.

Aecidium sino-rhododendri M. Wilson, Notes Roy. Bot. Gard. Edinburgh 12: 261, 1921; Tai,
Sylloge Fungorum Sinicorum (Beijing, China: Science Press), p. 367, 1979.

夏孢子堆生于叶下面，散生或环状聚生，直径 0.2～1 mm，形似杯状春孢子器，具明显包被；包被细胞不规则多角形，20～38×18～32 μm，外壁表面凹陷，近光滑或具细疣，内壁表面密生粗疣，侧壁有条纹；夏孢子串生成链状，大小及形态多变，多数为近球形、角球形、椭圆形、卵形或长卵形，18～35(～37)×12～28 μm，壁厚 1～1.5 μm，壁与疣厚 2～2.5 μm，表面密布粗疣，侧面或一端（稀两端）常呈现凹凸不平的帽状斑块（光学显微镜下看似光滑），芽孔不清楚。

冬孢子堆生于叶下面，散生或不规则聚生，大小形状不规则，直径 0.2～1 mm 或长达 1.5 mm，新鲜时橙黄色，垫状，胶质，基部无梗；冬孢子单胞，串生成链状，长矩圆形，17～33×6～20 μm，壁极薄，表面具细疣，有透明薄鞘包裹，孢子间侧面不黏结，芽孔不明显。

II, III

雪山杜鹃 *Rhododendron aganniphum* Balf. f. & W.W. Sm. 西藏：地点不详 ("E. Tibet") (G. Forrest, IMI 65761，英国国际菌物研究所)。

变光杜鹃 *Rhododendron calvescens* Balf. f. & Forrest 西藏：地点不详 ("S.E. Tibet") (G. Forrest no. 14331, E 181454，英国爱丁堡皇家植物园标本馆)。

弯果杜鹃 *Rhododendron campylocarpum* Hook. f. 西藏：米林 (46927)，墨脱 (46933)。

栎叶杜鹃 *Rhododendron phaeochrysum* Balf. f. & W.W. Sm. 云南：地点不详 ("Hung Po Mts.") (J.F. Rock no. 22895, IMI 65762)。

多变杜鹃 *Rhododendron selense* Franch. 西藏：地点不详(G. Forrest, E 181458 模式)。

白碗杜鹃 *Rhododendron souliei* Franch. 四川：普格 (241891)。

宽叶杜鹃 *Rhododendron sphaeroblastum* Balf. f. & Forrest 四川：木里 (G. Forrest no. 20446, IMI 65763)。

分布：中国西南，印度喜马拉雅地区，尼泊尔。

本种宏观粗看与 *Chrysomyxa succinea* (Saccardo) Tranzschel 相似，但其夏孢子堆形似杯状春孢子器，具明显包被，包被细胞与夏孢子略等大或略大，表面具纹饰；后者的夏孢子堆亦有包被覆盖，但其包被不具杯形春孢子器型特征，包被细胞比夏孢子小，表面光滑 (Crane 2005)。本种的冬孢子堆基部无梗 (Crane 2005)。电子显微镜下观察夏孢子表面具密集的形状不规则的柱状疣，疣体有若干环纹，有的区域无疣，成片呈现凹凸不平的帽状斑块（光滑区 smooth area）。

Crane (2005) 将印度喜马拉雅地区的 *Aecidium rhododendri* Barclay (1891) 和西藏的 *Aecidium sino-rhododendri* M. Wilson (Wilson 1921; Henderson 1955) 作为本种的同物异名。Balfour-Browne (1955) 认为 *Aecidium rhododendri* 和 *Aecidium sino-rhododendri* 是同物。

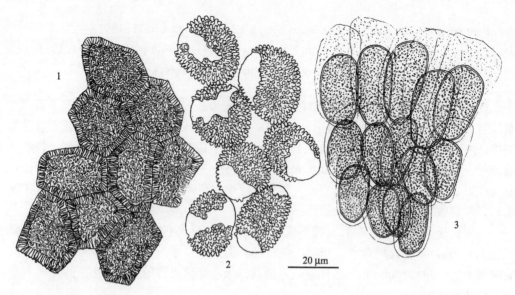

图 62　福氏鞘金锈菌 *Diaphanopellis forrestii* P.E. Crane 的夏孢子堆包被细胞 (1)、夏孢子 (2) 和冬孢子 (3) (E 181458)

金锈菌科 Chrysomyxaceae 的可疑记录 (doubtful records)

冷杉金锈菌
Chrysomyxa abietis (Wallr.) Unger

　　本种系曹支敏和李振岐(1999)首次报道。标本 (HMNWFC-TR0192，西北农林科技大学真菌标本馆) 采自陕西宁陕魏氏云杉(青杆)*Picea wilsonii* Mast.。此标本的冬孢子很长(23.5～52×12～15.5 μm)，不符合 *Chrysomyxa abietis* (Wallr.) Unger 的冬孢子特征。根据以往各作者的描述，*C. abietis* 冬孢子长度一般很少超过 30 μm (Sydow and Sydow 1915; Ito 1938; Kuprevich and Tranzschel 1957; Gäumann 1959; Wilson and Henderson 1966; Azbukina 2005)。该标本有待进一步研究。

　　本种为短生活史种，缺性孢子器、春孢子器和夏孢子堆，广布于欧亚温带。已报道的寄主很多，在欧洲主要有欧洲云杉 *Picea abies* (L.) H. Karst. (= *P. excelsa* Link)、恩格尔曼云杉 *P. engelmannii* Engelm.、尖叶云杉 *P. pungens* Engelm.、淡红云杉 *P. rubens* Sarg.、锡奇云杉 *P. sitchensis* (Bong.) Carriére 等 (Jørstad 1938; Wilson and Henderson 1966; Kuprevich and Ul'yanishchev 1975)；在日本主要危害库页云杉 *P. glehni* Mast.、小山云杉 *P. koyamai* Shirasawa、白沢云杉 *P. shirasawae* Hayashi 等 (Hiratsuka et al. 1992)。本种在我国理应有分布，但目前缺标本为据，暂不列入本志。

迪特尔金锈菌
Chrysomyxa dietelii Syd.

　　本种系戴芳澜(1947)、庄剑云(1986)及臧穆等(1996)所记载。作者复查了保藏于中国科学院菌物标本馆 (HMAS) 的原标本，发现均属误订。本种模式产地为印度喜马拉雅地区的库茂恩 (Kumaon)，生于树形杜鹃 *Rhododendron arboreum* Sm. (Sydow, Sydow & Butler 1907)。我国西南可能有分布，因缺可靠标本为据，暂不列入。

韦尔金锈菌
Chrysomyxa weirii H.S. Jacks.

此菌为张翰文等 (1960) 所记载，戴芳澜 (1979) 转载，发现于新疆木垒和乌鲁木齐，生于云杉 *Picea* sp.。我们未能研究相关标本。此菌为短生活史种，在北美洲危害恩格尔曼云杉 *Picea engelmannii* Engelm.、白云杉 *P. glauca* (Moench) Voss、黑云杉 *P. mariana* Britton, Sterns & Poggenb.和锡奇云杉 *P. sitchensis* (Bong.) Carriére (Jackson 1917; Arthur 1934; Ziller 1974)。除北美洲外，Nevodovski (1956)、Kuprevich 和 Ul'yanishchev (1975) 记载中亚的哈萨克斯坦的雪岭云杉 *Picea schrenkiana* Fisch. & Mey. 上也发现，但他们对本种的描述均录自 Saccardo (1925) 和 Arthur (1934) 的原文。此菌在东亚和欧洲均未见报道，在中亚的记载是否可靠，因无标本为据，待证。以下描述抄录自 Saccardo (1925) 和 Arthur (1934)，仅供参考：

冬孢子堆生于叶上，长条形，长 0.5～1.5 mm，隆起，蜡质，新鲜时暗橙色或橙褐色；冬孢子单胞，矩形或近纺锤状矩形，16～28×5～8 µm，两端平截或斜尖，彼此易分离，壁薄，无色，光滑。

鞘锈菌科 COLEOSPORIACEAE

性孢子器 2 型，生于寄主植物表皮下，子实层平展，界限明显。春孢子器为有被春孢子器型 (peridermioid aecium)，包被由单层细胞组成；春孢子串生成链状，表面具疣。夏孢子堆裸露，无包被，似裸春孢子器 (caeomoid)；夏孢子串生成链状，表面具疣，芽孔不明显。冬孢子堆裸露，蜡质或胶质，干时坚硬，隆起；冬孢子单胞，通常单层侧面相连，少数种不规则叠生略似 2～3 层，具薄壁，不休眠，成熟时原生质分隔成 4 个细胞形成内生担子 (internal basidium)，在孢外产生担孢子。

模式属：*Coleosporium* Léveillé

本科系 Dietel (1900a) 所创，相继为 Dumée 和 Maire (1902)、Fischer (1904)、Arthur (1906a)、Hariot (1908)、Liro (1908)、Trotter (1908)、Grove (1913)、 Klebahn (1914)、Sydow 和 Sydow (1915)、Fragoso (1924)、Gäumann (1928, 1949, 1959, 1964)、Wilson 和 Henderson (1966)、Leppik (1972)、Cummins 和 Hiratsuka (1983, 1984, 2003) 以及 Hiratsuka 等 (1992) 等所采用，但各作者对科下单位的设置分歧很大 （参见上述文献）。Cummins 和 Hiratsuka (2003) 设三个属，即蜡痂锈菌属 *Ceropsora*、金锈菌属 *Chrysomyxa* 和鞘锈菌属 *Coleosporium*。我们认为产生链状冬孢子和外生担子的 *Chrysomyxa* 与产生非链状冬孢子和内生担子的 *Coleosporium* 不但在形态上有很大差异，而且亲缘关系上也可能相距较远，将它们放在同一科不合适。印度产的 *Ceropsora* 为单种属，仅见冬孢子

(Bakshi and Singh 1960)。其冬孢子单胞，单生于多隔膜、平行聚合的基部细胞 (basal cell)，孢子侧面相连，但成熟时分开，萌发时顶端延伸成担子。此属的冬孢子形态与萌发方式也明显不同于 *Chrysomyxa* 和 *Coleosporium*，将它置于本科也不合适。因生于云杉属 *Picea* 植物上，系统关系上推测它与 *Chrysomyxa* 更为接近。*Ceropsora* 在我国未发现，估计也有。

我们按照 Gäumann (1959) 的意见，本科只设 *Coleosporium* 一属。

鞘锈菌属 Coleosporium Léveillé

Ann. Sci. Nat. Bot. Sér. 3, 8: 373, 1847.

Erannium Bonorden, Zur Kenntniss einiger der wichtigsten Gattungen der Coniomyceten und Cryptomyceten, p.15, 1860.

Gallowaya Arthur, Rés. Sci. Congr. Intern. Bot. Vienne, p.336, 1906.

Stichopsora Dietel, Bot. Jahrb. Syst. 27: 565, 1899.

Synomyces Arthur, North American Flora 7: 661, 1924.

（属特征描述参见科特征描述）

模式种：*Coleosporium campanulae* (F. Strauss) Tulasne (lectotype, Laundon 1975)

　　≡ *Uredo tremellosa* F. Strauss var. *campanulae* F. Strauss (telia present)

模式产地：欧洲

本属已知种的生活史大多为转主寄生 (heteroecious) 全孢型 (macrocyclic, eu-form)，其春孢子阶段生于松属 *Pinus*，夏孢子和冬孢子阶段生于多种双子叶植物和单子叶植物，以菊科 Compositae 上的种最多。本属有 5 个短生活史 (microcyclic) 的种，均生于松树。

Arthur (1906b) 指定 *Coleosporium rhinanthacearum* (DC.) Kickx (≡ *Uredo rhinanthacearum* DC.) 为本属补选模式 (lectotype)，但此名称模式标本仅有夏孢子，不含冬孢子（有性阶段）。Laundon (1975) 遂另选 *Uredo tremellosa* F. Strauss var. *campanulae* F. Strauss (1810) [≡*Coleosporium campanulae* (F. Strauss) Tulasne (1854)]为模式，此名称虽然是一个无性型名称，但其模式标本有冬孢子，而原作者也描述了冬孢子，因此是合法的。

本属为广布属，已发表的种名很多，光学显微镜下根据孢子形态很难区别，早期作者常以寄主植物种类作为分种的重要依据之一，出现了不少同物异名。Hylander 等 (1953) 将北欧斯堪的纳维亚 (Scandinavia) 半岛所产的鞘锈菌属 9 个种全部合并成 *C. tussilaginis* (Pers.) Lév.一种，有不少作者跟从，包括 Wilson 和 Henderson (1966)、Boerema 和 Verhoeven (1972)、Kaneko (1981)、Azbukina (1984, 2005, 2015)、Hiratsuka 等 (1992) 等。此 9 种是桔梗科 Campanulaceae 上的 *C. campanulae* (Pers.) Lév.，菊科 Compositae 上的 *C. inulae* Rabenh.、*C. petasitis* (DC.) Lév.、*C. senecionis* (DC.) J.J. Kichx、*C. sonchi* (F. Strauss) Lév.和 *C. tussilaginis* (Pers.) Lév.，毛茛科 Ranunculaceae 上的 *C. pulsatillae* (Steud.) Lév.及玄参科 Scrophulariaceae 上的 *C. melampyri* (Rebent.) P. Karst.和 *C. rhinanthacearum*

(DC.) Lév.。在自然界它们的夏孢子和冬孢子阶段可否跨越亲缘关系很远的桔梗目 Campanulales、菊目 Asterales、毛茛目 Ranunculales 和玄参目 Scrophulariales 植物进行传播尚不清楚。本志书仍采纳早期作者 Sydow 和 Sydow (1915)、Arthur (1934)、Kuprevicz 和 Tranzschel (1957)、Gäumann (1959)、Cummins (1962, 1978) 等的意见，将 *C. campanulae*、*C. inulae*、*C. melampyri*、*C. pulsatillae* 和 *C. senecionis* 各自独立。

Hiratsuka 和 Kaneko (1975) 作了扫描电镜观察，发现各个种的春孢子和夏孢子的表面纹饰差异甚大，完全可作为分种依据，一些已被处理为同物异名的"种"很可能可以重新予以独立。据 Kaneko (1981) 观察，有的种的冬孢子成熟时基部产生一隔膜，隔膜以上为内生担子，以下不孕部分呈柄状（不孕细胞 sterile cell），遂将此特征作为分种的重要依据。我们认为鞘锈菌与其他锈菌一样，冬孢子在孢子堆原基菌丝团的菌丝顶端形成，冬孢子（内生担子）下部的所谓"不孕细胞"实际上就是与孢子相连的产孢菌丝段。锈菌分类通常将孢子柄的有无和柄的长度作为重要特征描述，以往诸多作者不可能看不到或忽略了 Kaneko (1981) 所称的柄状"不孕细胞"，一些早期作者 (如 Liro 1908; Sydow and Sydow 1915; Gäumann 1959, 1964 等) 的线条图都有绘出，推测此不孕菌丝段随着孢子成熟或早或晚自行消解。由于此不孕菌丝段在同一个种不同标本（同寄主或不同寄主，同采集地或不同采集地，同采集时间或不同采集时间）时有时无、长短变化无常，以致从未有人将它作为重要性状加以利用并描述。Kaneko (1981) 和 Cummins (1978) 强调担孢子形状大小应被视为重要特征加以利用。鉴于我们对冬孢子的萌发未作详细观察，在此不描述担孢子。

由于不同作者的分种依据不尽相同，本属的已知种数难于确定，估计有 80～100 种。我国已知 42 种。一些仅知无性阶段的种暂归入式样属 (form genus) 中。

夹竹桃科 Apocynaceae 植物上的种

鸡蛋花鞘锈菌　图 63

Coleosporium plumeriae Patouillard, Bull. Soc. Mycol. Fr. 18: 178, 1902 (as 'plumierae');
　　Yan et al., Mycosystema 25: 327, 2006.

夏孢子堆生于叶下面，散生或聚生，圆形，直径 0.2～1 mm，多时常布满全叶，粉状，新鲜时黄色，干时苍白色，略呈蜡质；夏孢子近球形、椭圆形、长椭圆形、倒卵形、长倒卵形、矩圆形或近棍棒形，(20～)25～45(～48) ×14～25(～28) μm，壁厚约 1 μm，无色，新鲜时内容物黄色，表面密布杆状或脊状无定形粗疣，疣高 1.5～2.5 μm，常互相连合成短脊状或网状，有时部分区域无疣呈不规则光滑斑 (光滑区 smooth area)，芽孔不清楚。

冬孢子堆生于叶下面，散生或聚生，圆形，直径 0.2～1 mm，新鲜时橙红色，垫状；冬孢子圆柱形或长倒卵形，有时具斜隔膜，55～90×18～25(～33) μm，壁厚不及 1 μm，无色，顶部胶质层厚 10～20 μm，基部有时可见短柄状不孕细胞。

II, III

鸡蛋花 *Plumeria rubra* L. var. *acutifolia* (Poir. ex Lam.) Bailey 台湾：新北（金山

244621，244622），台中（244793，244794，244795）；海南：霸王岭（240234，240240，240244，242554，242562），儋州（242564，242566），定安（243253），海口（242576，243192，243197，243247，243260，243263），琼山（241975，241977，241978），万宁（242015，242018，242019，242020，242024）；香港：新界元朗区（134716）。

红鸡蛋花 *Plumeria rubra* L. var. *rubra* 海口（242577）。

分布：中美洲、南美洲、大洋洲及亚洲热带广布。

本种仅知寄生于鸡蛋花属 *Plumeria* L. 1753 (≡ *Plumiera* Adans. 1763) 植物，原产中美洲、南美洲热带及西印度群岛，随种苗广泛传播大洋洲及亚洲热带。已报道的寄主尚有 *P. alba* L.、*P. emarginata* Griseb.、*P. krugii* Urban、*P. lutea* Ruiz & Pav.和 *P. obtusa* L. 等 (Sydow and Sydow 1915; Arthur 1917, 1918; Arthur and Johnston 1918; Leon-Gallegos and Cummins 1981; Ogata and Gardner 1992; Kobayashi et al. 1994; Kakishima et al. 1995; González-Ball and Ono 1998)。Arthur 和 Johnston (1918) 称此菌极少产生冬孢子，可能主要以夏孢子阶段生存。Patouillard (1902) 描述的夏孢子宽可达 30 μm。

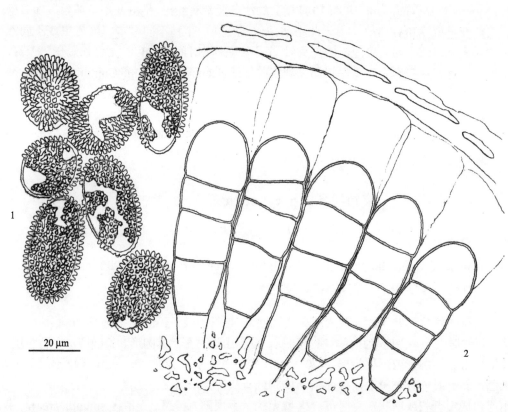

图 63　鸡蛋花鞘锈菌 *Coleosporium plumeriae* Pat. 的夏孢子（1）和冬孢子（2）(HMAS 243247)

桔梗科 Campanulaceae 植物上的种

分种检索表

1. 夏孢子较大，18～38×15～23 μm，具粗疣；冬孢子 50～100×15～28 μm；生于 *Adenophora*、*Asyneuma*、*Campanula*、*Cyananthus*、*Lobelia*、*Wahlenbergia* 等 ·····················风铃草鞘锈菌 *C. campanulae*

1. 夏孢子较小，通常不及 30 μm 长 ·· 2
  2. 夏孢子具不规则网纹，20～25×15～20 μm；冬孢子 40～100×15～23 μm；生于 *Adenophora* ······
  ··· 台湾鞘锈菌 *C. taiwanense*
  2. 夏孢子具粗疣 ·· 3
3. 夏孢子 20～28×15～23 μm；冬孢子 40～75×15～25 μm，顶部胶质层厚 10～30 μm；生于
  Campanumoea、*Codonopsis* ··· 堀鞘锈菌 *C. horianum*
3. 夏孢子 13～22×10～16 μm；冬孢子 40～60×20～25 μm，顶部胶质层厚 10～20 μm；生于 *Campanula*
  ··· 假风铃草鞘锈菌 *C. pseudocampanulae*

风铃草鞘锈菌 图 64

Coleosporium campanulae (F. Strauss) Tulasne, Ann. Sci. Nat. Bot. Sér. 4, 2: 137, 1854
(telia described); Anon., Fungi of Xiaowutai Mountains in Hebei Province (Beijing,
China: Agriculture Press of China), p. 103, 1997; Wei & Zhuang in Mao & Zhuang
(eds.), Fungi of the Qinling Mountains (Beijing, China: Chinese Publ. House Agric. Sci.
& Techn.), p. 29, 1997; Cao, Li & Zhuang, Mycosystema 19: 15, 2000; Zhuang & Wei
in W.Y. Zhuang (ed.), Higher Fungi of Tropical China (Ithaca, New York: Mycotaxon
Ltd.), p. 354, 2001; Zhuang & Wei, J. Jilin Agric. Univ. 24: 6, 2002; Liu et al., J. Inner
Mongolia Univ. (Nat. Sci. Ed.) 48: 649, 2017.

Uredo campanulae Persoon, Synopsis Methodica Fungorum, p. 217, 1801.

Uredo tremellosa F. Strauss var. *campanulae* F. Strauss, Ann. Wetterauischen Ges.
Gesammte Naturk. 2: 90, 1810 (telia present) .

Coleosporium campanulae (Persoon) Léveillé, Ann. Sci. Nat. Bot. Ser. 3, 8: 375, 1847
(based on uredinia); Sawada, Descriptive Catalogue of the Formosan Fungi IV, p. 73,
1928; Miura, Flora of Manchuria and East Mongolia 3: 221, 1928; Hiratsuka &
Hashioka, Bot. Mag. Tokyo 48: 238, 1934; Liou & Wang, Contr. Inst. Bot. Natl. Acad.
Peiping 3: 349, 1935; Tai, Sci. Rep. Natl. Tsing Hua Univ., Ser. B, Biol. Sci. 2: 310,
1936～1937; Lin, Bull. Chin. Agric. Soc. 159: 32, 1937; Sawada, Descriptive Catalogue
of the Formosan Fungi IX, p. 106, 1943; Tai, Farlowia 3: 100, 1947; Wang, Contr. Inst.
Bot. Natl. Acad. Peiping 6: 222, 1949; Cummins, Mycologia 42: 789, 1950; Wang,
Index Uredinearum Sinensium (Beijing, China: Academia Sinica), p. 13, 1951; Tai,
Sylloge Fungorum Sinicorum (Beijing, China: Science Press), p. 409, 1979; Liu, J. Jilin
Agr. Univ. 1983(2): 1, 1983; Zhuang, Acta Mycol. Sin. 2: 147, 1983; Zhuang, Acta
Mycol. Sin. 5: 79, 1986; Guo in anon., Fungi and Lichens of Shennongjia (Beijing,
China: World Publishing Corp.), p. 108, 1989; Zang, Li & Xi, Fungi of Hengduan
Mountains (Beijing, China: Science Press), p. 87, 1996.

Coleosporium campanulae J.J. Kichx, Flore Cryptogamique des Flandres 2: 54, 1867.

Coleosporium lycopi auct. non Sydow & P. Sydow 1913: Zhang, Zhuang & Wei, Mycotaxon
61: 56, 1997; Zhuang & Wei, J. Jilin Agric. Univ. 24: 6, 2002; Zhuang & Wei in W.Y.
Zhuang (ed.), Fungi of Northwestern China (Ithaca, New York: Mycotaxon Ltd.), p. 238,
2005; Azbukina & Zhuang in Li & Azbukina (eds.), Fungi of Ussuri River Valley

(Beijing, China: Science Press), p. 296, 2011.

Coleosporium hiratsukanum S. Kaneko, Rep. Tottori Mycol. Inst. 15: 23, 1977; Liu, Li & Du, J. Shanxi Univ. 1981(3): 46, 1981.

夏孢子堆生于叶下面或茎上，叶上散生或不规则聚生，圆形，直径 0.5～1 mm，常互相连合，茎上呈不规则长条形，裸露，粉状，新鲜时橙黄色，萌发后变白色；夏孢子近球形、倒卵形、椭圆形或长椭圆形，18～38×15～23 μm，壁厚约 1 μm 或不及，无色，表面密布粗疣，疣高 1～2 μm，疣有时互相连合成不规则短脊状，有时部分区域无疣呈不规则斑块 (光滑区 smooth area)，芽孔不清楚。

冬孢子堆生于叶下面，散生，圆形，直径 0.5～1 mm，新鲜时橙黄色或橙红色，垫状；冬孢子圆柱形或棍棒形，50～100×15～28 μm，壁厚不及 1 μm，无色，新鲜时内容物橙黄色，顶部胶质层厚 10～30 μm，基部有时可见短柄状不孕细胞。

II, III

丝裂沙参 *Adenophora capillaris* Hemsl. 陕西：平利(70961)；甘肃：文县(79153)。

展枝沙参 *Adenophora divaricata* Franch. & Sav. 内蒙古：加格达奇(82791)。

狭叶沙参 *Adenophora gmelinii* (Spreng.) Fisch. (= *A. coronopifolia* Fisch.) 黑龙江：漠河(82794)；福建：武夷山(41496)。

川藏沙参 *Adenophora liliifolioides* Pax & K. Hoffm. 四川：二郎山(48413)；西藏：波密(46984，46985，46986)；甘肃：文县(77777)。

细叶沙参 *Adenophora paniculata* Nannf. 河北：小五台山(35075)；山西：汾阳(24363)，恒山(36984)，沁县(36712)；宁夏：泾源(82795)。

长白沙参 *Adenophora pereskiifolia* (Fisch. ex Schult.) G. Don 内蒙古：阿尔山(67426，67427，67428，67429，67433)，加格达奇(82793)；黑龙江：虎林(89548)，饶河(89549，89550)。

秦岭沙参 *Adenophora petiolata* Pax & K. Hoffm. 陕西：佛坪(74312)，洋县(74313)。

石沙参 *Adenophora polyantha* Nakai 北京：妙峰山(08661)；陕西：留坝(74314)。

泡沙参 *Adenophora potaninii* Korsh. 陕西：宁陕(56418)；甘肃：迭部(77876)；宁夏：泾源(82792)。

中华沙参 *Adenophora sinensis* DC. 福建：武夷山(41496)。

长柱沙参 *Adenophora stenanthina* (Ledeb.) Kitag. 黑龙江：瑷珲(42822)。

沙参 *Adenophora stricta* Miq. 安徽：滁州(11093，11099，14232)；湖北：神农架(55333，57313)；陕西：佛坪(01299)，太白山(01269)。

无柄沙参 *Adenophora stricta* Miq. subsp. *sessilifolia* D.Y. Hong 重庆：巫溪(70959，70960，70963，70965)；陕西：平利(70962)，太白山(01284)，镇坪(70966)。

轮叶沙参 *Adenophora tetraphylla* (Thunb.) Fisch. (= *A. verticillata* Fisch.) 吉林：安图(41498，42823)，长春(89547)，龙井(89546)；黑龙江：瑷珲 (42825)，抚远(93009，135976，135977，135978，135979)，尚志(41497)。

锯齿沙参 *Adenophora tricuspidata* (Fisch. Ex Roem. & Schult.) A. DC. 内蒙古：阿尔

山（67641，77775，77776），依尔施（67424）；黑龙江：瑷珲（42824）。

三叶沙参 *Adenophora triphylla* A. DC. 台湾：台北（HH 70449）。

球果牧根草 *Asyneuma chinense* D.Y. Hong（ = *A. fulgens* auct. non Wall.）云南：大理（06918）。

西南风铃草 *Campanula colorata* Wall. 云南：西畴（55768）。

头状风铃草 *Campanula glomerata* L. subsp. *cephalotes* (Nakai) D.Y. Hong（ = *C. cephalotes* Nakai）内蒙古：阿尔山（67639），依尔施（67640）；吉林：龙井（89218，89219，89220）；黑龙江：呼玛（82790），饶河（89221，93003），绥芬河（241951）。

头花风铃草 *Campanula glomeratoides* D.Y. Hong 西藏：波密（46987）。

紫斑风铃草 *Campanula punctata* Lam. 黑龙江：抚远（135995，135996，135997）。

胀萼蓝钟花 *Cyananthus inflatus* Hook. f. & Thomson 四川：金阳（241969）；云南：大理（55767）。

江南山梗菜 *Lobelia davidii* Franch. 江西：庐山（60103）。

东南半边莲 *Lobelia melliana* E. Wimm. 福建：建阳（41500），浦城（41501），武夷山（41499，41502，41503）。

毛萼半边莲 *Lobelia pleotricha* Diels 云南：永德（240349, 240350）。

塔花山梗菜 *Lobelia pyramidalis* Wall. 江西：星子（S.Y. Cheo no. 1058, PUR）；广西：凤山（22132）；云南：墨江（02491）。

西南山梗菜 *Lobelia seguinii* H. Lév. & Vaniot 湖南：浏阳（140444），桑植（140445）；云南：保山（55998）。

蓝花参 *Wahlenbergia marginata* (Thunb.) A. DC. 台湾：台北（04961），台南（HH 70342），台中（HH 70341）；云南：昆明（04201）。

分布：北温带广布。

此菌名称因不同作者意见不一记载混乱，我国作者（见上列文献）以往的记载均采用 *Coleosporium campanulae* (Pers.) Lév. (1847)。此名称是基于夏孢子阶段（无性型）标本，冬孢子未描述。我们根据 Laundon (1975) 的意见，采用了 *Coleosporium campanulae* (S. Strauss) Tul. (1854)。此名称虽源于无性型名称 *Uredo tremellosa* F. Strauss var. *campanulae* F. Strauss (1810)，但模式标本有冬孢子，而且也被原作者描述了，因此可视为合法。少数作者（Jørstad 1951; Cummins 1962; Ziller 1974）使用 *Coleosporium campanulae* J.J. Kichx (1867)，我们作为晚出同物异名处理。

Coleosporium lycopi Syd. & P. Syd. (1913) 是基于 N. Nambu 在日本千叶所采的标本命名，模式保藏于瑞典自然历史博物馆 (S)。模式寄主被误订为 *Lycopus europaeus* L.（ = *L. lucidus* Turcz.）（唇形科 Labiatae），Kaneko (1981) 更正为日本轮叶沙参 *Adenophora triphylla* (Thunb.) A. DC. var. *japonica* (Regel) H. Hara。原标本缺夏孢子，Sydow 和 Sydow (1913, 1915) 仅描述冬孢子。Kaneko (1981) 将寄生于桔梗科沙参属 *Adenophora*、牧根草属 *Phyteuma* 和蓝花参属 *Wahlenbergia* 上的日本标本均鉴定为 *C. lycopi*，而将仅有的一号产自千岛群岛生于毛果风铃草 *Campanula lasiocarpa* Cham. 的标本改订为 *Coleosporium tussilaginis* (Pers.) Lév.。实际上风铃草属 *Campanula* 上的 "*C. tussilaginis*" 在日本本土未见。Kaneko (1981) 认为 *C. lycopi* 的鉴别特征主要是其冬孢子绝无柄状不

孕细胞，夏孢子表面的疣可互相连合形成网状斑 (reticulum-like spot)，担孢子为长椭圆形；而风铃草属 *Campanula* 上的菌的冬孢子有明显的柄状不孕细胞，夏孢子表面的疣均匀散生而不相连成网状斑，应归属 *C. tussilaginis*。我们未能研究 *C. lycopi* 的模式。根据我们所检查的我国桔梗科植物上的标本，形态上很难看出它们之间有明显差异。我国风铃草属植物上的标本的冬孢子柄状不孕细胞也有不明显的，夏孢子表面的疣也可互相连合形成网状斑，亦可见到部分区域平坦呈不规则斑块（光滑区 smooth area），而沙参属上的一些标本冬孢子有时亦可见短柄状不孕细胞。在此我们仍按早期作者的意见将桔梗科各属植物上的鞘锈菌都归入 *C. campanulae* (Liro 1908; Sydow and Sydow 1915; Ito 1938; Hiratsuka 1944; Cummins 1950; 王云章 1951; Kuprevicz and Tranzschel 1957; Gäumann 1959; Azbukina 1974; Kuprevich and Ul'yanishchev 1975; 戴芳澜 1979 等)。

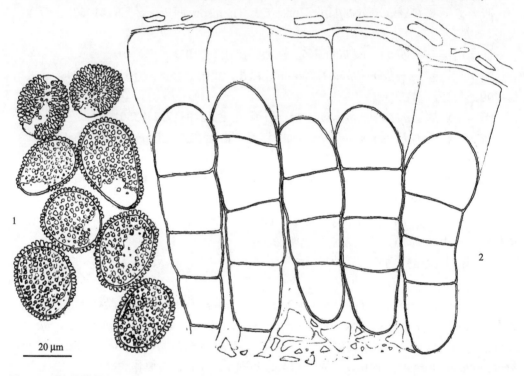

图 64　风铃草鞘锈菌 *Coleosporium campanulae* (F. Strauss) Tul. 的夏孢子（1）和冬孢子（2）(HMAS 42825)

Klebahn (1903, 1904, 1905, 1907) 通过接种试验将此菌划分为 f. sp. *campanulae-rapunculoidis* Kleb.、f. sp. *campanulae-trachelii* Kleb.和 f. sp. *campanulae-rotundifoliae* Kleb.三个寄主专化型 (forma specialis, specialised form)。Kuprevicz 和 Tranzschel (1957) 在此三个专化型外又增设一个专化型 f. sp. *campanulae-adenophorae* Kuprev.。Gäumann (1959) 设了 6 个专化型，即 f. sp. *campanulae-rapunculoidis* Kleb.、f. sp. *campanulae-rotundifoliae* Kleb.、f. sp. *campanulae-trachelii* Kleb.、f. sp. *campanulae-macranthae* G. Wagner (1898)、f. sp. *campanulae-americanae* Mains (1938) 和 f. sp. *adenophorae* Hirats. f. (1934b)。各专化型的寄主范围参见 Gäumann (1959)。

接种试验已证实此菌可在赤松 *Pinus densiflora* Siebold & Zucc.、欧洲黑松 *P. nigra*

J.F. Arnold、美洲多脂松（美加红松）*P. resinosa* Aiton、北美油松（刚松）*P. rigida* Mill.、欧洲赤松 *Pinus sylvestris* L.、黑松 *P. thunbergii* Parl.等松属植物产生春孢子器和春孢子 (Fischer 1904; Arthur 1934; Jørstad 1940; Gäumann 1959)。据 Gäumann (1959) 描述，性孢子器生于针叶上面，成排产生，长达 1 mm，宽达 0.5 mm；春孢子器在针叶两面，宽约 0.25 mm，长达 2 mm；包被高达 1.5 mm；春孢子多为长圆形或长卵形，稀球形，形状不规则，长 23～43 μm，宽 13～19 μm，壁无色，厚 3～4 μm，表面密布直径 1～2 μm 的无定形粗疣。

堀鞘锈菌　图 65

Coleosporium horianum Hennings, Hedwigia 40: (25), 1901; Hiratsuka & Hashioka, Trans. Tottori Soc. Agric. Sci. 4: 163, 1933; Teng & Ou, Sinensia 8: 230, 1937; Teng, A Contribution to Our Knowledge of the Higher Fungi of China (China: Natl. Inst. Zool. & Bot., Academia Sinica), p. 226, 1939; Hiratsuka, Trans, Sapporo Nat. Hist. Soc. 16: 196, 1941; Wang, Index Uredinearum Sinensium (Beijing, China: Academia Sinica), p. 16, 1951; Teng, Fungi of China (Beijing, China: Science Press), p. 316, 1963; Tai, Sylloge Fungorum Sinicorum (Beijing, China: Science Press), p. 413, 1979; Zhuang & Wei, Mycotaxon 72: 378, 1999; Zhuang & Wei in W.Y. Zhuang (ed.), Higher Fungi of Tropical China (Ithaca, New York: Mycotaxon Ltd.), p. 354, 2001; Zhuang & Wei in W.Y. Zhuang (ed.), Fungi of Northwestern China (Ithaca, New York: Mycotaxon Ltd.), p. 238, 2005.

Coleosporium campanumeae Dietel, Bot. Jahrb. Syst. 37: 106, 1905; Sawada, Descriptive Catalogue of the Formosan Fungi VI, p. 52, 1933; Wang, Index Uredinearum Sinensium (Beijing, China: Academia Sinica), p. 13, 1951; Tai, Sylloge Fungorum Sinicorum (Beijing, China: Science Press), p. 410, 1979.

夏孢子堆生于叶下面，散生或聚生，圆形，直径 0.2～0.8 mm，粉状，新鲜时黄色或淡黄色；夏孢子近球形、宽椭圆形、椭圆形或略呈倒卵形，20～28×15～23 μm，壁厚约 1 μm 或不及，无色，表面密布粗疣，疣高 0.5～1.5 μm，芽孔不清楚。

冬孢子堆生于叶下面，散生或聚生，圆形，直径 0.2～1 mm，新鲜时橙红色，垫状；冬孢子矩圆形或近矩圆状棍棒形，40～75×15～25 μm，壁厚不及 1 μm，无色，顶部胶质层厚 10～30 μm。

II, III

大花金钱豹 *Campanumoea javanica* Blume　海南：琼中（58600）。

金钱豹 *Campanumoea javanica* Blume var. *japonica* Makino（ = *Campanumoea maximowiczii* Honda）台湾：台中（Y. Hashioka no. 205，未见）。

羊乳 *Codonopsis lanceolata* (Siebold & Zucc.) Trautv. 吉林：安图（42828）；安徽：九华山（14230）；江西：浮梁（03361）。

党参 *Codonopsis pilosula* Nannf. 吉林：蛟河（82300）；陕西：留坝（74316）。

雀斑党参 *Codonopsis ussuriensis* (Rupr. & Maxim.) Hemsl. 吉林：蛟河（82313）。

党参属 *Codonopsis* sp. 四川：金阳（241969）。

分布：日本，俄罗斯远东地区，朝鲜半岛，中国。

Hiratsuka 和 Kaneko (1976) 通过接种试验证明此菌可在赤松 *Pinus densiflora* Siebold & Zucc.上产生性孢子器和春孢子器。其春孢子器侧面扁平，包被细胞椭圆形或宽椭圆形，常两端或一端变尖，略呈覆瓦状排列，28～52×24～32 μm；春孢子近球形，20～32×18～26 μm。

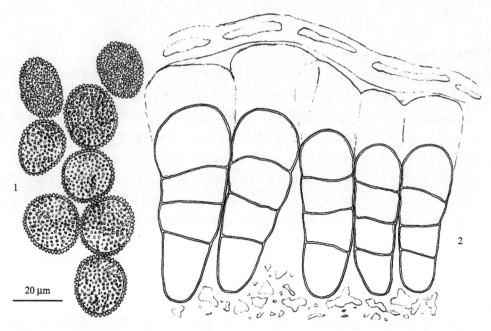

图 65　堀鞘锈菌 *Coleosporium horianum* Henn. 的夏孢子（1）和冬孢子（2）(HMAS 42828)

假风铃草鞘锈菌　图 66

Coleosporium pseudocampanulae S. Kaneko, Kakishima & Y. Ono in Watanabe & Malla (eds.), Cryptogams of the Himalayas (Tsukuba, Japan: Department of Botany, National Science Museum) 2: 87, 1990; Zhuang & Wei, Mycosystema 7: 42, 1994.

夏孢子堆生于叶下面，散生或不规则聚生，圆形，直径 0.2～0.5 mm，粉状，新鲜时橙黄色；夏孢子近球形、宽椭圆形或椭圆形，13～22×10～16 μm，壁厚不及 1 μm，无色，表面密布粗疣，疣高 1～1.5 μm，有时部分区域无疣呈不规则光滑斑，芽孔不清楚。

冬孢子堆生于叶下面，散生或不规则聚生，圆形，直径 0.5～1 mm，新鲜时橙红色，垫状；冬孢子矩圆形或长椭圆形，40～60×20～25 μm，壁厚不及 1 μm，无色，顶部胶质层厚 10～20 μm。

II, III

西南风铃草 *Campanula colorata* Wall. 西藏：吉隆（65585），聂拉木（65584）。

分布：尼泊尔，中国西藏。

本种模式寄主为 *Campanula pallida* Wall. (Kaneko et al. 1990)；此植物分布于尼泊

尔，在西藏未见报道。本种的夏孢子和冬孢子明显比同属植物上广布的 *Coleosporium campanulae* (F. Strauss) Tul.的小，原记载夏孢子为 17~25×13~16 μm，冬孢子为 45~55×20~27 μm，我们的标本的夏孢子比原记载的更小。西藏标本产地与模式产地尼泊尔相邻，虽寄主不同，但我们认为应是同物。

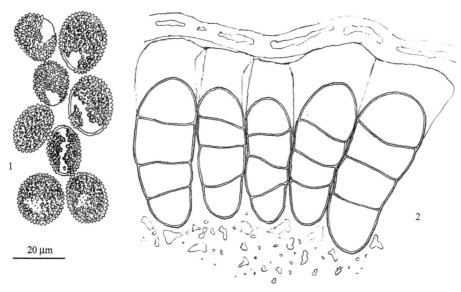

图66　假风铃草鞘锈菌 *Coleosporium pseudocampanulae* S. Kaneko, Kakish. & Y. Ono 的夏孢子 （1） 和冬孢子 （2） (HMAS 65585)

台湾鞘锈菌　图 67

Coleosporium taiwanense S. Kaneko, Rept. Tottori Mycol. Inst. 15: 25, 1977.

　　夏孢子堆生于叶下面或茎上，散生，圆形或椭圆形，直径 0.2~1 mm，粉状，新鲜时橙黄色；夏孢子近球形或宽椭圆形，20~25×15~20 μm，壁厚约 1 μm 或不及，无色，表面具不规则网纹，芽孔不清楚。

　　冬孢子堆生于叶下面或茎上，散生，圆形或矩圆形，直径 0.2~1 mm，新鲜时橙红色，垫状；冬孢子不规则叠生，长圆柱形，40~100×15~23 μm，壁厚不及 1 μm，无色，顶部胶质层厚 10~25 μm。

　　II, III

　　台湾沙参 *Adenophora morrisonensis* Hayata (= *A. uehatae* Yamam.) 台湾：台北 (HH 70450，未见)，台南 （00923）。

　　三叶沙参 *Adenophora triphylla* A. DC. 台湾：台北 (HH 97413，模式，未见)。

　　分布：中国台湾岛。

　　此菌系 Kaneko (1977b, 1981) 所描述，仅见于我国台湾。我们未能研究模式标本。中国科学院菌物标本馆的标本 (Y. Hashioka no. 489 = HMAS 00923) 于 1933 年采自台南，原标本被鉴定为 *Coleosporium campanulae* (Pers.) Lév. (Hiratsuka and Hashioka 1934)。此菌因其夏孢子较小、表面具不规则网纹而不同于 *C. campanulae*。

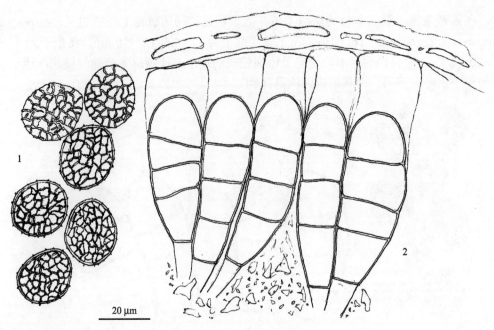

图 67　台湾鞘锈菌 *Coleosporium taiwanense* S. Kaneko 的夏孢子（1）和冬孢子（2）(HMAS 00923)

忍冬科 Caprifoliaceae 植物上的种

忍冬鞘锈菌　图 68

Coleosporium lonicerae Y.C. Wang & S.X. Wei, Acta Microbiol. Sin. 20: 17, 1980; Wang & Zang (eds.), Fungi of Xizang (Tibet) (Beijing, China: Science Press), p. 36, 1983; Zhuang, Acta Mycol. Sin. 5: 79, 1986.

夏孢子堆生于叶下面，散生，圆形，直径 0.2～1 mm，粉状，新鲜时橙黄色；夏孢子椭圆形、矩圆形或卵形，18～28(～30)×15～20 μm，壁厚不及 1 μm，无色，表面密布无定形粗疣，疣高 1～2 μm，常互相连合成短脊状或网状，有时部分区域无疣呈不规则光滑斑，芽孔不清楚。

冬孢子堆生于叶下面，散生或聚生，圆形，直径 0.2～1 mm，新鲜时橙黄色或红色，垫状；冬孢子圆柱形，38～96×12～25 μm，壁厚不及 1 μm，无色，新鲜时内容物黄色，顶部胶质层厚 12～37 μm。

II, III

刚毛忍冬 *Lonicera hispida* Pall. ex Roem. & Schult. 西藏：波密（38655　模式 typus，46823，46824）。

袋花忍冬 *Lonicera saccata* Rehder 西藏：通麦（46825）。

分布：中国西藏。

此菌至今仅见于我国西藏（王云章等 1980；王云章和臧穆 1983；庄剑云 1986）。模式寄主原被误订为蓝果忍冬 *Lonicera caerulea* L.，此植物在西藏无分布，改订为刚毛忍冬 *Lonicera hispida* Pall. ex Roem. & Schult.

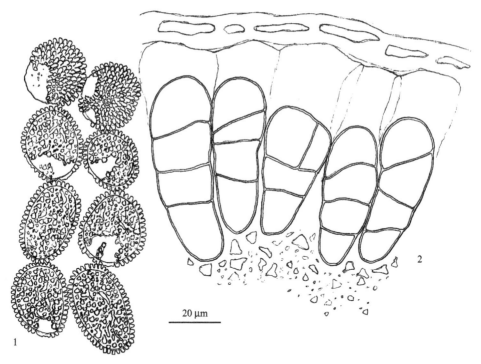

图 68　忍冬鞘锈菌 *Coleosporium lonicerae* Y.C. Wang & S.X. Wei 的夏孢子（1）和冬孢子（2）
(HMAS 38655)

菊科 Compositae 植物上的种

分种检索表

7. 夏孢子常呈多角状,有时一端或两端平截或近平截,20～32×12～23 μm;冬孢子 60～90×25～32 μm,顶部胶质层厚 (5～) 15～25 μm;生于 *Myripnois* ·················· 中国鞘锈菌 *C. sinicum*
  8. 夏孢子和冬孢子阶段生于菜蓟族 Cynareae ····························· 9
  8. 夏孢子和冬孢子阶段不生于菜蓟族 ······························· 10
9. 夏孢子 20～35×15～25 μm;冬孢子 50～95×20～33 μm,顶部胶质层厚 12～35 μm;生于 *Saussurea* ······················· 风毛菊鞘锈菌 *C. saussureae*
9. 夏孢子 18～37×15～23 μm;冬孢子 50～88×20～30 μm,顶部胶质层厚 15～30 μm;生于 *Synurus* ······················· 山牛蒡生鞘锈菌 *C. synuricola*
  10. 夏孢子较小,18～28×15～23 μm;冬孢子 50～100×17～28 μm,顶部胶质层厚 20～40 μm;生于斑鸠菊族 Vernonieae (*Elephantopus*、*Vernonia*) ··········· 斑鸠菊鞘锈菌 *C. vernoniae*
  10. 夏孢子较大,通常长可达 30 μm 或过之;不生于斑鸠菊族 ············· 11
11. 夏孢子 18～33×15～20 μm;冬孢子 35～80×15～25 μm,顶部胶质层厚 8～15 μm;生于泽兰族 Eupatorieae (*Eupatorium*) ···················· 泽兰鞘锈菌 *C. eupatorii*
11. 冬孢子长可达 100 μm,顶部胶质层厚可达 20 μm 以上;生于旋覆花族 Inuleae ············· 12
  12. 夏孢子 20～33×15～23 μm;冬孢子 50～100×15～30 μm,顶部胶质层厚 10～25 μm;生于 *Carpesium* ····················· 金挖耳鞘锈菌 *C. carpesii*
  12. 夏孢子 20～35×15～28 μm;冬孢子 25～120×15～30 μm,顶部胶质层厚 12～45 μm;生于 *Inula* ····················· 旋覆花鞘锈菌 *C. inulae*

紫菀鞘锈菌 图 69

Coleosporium asterum (Dietel) P. Sydow & H. Sydow, Ann. Mycol. 12: 109, 1914; Sydow, Ann. Mycol. 20: 61, 1922; Miura, Flora of Manchuria and East Mongolia 3: 222, 1928; Hiratsuka & Hashioka, Trans. Tottori Soc. Agric. Sci. 4: 163, 1933; Liou & Wang, Contr. Inst. Bot. Natl. Acad. Peiping 3: 349, 403, 434, 1935; Hiratsuka, Trans, Sapporo Nat. Hist. Soc. 16: 195, 1941; Hiratsuka, J. Jap. Bot. 18: 565, 1942; Sawada, Descriptive Catalogue of the Formosan Fungi IX, p. 105, 1943; Wang, Contr. Inst. Bot. Natl. Acad. Peiping 6: 222, 1949; Cummins, Mycologia 42: 789, 1950; Wang, Index Uredinearum Sinensium (Beijing, China: Academia Sinica), p. 12, 1951; Tai, Sylloge Fungorum Sinicorum (Beijing, China: Science Press), p. 408, 1979; Wang & Zang (eds.), Fungi of Xizang (Tibet) (Beijing, China: Science Press), p. 35, 1983; Zhuang, Acta Mycol. Sin. 2: 147, 1983; Zhuang, Acta Mycol. Sin. 5: 79, 1986; Guo in anon. (ed.), Fungi and Lichens of Shennongjia (Beijing, China: World Publishing Corp.), p. 107, 1989; Zhuang & Wei, Mycosystema 7: 41, 1994; Zang, Li & Xi, Fungi of Hengduan Mountains (Beijing, China: Science Press), p. 86, 1996; Wei & Zhuang in Mao & Zhuang (eds.), Fungi of the Qinling Mountains (Beijing, China: Chinese Publ. House Agric. Sci. & Techn.), p.28, 1997; Cao, Li & Zhuang, Mycosystema 19: 15, 2000; Zhuang & Wei in W.Y. Zhuang (ed.), Higher Fungi of Tropical China (Ithaca, New York: Mycotaxon Ltd.), p. 354, 2001; Zhuang & Wei in W.Y. Zhuang (ed.), Fungi of Northwestern China (Ithaca, New York: Mycotaxon Ltd.), p. 237, 2005.

Coleosporium solidaginis Thümen, Bull. Torrey Bot. Club 6: 216, 1878 (based on uredinia); Teng & Ou, Sinensia 8: 228, 1937; Teng, A Contribution to Our Knowledge of the Higher Fungi of China (China: Natl. Inst. Zool. & Bot., Academia Sinica), p. 227, 1939;

Tai, Farlowia 3: 101, 1947; Wang, Index Uredinearum Sinensium (Beijing, China: Academia Sinica), p. 19, 1951; Teng, Fungi of China (Beijing, China: Science Press), p. 317, 1963; Tai, Sylloge Fungorum Sinicorum (Beijing, China: Science Press), p. 418, 1979; Zhuang. Acta Mycol. Sin. 2: 148, 1983.

Stichopsora asterum Dietel, Bot. Jahrb. Syst. 27: 566, 1900.

Uredo asteromaeae Hennings, Bot. Jahrb. Syst. 32: 37, 1903; Miura, Flora of Manchuria and East Mongolia 3: 393, 1928; Tai, Sci. Rep. Natl. Tsing Hua Univ., Ser. B, Biol. Sci. 2: 404, 1936～1937; Lin, Bull. Chin. Agric. Soc. 159: 44, 1937；Wang, Index Uredinearum Sinensium (Beijing, China: Academia Sinica), p.82, 1951.

Coleosporium pini-asteris Orishimo, Bot. Mag. Tokyo 24: 4, 1910; Cao, Li & Zhuang, Mycosystema 19: 17, 2000; Zhuang & Wei in W.Y. Zhuang (ed.), Fungi of Northwestern China (Ithaca, New York: Mycotaxon Ltd.), p. 239, 2005.

夏孢子堆生于叶下面，散生或不规则聚生，圆形，直径 0.1～1 mm，粉状，新鲜时橙黄色，萌发后变白色；夏孢子大小及形态多变，多为椭圆形、长椭圆形或矩圆形，20～35 (～38) ×15～23 μm，壁厚不及 1 μm，无色，新鲜时内容物黄色，表面密布无定形柱状或短脊状粗疣，疣宽 1～2 μm，高 0.5～2.5 μm，疣常互相连合成不规则短脊状或网纹状，有时部分区域无疣呈不规则斑块 (光滑区 smooth area)，芽孔不清楚。

冬孢子堆生于叶下面，散生或不规则聚生，圆形，直径 0.1～1 mm，新鲜时橙红色或橙黄色，垫状；冬孢子圆柱形、近棍棒形、长椭圆形或长倒卵形，50～100×18～25 (～30) μm，单层侧面相连或不规则相互交搭略似双层，壁厚不及 1 μm，无色，顶部胶质层厚 15～35 μm。

II, III

三褶脉紫菀 *Aster ageratoides* Turcz. 北京：百花山(22128，24761，25354，55029，55030)，房山(08656)，香山(55744)；山西：沁水(55708)；黑龙江：饶河(93000)；江苏：南京(11088，56816)；浙江：杭州(56109)，天目山(22127，24763，55140，55207，55208)；安徽：黄山(08659，22122，43117，43118，43120，89312)，金寨(55742)，九华山(14237，14238)；福建：建阳(41481)，南靖(55728，56868)，浦城(41482)，武夷山(41483)；江西：玉山(三清山，241963)，井冈山(172219，172224，172225)，九江(172221，172222，172362)，庐山(36707，56108)，武功山(56805)；山东：崂山(67642)；湖北：巴东(56156)，神农架(57346，57368，57377，57341，57343，57345)；湖南：张家界(65530，74569，74570，74573，74587，172017)；广东：信宜(81276)；海南：昌江(240469)；广西：凤山(22119)；重庆：涪陵(247525，247536，247537)，石柱(247577，247595)，巫溪(70964，71085，71083，71086)；四川：都江堰(247449)，青城山(56131，56848)，青川(64371，64372，64373，64374)，卧龙(64375，64376，64377)，越西(241876，242201)；贵州：册亨(24422)，贵阳(25352，56804，56806，56853，56867)，雷山(245278，245279，245291，245312，245313)，绥阳(246173，246193)；云南：泸水(240277，240282，240285)，马关(25342，25348，56835)；陕西：平利(71082)，太白山(50372，50373)，镇坪(71084，71088)。

翼柄紫菀 *Aster alatipes* Hemsl. 重庆：巫溪(71146，71147)；陕西：太白山(24418，24423)，镇坪(71143，71145)；甘肃：天水(24419)。

小舌紫菀 *Aster albescens* (DC.) Hand.-Mazz. 重庆：大巴山(56135，56849)；四川：峨眉山(55036)，美姑(65822)，青城山(56252)；云南：大理(183404，199514)；陕西：镇坪(71129，71130)。

白舌紫菀 *Aster baccharoides*(Benth.) Steetz 福建：南靖(56866)；江西：武功山(17606，17608，17609，17610)。

辉叶紫菀 *Aster fulgidulus* Grierson 西藏：波密(45750，45751，242633)，易贡(45749)。

圆苞紫菀 *Aster maackii* Regel 陕西：太白山(24421)。

琴叶紫菀 *Aster panduratus* Nees ex Walp. 广东：惠东(79321)；云南：麻栗坡(80746)。

灰枝紫菀 *Aster poliothamnus* Diels 西藏：波密(45754)。

高茎紫菀 *Aster procerus* Hemsl. 重庆：巫溪(71144)。

密叶紫菀 *Aster pycnophyllus* W.W. Sm. (= *A. sikkimensis* Hand.-Mazz.) 西藏：波密(37748)。

狗舌紫菀 *Aster senecioides* Franch. 四川：木里(65821)。

陀螺紫菀 *Aster turbinatus* S. Moore 浙江：杭州(11087，14236)；福建：武夷山(41490)。

密毛紫菀 *Aster vestitus* Franch. 西藏：东久(45755)。

湖南紫菀 *Aster yunnanensis* Franch. 四川：木里(172185)。

紫菀属 *Aster* sp. 江苏：南京(10389，24762)；西藏：加拉白垒峰东北坡(45752，45753)。

东风菜 *Doellingeria scabra* (Thunb.) Nees (= *Aster scaber* Thunb.) 吉林：龙井(89206)；黑龙江：阿城(172183)；浙江：杭州(11084)；安徽：滁州(11085)，金寨(55145)；江西：庐山(55215)；山东：牟平(昆嵛山，82286，82287)，烟台(74359)；陕西：留坝(74311)。

马兰 *Kalimeris indica* (L.) Sch.Bip. (= *Aster indicus* L.) 山西：地点不详(22125)；江苏：南京(33003)；浙江：杭州(11089)；安徽：金寨(55107)，天目山(55139)；福建：光泽(56121，56123)，建阳(55125)，南靖(41493)，武夷山(41492，172290，172330)；台湾：台北(04958)；江西：井冈山(172376)，庐山(55705)，武功山(17607)；山东：曲阜(08658)；湖北：武昌(11090)；湖南：张家界(65525)；四川：成都(11086)，峨眉山(55112)，青城山(55137，55138，55702)；贵州：册亨(56846)，贵阳(24420，25341，56850)；云南：大理(56803，56114)，广南(25334，25338，25346)，马关(25335，25343，25350，25351)，丘北(25336)，文山(25340)，西畴(25337，25344，25347，25353)；陕西：城固(51958)，佛坪(74400)，留坝(74401，74402，74404)，太白山(01325，01327，36711，36710，55587)；甘肃：成县(74399)。

山马兰 *Kalimeris lautureana* (Debeaux) Kitam. 山东：牟平(昆嵛山 67440，67441，67442，67628)。

蒙古马兰 *Kalimeris mongolica* (Franch.) Kitam. (= *Aster mongolicus* Franch.) 山东：崂山(08657)，牟平(08660)；陕西：汉中(56391)，留坝(74403)，南郑(56395)，太白山(01300，36709，56120，56122)，镇巴(56404)，周至(56383)。

毡毛马兰 *Kalimeris shimadai* (Kitam.) Kitam. 江苏：南京(11091，14239，22126)；湖北：利川(60096)，神农架(57376)。

一枝黄花 *Solidago decurrens* Lour. 福建：武夷山(41552，41553)；江西：九江(76341，76342，76343，76344)；云南：麻栗坡(80745，80747)，西畴(80748)。

毛果一枝黄花 *Solidago virgaurea* L. 福建：武夷山(41555)。

分布：北美洲，亚洲东部。

Cummins (1978) 记载的寄主还有翠菊属 *Callistephus*、飞蓬属 *Erigeron* 等属植物。

此菌在北美洲的春孢子阶段寄主有北美短叶松 *Pinus banksiana* Lamb.、扭叶松 *P. contorta* Douglas 和欧洲赤松 *P. sylvestris* L. (Ziller 1974)。Kaneko (1981) 的接种试验证明此菌也可在赤松 *P. densiflora* Siebold & Zucc.和琉球松 *P. luchuensis* Mayr 上产生性孢子器和春孢子器。据 Hiratsuka 等 (1992) 的描述，春孢子器侧扁，包被细胞椭圆形或多角形，30～65×22～36 μm；春孢子椭圆形或多角形，20～36×18～26 μm。庄剑云(1986)在西藏东喜马拉雅的高山松 *Pinus densata* Mast.上采得的春孢子器标本 (HMAS 45758, 45759)，其包被细胞 43～70×20～35 μm，春孢子 25～38×18～25 μm，疑似本种的春孢子阶段。

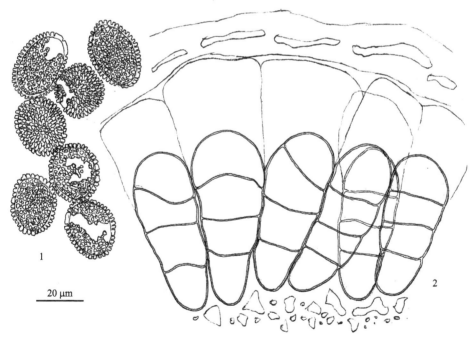

图 69　紫菀鞘锈菌 *Coleosporium asterum* (Dietel) P. Syd. & Syd. 的夏孢子（1）和冬孢子（2）(HMAS 08658)

本种包含若干不同小种 (race)，它们的冬孢子阶段寄主范围、春孢子器和春孢子形态以及地理分布均有差异。Weir (1925) 认为北美洲西部的"西部型"（"western form",

Peridermium montanum Arthur & F. Kern , 1906) 春孢子阶段与东部的"东部型"("eastern form", *Peridermium acicolum* Underw. & Earle 1896) 春孢子阶段在春孢子器包被细胞和春孢子的形态上是有差异的。Ziller (1974) 观察到"东部型"春孢子的疣长度几乎是"西部型"的两倍。Nicholls 等 (1968) 也证实了 *C. asterum* 不同小种的存在。

　　Orishimo (1910) 建立的 *Coleosporium pini-asteris* Orish.生于东风菜 *Doellingeria scabra* (Thunb.) Nees (≡ *Aster scaber* Thunb.)，其春孢子阶段生于赤松 *P. densiflora* Siebold & Zucc.。此菌发表时未指定模式。 Kaneko (1981) 认为此菌因其冬孢子堆大多呈同心圆排列、冬孢子基部具柄状不孕细胞且不作双层排列而不同于 *C. asterum* (Dietel) P. Syd. & Syd.，因此正式指定原产地同寄主的一号标本作为模式予以承认。我们认为这些特征不稳定，不宜作分种依据，在此我们不采纳 Kaneko (1981) 的意见，继续支持 Sydow 和 Sydow (1915)、Ito (1938) 和 Hiratsuka (1944) 的处理方式仍将 *C. pini-asteris* 作为 *C. asterum* 的同物异名。

金挖耳鞘锈菌　图 70

Coleosporium carpesii Saccardo, Riv. Acc. Di Padova 24: 208, 1874; Hiratsuka & Hashioka, Bot. Mag. Tokyo 48: 238, 1934; Sawada, Descriptive Catalogue of the Formosan Fungi VII, p. 62, 1942; Sawada, Descriptive Catalogue of the Formosan Fungi IX, p. 108, 1943; Tai, Farlowia 3: 101, 1947; Cummins, Mycologia 42: 789, 1950; Wang, Index Uredinearum Sinensium (Beijing, China: Academia Sinica), p. 13, 1951; Tai, Sylloge Fungorum Sinicorum (Beijing, China: Science Press), p. 410, 1979; Zhuang, Acta Mycol. Sin. 2: 147, 1983; Zhuang, Acta Mycol. Sin. 5: 79, 1986; Guo in anon. (ed.), Fungi and Lichens of Shennongjia (Beijing, China: World Publishing Corp.), p. 108, 1989; Zang, Li & Xi, Fungi of Hengduan Mountains (Beijing, China: Science Press), p. 87, 1996; Wei & Zhuang in Mao & Zhuang (eds.), Fungi of the Qinling Mountains (Beijing, China: Chinese Publ. House Agric. Sci. & Techn.), p. 29, 1997; Zhang, Zhuang & Wei, Mycotaxon 61: 55, 1997; Cao, Li & Zhuang, Mycosystema 19: 15, 2000; Zhuang & Wei in W.Y. Zhuang (ed.), Higher Fungi of Tropical China (Ithaca, New York: Mycotaxon Ltd.), p. 354, 2001; Zhuang & Wei in W.Y. Zhuang (ed.), Fungi of Northwestern China (Ithaca, New York: Mycotaxon Ltd.), p. 237, 2005.

　　夏孢子堆生于叶下面，散生或环状聚生，圆形，直径 0.2～1 mm，粉状，新鲜时橙黄色，萌发后变白色；夏孢子近球形、倒卵形、椭圆形或长椭圆形，20～33×15～23 μm，壁厚约 1 μm，无色，表面密布粗疣，疣高 1～2 μm，有时部分区域无疣呈不规则斑块（光滑区 smooth area），芽孔不清楚。

　　冬孢子堆生于叶下面，散生或环状聚生，圆形，直径 0.5～1 mm，暗褐色，垫状；冬孢子圆柱形或略呈棍棒形，50～100×15～25(～30) μm，壁厚不及 1 μm，无色，顶部胶质层厚 10～25 μm。

　　II, III

　　天名精 *Carpesium abrotanoides* L. 安徽：黄山 (40860)；江西：井冈山 (172220，

172223）；湖北：神农架(57330)；湖南：九嶷山(140459)，龙山(34394)；重庆：大巴山(55651)，巫溪(70897，70898)；四川：成都(11098)，都江堰(55574)，峨眉山(64267)，二郎山(55573)，青川(64264，64265，64266)；贵州：册亨(55483，55579)，绥阳(246190，246191，246207)；云南：昆明(04147)；陕西：佛坪(67437，67439)，留坝(67447，67448，67629，67630，67631)，勉县(67436，67438)，镇坪(70899，70900，70901，70902)。

烟管头草 *Carpesium cernuum* L. 浙江：天目山(55108)；福建：南靖(55577)，武夷山(41504)；台湾：新竹(HH 72879)；湖北：利川(56183)，神农架(57302，57314，57317，55330)；广西：隆林(22135)；重庆：城口(56243)；四川：峨眉山(55563，55575，64261，64262，64263)，美姑(64251，64252，64257，241854)，木里(64255，64258，64260)，青城山(55581，55472)，盐源(243020)，昭觉(241857，241858)；贵州：贵阳(24426，24430，24431，55485，55546，55562)；云南：保山(240326，240328)，宾川(199425)，广南(55471，55521)，昆明(50143，50144，50146)，丽江(55606)，丘北(55567)，文山(00340，00341，55499，55566)，武定(50145)，玉龙雪山(64356，64357，64358)；西藏：波密(242627，246836，246837，246840，246841)；陕西：留坝(67446)，南郑(74415，74416)。

金挖耳 *Carpesium divaricatum* Siebold & Zucc. 浙江：天目山(55109)；安徽：黄山(50491)；福建：武夷山(41505，41506，41513)；江西：井冈山(77793)，武功山(94684，17612)；湖南：龙山(55146)，张家界(77681)。

高原天名精 *Carpesium lipskyi* Winkl. 西藏：波密(45760，45761)，易贡(45762)。

大花金挖耳 *Carpesium macrocephalum* Franch. & Sav. 陕西：留坝(67633)。

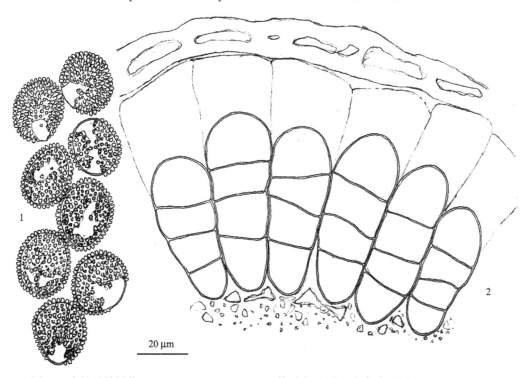

20 μm

图 70　金挖耳鞘锈菌 *Coleosporium carpesii* Sacc.的夏孢子（1）和冬孢子（2）(HMAS 50144)

小花金挖耳 *Carpesium minum* Hemsl. 湖北：神农架(57311)。

尼泊尔天名精 *Carpesium nepalense* Less. (= *Carpesium acutum* Hayata) 台湾：阿里山(04962)，台北(HH 72860)，台中(HH 72919)，新竹(HH 72859)；四川：木里(243059)，盐源(243074，243081)；西藏：墨脱(246792)。

葶茎天名精 *Carpesium scapiforme* F.H. Chen & C.M. Hu 四川：峨眉山(02855)。

粗齿天名精 *Carpesium trachelifolium* Less. 四川：美姑(64256)，木里(64254)；西藏：波密(56870)。

暗花金挖耳 *Carpesium triste* Maxim. 四川：峨眉山(64253)，二郎山(48414)；云南：维西 (55600)。

分布：欧洲南部；亚洲西部；外高加索地区；日本，中国，菲律宾。

此菌仅知生于天名精属 *Carpesium* 植物，其生活史尚不明了。

泽兰鞘锈菌 图 71

Coleosporium eupatorii Hiratsuka f., Trans. Sapporo Nat. Hist. Soc. 9: 221, 1927; Fujikuro, Trans. Nat. Hist. Soc. Formosa 19: 9, 1914; Sawada, Descriptive Catalogue of the Formosan Fungi IV, p. 75, 1928; Hiratsuka & Hashioka, Bot. Mag. Tokyo 48: 238, 1934; Tai, Farlowia 3: 101, 1947; Zhuang & Wei in W.Y. Zhuang (ed.), Fungi of Northwestern China (Ithaca, New York: Mycotaxon Ltd.), p. 238, 2005.

Coleosporium eupatorii auct. non Arthur: Teng & Ou, Sinensia 8: 231, 1937; Teng, A Contribution to Our Knowledge of the Higher Fungi of China (China: Natl. Inst. Zool. & Bot., Academia Sinica), p. 227, 1939; Cummins, Mycologia 42: 789, 1950; Wang, Index Uredinearum Sinensium (Beijing, China: Academia Sinica), p. 15, 1951; Teng, Fungi of China (Beijing, China: Science Press), p. 317, 1963; Tai, Sylloge Fungorum Sinicorum (Beijing, China: Science Press), p. 412, 1979; Zhuang, Acta Mycol. Sin. 2: 148, 1983; Wei & Zhuang in Mao & Zhuang (eds.), Fungi of the Qinling Mountains (Beijing, China: Chinese Publ. House Agric. Sci. & Techn.), p. 30, 1997.

夏孢子堆生于叶下面，散生或不规则聚生，圆形，直径 0.2～1 mm，粉状，新鲜时黄色或橙黄色；夏孢子近球形、宽椭圆形、椭圆形、倒卵形或矩圆形，18～33×15～20 μm，壁厚不及 1 μm，无色，表面密布粗疣，疣高 1～1.5(～2) μm，疣有时互相连合成不规则短脊状网纹，芽孔不清楚。

冬孢子堆生于叶下面，散生或有时环状聚生，圆形，直径 0.2～1 mm，新鲜时橙红色或橙黄色，垫状；冬孢子圆柱形、近棍棒形或长椭圆形，(35～)40～80×15～25 μm，壁厚不及 1 μm，无色，顶部胶质层厚 8～15 μm。

II, III

台湾泽兰 *Eupatorium cannabinum* L. subsp. *asiaticum* Kitam. (= *E. formosanum* Hayata) 台湾：阿里山(04966)。

佩兰 *Eupatorium fortunei* Turcz. 陕西：洋县 (24767)。

异叶泽兰 *Eupatorium heterophyllum* DC. 云南：玉龙雪山(63942，63943，63944)；

西藏：林芝（45763，45764）。

　　林泽兰 *Eupatorium lindleyanum* DC. 黑龙江：尚志（41514）；江苏：南京 （04436）；安徽：青阳 （S.Y. Cheo no. 1240, MICH）；四川：青川（64397）。

　　分布：日本，朝鲜半岛，中国。

　　从形态描述看，分布于墨西哥至中美洲的 *Coleosporium eupatorii* Arthur (1906b)（基于夏孢子阶段）和甜菊 *Stevia* 上的 *C. steviae* Arthur (1905) 与本种几无区别。Cummins (1978) 已将 *C. eupatorii* Arthur 作为 *C. steviae* Arthur 的同物异名。美洲的 *C. eupatorii* Arthur 或 *C. steviae* Arthur 与亚洲的 *C. eupatorii* Hirats. f.是否同物不能确定。

　　Hiratsuka (1927a)、Saho (1961, 1968)、Zinno 和 Endo (1964) 通过接种试验证明此菌可在红松 *Pinus koraiensis* Siebold & Zucc.、日本五针松 *Pinus parviflora* Siebold & Zucc. var. *pentaphylla* (Mayr) Henry 和北美乔松 *Pinus strobus* L.针叶上产生性孢子器和春孢子器。据 Kaneko (1981) 描述，性孢子器矮锥形，长 0.6～0.8 mm，宽 0.3～0.6 mm，高 50～80 μm；春孢子器侧扁，长 0.5～2 mm，高 0.6～1.8 mm，橙黄色，包被细胞为椭圆形或卵形，略呈覆瓦状叠生，35～62×25～32 μm；春孢子椭圆形，18～30×12～22 μm。

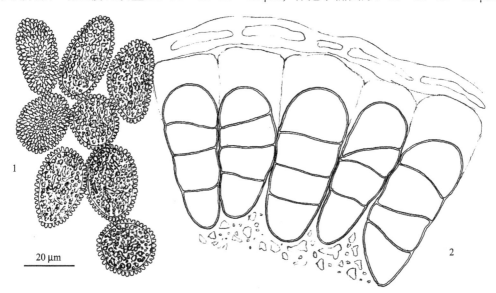

20 μm

图 71　泽兰鞘锈菌 *Coleosporium eupatorii* Hirats. f. 的夏孢子 （1） 和冬孢子 （2） (HMAS 41514)

旋覆花鞘锈菌　图 72

Coleosporium inulae Rabenhorst, Bot. Zeitung (Berlin) 9: 455, 1851; Tai, Farlowia 3: 101, 1947; Wang, Index Uredinearum Sinensium (Beijing, China: Academia Sinica), p. 16, 1951; Tai, Sylloge Fungorum Sinicorum (Beijing, China: Science Press), p. 413, 1979; Zang, Li & Xi, Fungi of Hengduan Mountains (Beijing, China: Science Press), p. 88, 1996; Lu et al., Checklist of Hong Kong Fungi (Hong Kong, China: Fungal Diversity Press), p. 60, 2000; Zhuang & Wei in W.Y. Zhuang (ed.), Higher Fungi of Tropical China (Ithaca, New York: Mycotaxon Ltd.), p. 355, 2001; Liu et al., J. Inner Mongolia Univ. (Nat. Sci. Ed.) 48: 649, 2017.

夏孢子堆生于叶下面，散生或聚生，圆形或矩圆形，长 0.2～1 mm，粉状，新鲜时橙黄色；夏孢子近球形、卵形、椭圆形或矩圆形，20～35×(15～)17～25(～28) μm，壁厚约 1 μm，无色，表面密布粗疣，疣高 1.5～2 μm，芽孔不清楚。

冬孢子堆生于叶下面，散生，圆形，直径 0.1～0.5 mm，新鲜时橙红色或红色，垫状；冬孢子近圆柱形或棍棒形，(25～)50～120×15～30 μm，壁厚不及 1 μm，无色，顶部胶质层厚 12～45 μm，基部柄状不孕细胞有或不明显。

II, III

羊耳菊 Inula cappa (Buch.-Ham.) DC. 福建：建宁(56031)，南靖(56010)；广西：凤山(22152)，隆林(22150，22151)；贵州：册亨(56055，56064，56011)；云南：昆明(50150)，马关 55715，55716，麻栗坡(80749)，墨江 (64367)，丘北(55725，55967)，文山(00342)，武定(50149)；香港：大帽山 (R.I. Leather no. 286, K)

水朝阳旋覆花 Inula helianthus-aquatica C.Y. Wu & Y. Ling (= I. serrata Bereau & Franch.) 云南：大理(56005，55679，55711)，昆明(04152，04158)，玉龙雪山(64363，64364，64365)。

分布：欧亚温带广布。

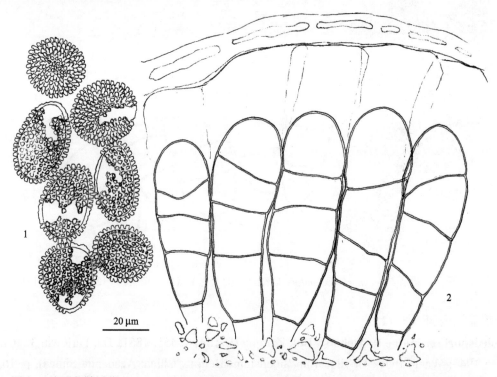

20 μm

图 72　旋覆花鞘锈菌 Coleosporium inulae Rabenh. 的夏孢子（1）和冬孢子（2）(HMAS 22152)

Fischer (1895) 通过接种试验证明欧洲赤松 Pinus sylvestris L.是本种的春孢子阶段寄主。据 Sydow 和 Sydow (1915) 描述，性孢子器长 0.5～0.8 mm，春孢子器侧扁，长 1～2.5 mm，高 1～1.5 mm，包被细胞 35～72×14～28 μm，春孢子近球形、卵形、椭圆形或矩圆形，18～40×15～24 μm。

Hylander 等 (1953) 将本种作为 Coleosporium tussilaginis (Pers.) Lév.的同物异名，

Azbukina (2005) 予以支持。由于两者的寄主 *Inula*（旋覆花族 Inuleae）和 *Tussilago*（千里光族 Senecioneae）分别隶属于菊科不同的族，我们按照 Kuprevich 和 Tranzschel (1957)、Gäumann (1959) 的意见对本种予以承认。

橐吾鞘锈菌　图 73

Coleosporium ligulariae Thümen, Beiträge zur Pilzflora Siberiens 1: 140, 1877; Hiratsuka & Hashioka, Trans. Tottori Soc. Agric. Sci. 5: 238, 1935; Teng & Ou, Sinensia 8: 231, 1937; Teng, A Contribution to Our Knowledge of the Higher Fungi of China (China: Natl. Inst. Zool. & Bot., Academia Sinica), p. 227, 1939; Tai, Farlowia 3: 101, 1947; Wang, Contr. Inst. Bot. Natl. Acad. Peiping 6: 223, 1949; Wang, Index Uredinearum Sinensium (Beijing, China: Academia Sinica), p. 16, 1951; Teng, Fungi of China (Beijing, China: Science Press), p. 317, 1963; Tai, Sylloge Fungorum Sinicorum (Beijing, China: Science Press), p. 414, 1979; Liu, J. Jilin Agr. Univ. 1983 (2): 1, 1983; Wang & Zang (eds.), Fungi of Xizang (Tibet) (Beijing, China: Science Press), p. 36, 1983; Zhuang, Acta Mycol. Sin. 5: 79, 1986; Bai et al., J. Shenyang Agric. Univ. 18: 60, 1987; Guo in anon. (ed.), Fungi and Lichens of Shennongjia (Beijing, China: World Publishing Corp.), p. 110, 1989; Zhuang & Wei, Mycosystema 7: 41, 1994; Zang, Li & Xi, Fungi of Hengduan Mountains (Beijing, China: Science Press), p. 88, 1996; Wei & Zhuang in Mao & Zhuang (eds.), Fungi of the Qinling Mountains (Beijing, China: Chinese Publ. House Agric. Sci. & Techn.), p. 31, 1997; Zhang, Zhuang & Wei, Mycotaxon 61: 56, 1997; Cao, Li & Zhuang, Mycosystema 19: 15, 2000; Zhuang & Wei, J. Jilin Agric. Univ. 24: 6, 2002; Zhuang & Wei in W.Y. Zhuang (ed.), Fungi of Northwestern China (Ithaca, New York: Mycotaxon Ltd.), p. 238, 2005; Liu et al., J. Inner Mongolia Univ. (Nat. Sci. Ed.) 48: 649, 2017; Liu et al., J. Fungal Res. 15: 244, 2017.

Coleosporium zhuangii C.M. Tian & C.J. You in You, Liang, Li & Tian, Mycotaxon 111: 235, 2010; Liu et al., J. Inner Mongolia Univ. (Nat. Sci. Ed.) 48: 650, 2017.

夏孢子堆生于叶下面，散生或聚生，圆形，直径 0.2～1 mm，粉状，新鲜时橙黄色；夏孢子形状多变，近球形、椭圆形、卵形、长椭圆形或近棍棒形，18～38(～48) × (12～)15～25 μm，壁厚不及 1 μm，无色，新鲜时内容物黄色，表面密布无定形粗疣，疣高 1～2 μm，常互相连合成短脊状或网状，有时部分区域无疣呈不规则光滑斑，芽孔不清楚。

冬孢子堆生于叶下面，散生或聚生，圆形，直径 0.2～1 mm，新鲜时黄色或橙黄色，垫状；冬孢子圆柱形，38～100×18～33 μm，壁厚不及 1 μm，无色，顶部胶质层厚 15～30(～40) μm，基部柄状不孕细胞有或不明显。

II, III

齿叶橐吾 *Ligularia dentata* (A. Gray) Hara　山西：沁水（55136）。

网脉橐吾 *Ligularia dictyoneura* (Franch.) Hand.-Mazz.　云南：大理（00531，00646，00649），玉龙雪山（183363，199419，199420，199421）。

蹄叶橐吾 *Ligularia fischeri* (Ledeb.) Turcz. 内蒙古：阿尔山（77785，77786，77787，77788，77789），加格达奇（82751）；黑龙江：抚远（93005，135990，135991，135991，135992，135993），饶河（89237，89238，89239）；西藏：吉隆（67451，67456），亚东（37833）；陕西：太白山（22153）。

狭苞橐吾 *Ligularia intermedia* Nakai 黑龙江：饶河（7324，7326）；湖北：神农架（55320，55321，55329，55332，57303）；贵州：雷山（245280，245281）。

长白山橐吾 *Ligularia jamesii* (Hemsl.) Kom. 内蒙古：扎兰屯（兴安林场 77798）。

宽戟橐吾 *Ligularia latihastata* (W.W. Sm.) Hand.-Mazz. 四川：木里（64545）；云南：玉龙雪山（55131，55721，63950，63951，55113）。

牛蒡叶橐吾 *Ligularia lapathifolia* (Franch.) Hand.-Mazz. 云南：昆明（03478），玉龙雪山（63945，63948，63952，63953，63954，63956）。

掌叶橐吾 *Ligularia przewalskii* (Maxim.) Diels 四川：九寨沟（77805），米亚罗（55680）；甘肃：舟曲（77806）。

西伯利亚橐吾 *Ligularia sibirica* (L.) Cass. 浙江：天目山（24768，43127，55128）；湖南：衡山（02599）。

窄头橐吾 *Ligularia stenocephala* (Maxim.) Matsum. & Koidz. 四川：美姑（64546）。

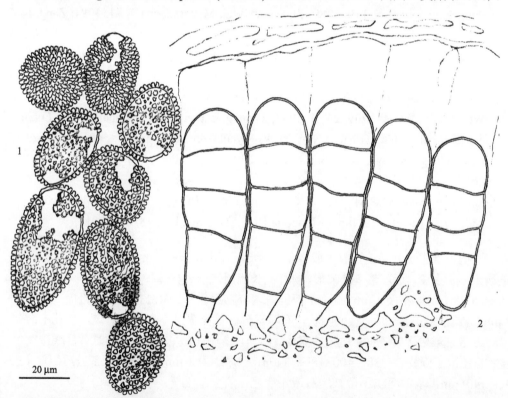

图 73　橐吾鞘锈菌 *Coleosporium ligulariae* Thüm. 的夏孢子（1）和冬孢子（2）(HMAS 24768)

东俄洛橐吾 *Ligularia tongolensis* (Franch.) Hand.-Mazz. 西藏：错那 36715）。

离舌橐吾 *Ligularia veitchiana* (Hemsl.) Greenm. 重庆：大巴山（55649），巫溪（70985，

70986）；四川：九寨沟（64401，64402，77802），平武（64404），青川（64403）；西藏：岗日嘎布山（45765）；陕西：平利（70987），太白山（01184）；甘肃：文县（77794，77799），舟曲（77795，77796，77801，77803）。

囊吾属 *Ligularia* sp. 西藏：岗日嘎布山（45766，45767，45768，45771），加拉白垒峰东北坡（45769，45770）。

分布：欧洲北部；俄罗斯西伯利亚及远东地区，中国。

本种在俄罗斯和北欧主要寄生于乌苏里囊吾 *Ligularia calthifolia* Maxim.、灰蓝囊吾 *L. glauca* (L.) O. Hoffm.、蹄叶囊吾 *L. fischeri* (Ledeb.) Turcz.和西伯利亚囊吾 *L. sibirica* (L.) Cass. (Liro 1908; Kuprevich and Tranzschel 1957; Kuprevich and Ul'yanishchev 1975)。*L. sibirica* (L.) Cass.为模式寄主。夏孢子形状多变，Kuprevich 和 Tranzschel (1957) 及 Kuprevich 和 Ul'yanishchev (1975) 描述夏孢子近球形至棱柱形，21～36×16～26 μm，Liro (1908) 记载芬兰 *L. sibirica* 上的夏孢子可达 45 μm 长，我国产的同寄主植物上的夏孢子甚至可达 48 μm 长。游崇娟等（2010）将蹄叶囊吾 *L. fischeri* 上具有长形夏孢子的菌（20.6～38.5 × 15.4～25.7 μm）另立新种 *Coleosporium zhuangii* C.M. Tian & C.J. You，在此我们未予采纳。我们看不出 *L. fischeri* 上的夏孢子与囊吾属其他种上的夏孢子在形态上（包括疣突的超显微特征）有显著差异。

Kaneko (1981) 认为日本囊吾属植物上的鞘锈菌与西伯利亚的 *Coleosporium ligulariae* Thüm.不同，应归入 *C. saussureae* Thüm.，并认为 *C. ligulariae* Thüm.是 *C. tussilaginis* (Pers.) Lév.的同物异名。

帚菊鞘锈菌 图 74

Coleosporium myripnois Y.C. Wang & J. Y. Zhuang, Acta Mycol. Sin. 2:5, 1983 (as 'myripnoidis'); Zhuang, Acta Mycol. Sin. 2: 148, 1983.

夏孢子堆生于叶下面，散生，圆形，直径 0.2～0.5 mm，粉状，新鲜时橙黄色或黄色；夏孢子椭圆形、矩圆形、近球形或不规则，18～35×13～25 μm，壁厚约 1 μm，无色，表面密布小疣，疣宽 0.5～1.5 μm，高 1～2 μm，有时部分区域无疣呈不规则光滑斑，芽孔不清楚。

冬孢子堆生于叶下面，散生或不规则聚生，圆形或无定形，直径 0.2～0.8 mm，新鲜时橙黄色，垫状；冬孢子圆柱形或近圆柱状棍棒形，50～93×18～28(～32) μm，壁厚不及 1 μm，无色，顶部胶质层厚 (5～)10～20 μm。

II, III

心叶帚菊 *Pertya cordifolia* Mattf. 福建：武夷山（41461 模式）。

华帚菊 *Pertya sinensis* Oliv. 四川：若尔盖（48625）；陕西：太白山（NWFC-TR0229）；甘肃：迭部（74368）。

分布：中国。

本种模式寄主被误订为蚂蚱腿子 *Myripnois dioica* Bunge，实为心叶帚菊 *Pertya cordifolia* Mattf.（王云章等 1983；庄剑云 1983）。*Coleosporium myripnois* Y.C. Wang & J Y Zhuang 为合法名称，无须改动，但为避免混淆，中文改称帚菊鞘锈菌。本种近似于

Coleosporium sinicum M. Wang & J.Y. Zhuang (2005)，但两者的夏孢子表面纹饰不同。后者的夏孢子具圆顶的短杆状疣突，高 1～1.5 μm，顶部直径 0.5～1 μm，各疣分立或 2 至若干个顶部连合，基部常有不规则狭脊互相联系，而本种的夏孢子具圆柱状疣，疣上部常有 1～2 个平行沟状环纹，形似 1～2 个叠生的圆盘状珠子。

　　日本报道生于长花帚菊 *Pertya glabrescens* Sch.-Bip.和硬叶帚菊 *P. rigidula* (Miq.) Makino 上的 *Uredo pertyae* (Miura ex S. Ito & Murayama) S. Kaneko (1981) (≡ *Coleosporium pertyae* Miura ex S. Ito & Murayama 1943, based on uredinia) 可能与本种同物；我们未能研究其模式标本，但根据原特征描述，其夏孢子与本种的完全相似，由于未发现冬孢子，日本的 *Uredo pertyae* 在此暂不作同物异名。我国以往记载的 "*Uredo pertyae*" 改订为本种（臧穆等 1996；曹支敏和李振岐 1999；曹支敏等 2000；庄剑云和魏淑霞 2005）。

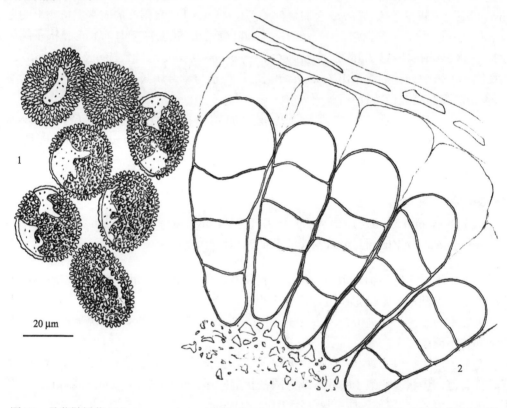

图 74　帚菊鞘锈菌 *Coleosporium myripnois* Y.C. Wang & J. Y. Zhuang 的夏孢子（1）和冬孢子（2）
(HMAS 41461)

新蟹甲草鞘锈菌　图 75

Coleosporium neocacaliae Saho, Trans. Mycol. Soc. Japan 7: 59, 1966; Cao, Li & Zhuang, Mycosystema 19: 15, 2000; Zhuang & Wei in W.Y. Zhuang (ed.), Fungi of Northwestern China (Ithaca, New York: Mycotaxon Ltd.), p. 239, 2005; Azbukina & Zhuang in Li & Azbukina (eds.), Fungi of Ussuri River Valley (Beijing, China: Science Press), p. 296, 2011.

Coleosporium cacaliae auct. non G.H. Otth: Hiratsuka, Trans, Sapporo Nat. Hist. Soc. 16: 196, 1941; Wang, Contr. Inst. Bot. Natl. Acad. Peiping 6: 222, 1949; Wang, Index Uredinearum Sinensium (Beijing, China: Academia Sinica), p. 13, 1951; Tai, Sylloge Fungorum Sinicorum (Beijing, China: Science Press), p. 409, 1979; Guo in anon. (ed.), Fungi and Lichens of Shennongjia (Beijing, China: World Publishing Corp.), p. 108, 1989; Zang, Li & Xi, Fungi of Hengduan Mountains (Beijing, China: Science Press), p. 87, 1996; Wei & Zhuang in Mao & Zhuang (eds.), Fungi of the Qinling Mountains (Beijing, China: Chinese Publ. House Agric. Sci. & Techn.), p. 28, 1997; Zhang, Zhuang & Wei, Mycotaxon 61: 55, 1997; Zhuang & Wei, J. Jilin Agric. Univ. 24: 6, 2002.

夏孢子堆生于叶下面，散生或不规则聚生，圆形，直径 0.2～1 mm，粉状，新鲜时橙黄色；夏孢子宽椭圆形、椭圆形或矩圆形，20～30(～33)×15～23 μm，壁厚不及 1 μm，无色，表面密布柱状粗疣，疣高 1～2 μm，常互相连合成短脊状或网状，有时部分区域无疣呈不规则光滑斑，芽孔不清楚。

冬孢子堆生于叶下面，散生或不规则聚生，圆形，直径 0.2～1 mm，新鲜时橙红色或橙黄色，垫状；冬孢子单层排列或似两层不规则相互交搭，圆柱形、棍棒形或长倒卵形，50～100×(18～)25～38 μm，有时具斜隔膜或纵隔膜，壁厚不及 1 μm，无色，顶部胶质层厚 15～40 μm，基部有时可见短柄状不孕细胞。

II, III

堪察加蟹甲草 *Cacalia kamtschatica* (Maxim.) Kudo 黑龙江：抚远（93007，135983）。

兔儿风蟹甲草 *Parasenecio ainsliiflorus* (Franch.) Y.L. Chen [= *Cacalia ainsliaeflora* (Franch.) Hand.-Mazz.] 湖北：神农架（55327）。

两似蟹甲草 *Parasenecio ambiguus* (Y. Ling) Y.L. Chen (= *Cacalia ambigua* Y. Ling) 陕西：太白山 （01328）。

耳叶蟹甲草 *Parasenecio auriculatus* (DC.) H. Koyama (= *Cacalia auriculata* DC.) 黑龙江：带岭（41494，42815，42821），虎林（89224），牡丹江（135986），饶河（89227），五营（42816，42817，42818）。

珠芽蟹甲草 *Parasenecio bulbiferoides* (Hand.-Mazz.) Y.L. Chen (= *Cacalia bulbiferoides* Hand.-Mazz.) 陕西：太白山（22131）。

戟叶蟹甲草 *Parasenecio hastatus* (L.) H. Koyama (= *Cacalia hastata* L.) 吉林：汪清（241934，241936，241939）；黑龙江：带岭（41495），抚远（135984），虎林（89225，89226），牡丹江（135985，135987），绥芬河（241953），五营（42819），伊春（42820）。

无毛戟叶蟹甲草 *Parasenecio hastatus* (L.) H. Koyama var. *glaber* (Ledeb.) Y.L. Chen (= *Cacalia hastata* L. var. *glabra* Ledeb.) 内蒙古：阿尔山（74318，74319，74321）；吉林：蛟河（74320）。

星叶蟹甲草 *Parasenecio komaroviana* (Poljark.) Y.L. Chen (= *Hasteola komaroviana* Poljark.) 吉林：汪清（241941）。

阔柄蟹甲草 *Parasenecio latipes* (Franch.) Y.L. Chen [= *Cacalia latipes* (Franch.)

Hand.-Mazz.] 四川：二郎山（48409，48411，48412）。

掌裂蟹甲草 Parasenecio palmatisectus (Jeffrey) Y.L. Chen [= Cacalia palmatisecta (Jeffrey) Hand.-Mazz.] 四川：平武 64530，64531）。

长白蟹甲草 Parasenecio praetermissus (Poljakov) Y.L. Chen 吉林：汪清（34957）。

昆明蟹甲草 Parasenecio tripteris (Hand.-Mazz.) Y.L. Chen (= Cacalia tripteris Hand.-Mazz.) 云南：昆明（17611）。

双花华蟹甲草 Sinacalia davidii (Franch.) H. Koyama [= Cacalia davidii (Franch.) Hand.-Mazz.] 四川：峨眉山（64528，64529），二郎山（48407，50575），美姑（64527），卧龙（44380，64109，64521，64523，64524，64526）。

羽裂华蟹甲草 Sinacalia tangutica (Maxim.) B. Nord. [≡Senecio tangutica Maxim. = Cacalia tangutica (Franch.) Hand.-Mazz.] 湖北：巴东（34940，50573），神农架（55326，55328，57304，57305）；重庆：大巴山（34941），石柱（247578，247579，247592，247593），巫溪（71061，71066，71067）；四川：九寨沟（64108，64541，64542，64544，82304，82309），青川（64532，64533，64534，64535，64536），卧龙（44381，64540）；陕西：佛坪（82301，82303），留坝（82302，82310），宁陕（56382），平利（71062，71064，71069），太白山（01189，12935，22129，24393，34393），镇坪（71063，71065，71068）；甘肃：文县（82305，82306），舟曲（82307，82308）。

分布：日本，朝鲜半岛，俄罗斯远东地区，中国。

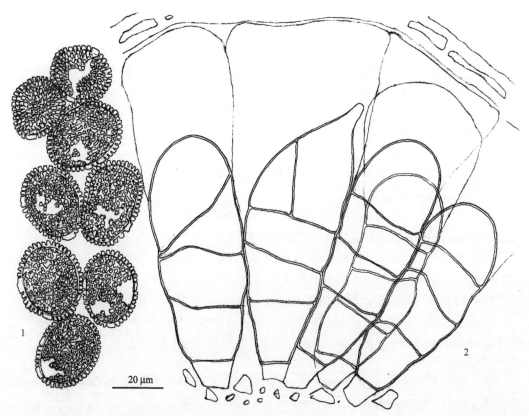

图 75 新蟹甲草鞘锈菌 Coleosporium neocacaliae Saho 的夏孢子（1）和冬孢子（2）(HMAS 42821)

本种以往在东亚的文献中都被记载为*Coleosporium cacaliae* G.H. Otth。Saho (1966a) 认为东亚产的蟹甲草*Cacalia* spp.上的鞘锈菌夏孢子普遍都较小，与欧洲产的*C. cacaliae* 有差异，遂改订为*Coleosporium neocacaliae* Saho。欧洲的*C. cacaliae*的夏孢子长可达 40 µm 或过之，冬孢子长亦可达 140 µm (Sydow and Sydow 1915; Kuprevich and Tranzschel 1957; Gäumann 1959)。经复检我国标本，我们接受 Saho (1966a) 的意见，使用*C. neocacaliae*这个名称。Kaneko (1981) 称本种冬孢子基部绝无不孕细胞，但我们发现我国的标本有时可见短柄状不孕细胞。

Saho (1966a) 通过接种试验证明此菌可在红松*Pinus koraiensis* Siebold & Zucc.和北美乔松*P. strobus* L.产生性孢子器和春孢子器，此两种松均为单维管束松 (haploxylon)，而据 Wagner (1896) 报告*C. cacaliae*的春孢子阶段寄主是山地松*Pinus montana* Mill.和欧洲赤松*P. sylvestris* L.，均为双维管束松 (diploxylon)。Saho (1968) 进一步试验证实瑞士松*Pinus cembra* L.、乔松*P. griffithii* McClell.、红松*P. koraiensis* Siebold & Zucc.、加州山松*P. monticola* Douglas、扫帚松*P. peuce* Griseb.等亦为其春孢子阶段寄主。据 Hiratsuka 等 (1992) 描述，春孢子器包被细胞卵形或椭圆形，略呈覆瓦状相互交搭，43～67×23～35 µm；春孢子椭圆形或倒卵形，20～40×16～30 µm。

Kaneko (1981) 将蟹甲草*Cacalia*上产生颜色较淡的冬孢子堆和较小冬孢子（42～93×17～27 µm）的菌另作新种*Coleosporium parvisporum* S. Kaneko。由于其夏孢子与本种的夏孢子没有区别，我们不支持 Kaneko (1981) 的意见。

风毛菊鞘锈菌　图 76

Coleosporium saussureae Thümen, Beiträge zur Pilzflora Siberiens 4: 212, 1880; Liou & Wang, Contr. Inst. Bot. Natl. Acad. Peiping 3: 404, 1935; Liou & Wang, Contr. Inst. Bot. Natl. Acad. Peiping 3: 435, 1935; Hiratsuka, Trans, Sapporo Nat. Hist. Soc. 16: 197, 1941; Tai, Farlowia 3: 101, 1947; Wang, Contr. Inst. Bot. Natl. Acad. Peiping 6: 223, 1949; Cummins, Mycologia 42: 789, 1950; Wang, Index Uredinearum Sinensium (Beijing, China: Academia Sinica), p. 19, 1951; Tai, Sylloge Fungorum Sinicorum (Beijing, China: Science Press), p. 417, 1979; Wang & Zang (eds.), Fungi of Xizang (Tibet) (Beijing, China: Science Press), p. 37, 1983; Zhuang, Acta Mycol. Sin. 2: 148, 1983; Guo in anon. (ed.), Fungi and Lichens of Shennongjia (Beijing, China: World Publishing Corp.), p. 111, 1989; Wei & Zhuang in Mao & Zhuang (eds.), Fungi of the Qinling Mountains (Beijing, China: Chinese Publ. House Agric. Sci. & Techn.), p. 32, 1997; Cao, Li & Zhuang, Mycosystema 19: 17, 2000; Zhang, Zhuang & Wei, Mycotaxon 61: 58, 1997; Zhuang & Wei, J. Jilin Agric. Univ. 24: 6, 2002; Zhuang & Wei in W.Y. Zhuang (ed.), Fungi of Northwestern China (Ithaca, New York: Mycotaxon Ltd.), p. 240, 2005; Azbukina & Zhuang in Li & Azbukina (eds.), Fungi of Ussuri River Valley (Beijing, China: Science Press), p. 297, 2011; Liu et al., J. Inner Mongolia Univ. (Nat. Sci. Ed.) 48: 650, 2017.

Coleosporium saussureae Dietel, Bot. Jahrb. Syst. 34: 588, 1905; Miura, Flora of Manchuria and East Mongolia 3: 224, 1928.

Coleosporium pedunculatum auct. non S. Kaneko: Cao, Li & Zhuang, Mycosystema 19: 15, 2000; Azbukina & Zhuang in Li & Azbukina (eds.), Fungi of Ussuri River Valley (Beijing, China: Science Press), p. 296, 2011.

夏孢子堆生于叶下面，散生或环状聚生，圆形，直径 0.2～1 mm，粉状，新鲜时黄色或橙黄色，干时苍白色；夏孢子近球形、椭圆形、倒卵形或长椭圆形，20～35×15～25 μm，壁厚不及 1 μm，无色，新鲜时内容物黄色，表面密布粗疣，疣高 1～2 μm，常互相连合成短脊状或网状，有时部分区域无疣呈不规则光滑斑，芽孔不清楚。

冬孢子堆生于叶下面，散生、环状聚生或不规则聚生，圆形，直径 0.2～1 mm，新鲜时橙红色或橙黄色，垫状；冬孢子圆柱形，50～95×20～33 μm，壁厚不及 1 μm，无色，顶部胶质层厚 12～35 μm 或更厚，基部柄状不孕细胞短或不明显。

II, III

草地风毛菊 *Saussurea amara* (L.) DC. 黑龙江：尚志(41546)；四川：都江堰(50576)，青川(82289, 82294)。

龙江风毛菊 *Saussurea amurensis* Turcz. 吉林：蛟河(74298)；黑龙江：虎林 (89210, 89540)。

卢山风毛菊 *Saussurea bullockii* Dunn 福建：武夷山(41544, 41545, 43130)；陕西：佛坪(74301)。

心叶风毛菊 *Saussurea cordifolia* Hemsl. 安徽：黄山(17616)；陕西：南五台(01244, 01245)。

长梗风毛菊 *Saussurea dolichopoda* Diels 湖北：神农架(55319, 57334)。

锈毛风毛菊 *Saussurea dutaillyana* Franch. 福建：武夷山(41545)；陕西：佛坪 (HMNWFC-GR0074，西北农林科技大学)。

腺点风毛菊 *Saussurea glandulosa* Kitam. 福建：武夷山(41557, 58523)。

大叶风毛菊 *Saussurea grandifolia* Maxim. 黑龙江：阿城(74304)，绥芬河(241944)。

风毛菊 *Saussurea japonica* (Thunb.) DC. 河北：雾灵山(25361)；山西：沁水(55748)；吉林：蛟河(74299)；安徽：凤阳(50578)；湖北：神农架(57331, 57332)；湖南：龙山(34399)，张家界(140455)；陕西：佛坪(74300, 74305)，洛川(55966)，太白山(24432, 25362, 36718, 50579)；甘肃：华亭(58139)。

川陕风毛菊 *Saussurea licentiana* Hand.-Mazz. 湖北：神农架(55324, 55325, 57347)；重庆：巫溪(71128)。

东北风毛菊 *Saussurea manshurica* Kom. 吉林：龙井(89537)；黑龙江：牡丹江(93017)，尚志(74588)。

羽叶风毛菊 *Saussurea maximowiczii* Herder 吉林：安图(41547)。

蒙古风毛菊 *Saussurea mongolica* (Franch.) Franch. 河北：雾灵山(55726)；山西：沁县(36989)；山东：泰安(24941)；湖北：神农架(57307, 57308)；陕西：南郑(56379)，平利(70907)，洋县(74302)，镇坪(70906)。

变叶风毛菊 *Saussurea mutabilis* Diels 陕西：洋县(01240)。

银背风毛菊 *Saussurea nivea* Turcz. 山西：沁县(36719)。

齿苞风毛菊 *Saussurea odontolepis* (Herder) Sch.Bip. ex Maxim. 吉林：安图（36717），龙井（89536，241918，241920）；陕西：洛川（50577），太白山（22157）。

少花风毛菊 *Saussurea oligantha* Franch. 陕西：佛坪（74289，74290，74291），留坝（74292）。

小花风毛菊 *Saussurea parviflora* (Poir.) DC. 内蒙古：阿尔山（74295，74296）；黑龙江：伊春（42833）。

篦苞风毛菊 *Saussurea pectinata* Bunge 黑龙江：虎林（89539），兴凯湖自然保护区（89538）；江苏：南京（11125）。

显梗风毛菊 *Saussurea peduncularis* Franch. 云南：鸡足山（00473，00545）。

松林风毛菊 *Saussurea pinetorum* Hand.-Mazz. 湖北：神农架（55322）；湖南：龙山（34398）。

多头风毛菊 *Saussurea polycephala* Hand.-Mazz. 湖北：神农架（57336）；重庆：巫溪（70903，70904，70905）。

折苞风毛菊 *Saussurea recurvata* (Maxim.) Lipsch. 吉林：龙井（241918，241920）。

三角毛菊属 *Saussurea triangulata* Trautv. & C.A. Mey. 安徽：黄山（22158）；广东：罗浮山 (E.D. Merrill no. 11144, K)。

秦岭风毛菊 *Saussurea tsinlingensis* Hand.-Mazz. 湖北：神农架（55323）；陕西：佛坪（74288），宁陕 (HMNWFC-GR0290, 西北农林科技大学)。

乌苏里风毛菊 *Saussurea ussuriensis* Maxim. 吉林：蛟河（74293，74294）；黑龙江：饶河（93015）；山西：五台山（55210）；山东：崂山（08652）。

风毛菊属 *Saussurea* sp. 浙江：天目山（22159）；安徽：青阳 (S.Y. Cheo no. 1217, PUR)；广西：三江 (S.Y. Cheo no. 2778, MICH)；四川：峨眉山（64368），木里（82291，82292，82295），青城山（50580，50581）；贵州：遵义 (S.Y. Cheo no. 29, MICH)。

分布：俄罗斯远东地区，中国，朝鲜半岛，日本。

Kaneko (1977a, 1981) 将风毛菊属 *Saussurea* 植物上的鞘锈菌分成两个种。*Coleosporium pedunculatum* S. Kaneko 的夏孢子表面不具假网斑 (reticulum-like spot, 即无疣区或光滑斑)，冬孢子基部具不孕细胞 (basal sterile cell)，而 *Coleosporium saussureae* Thüm.的夏孢子表面具假网斑，冬孢子基部无不孕细胞。Kaneko (1981) 还认为中国和朝鲜半岛产的风毛菊 *Saussurea japonica* (Thunb.) DC.、东北风毛菊 *S. manshurica* Kom.、齿苞风毛菊 *S. odontolepis* Sch. Bip.和美花风毛菊 *S. pulchella* (Fisch.) Fisch.上的鞘锈菌应是 *Coleosporium pedunculatum*。我们认为夏孢子无疣区或光滑斑的有无及冬孢子基部不孕细胞的有无这两个特征极不稳定，难以做分种依据。我们在检查我国标本时无法将此两种截然分开。Kaneko (1977a, 1981) 通过接种试验证明 *C. pedunculatum* 的春孢子阶段生于二维松(diploxylon)，如赤松 *Pinus densiflora* Siebold & Zucc.、琉球松 *Pinus luchuensis* Mayr 和黑松 *Pinus thunbergii* Parl.等，而 *C. saussureae* 的春孢子阶段生于单维松 (haploxylon) 的偃松 *Pinus pumila* (Pull.) Regel。我们未进行过接种试验，不清楚自然界鞘锈菌春孢子阶段对具单维管束针叶和具双维管束针叶的松是否有严格选择。在此我们不采纳 Kaneko (1977a, 1981) 的意见，对国产风毛菊属植物上的鞘锈菌只视为一种，即 *Coleosporium saussureae* Thüm.。

Hiratsuka (1927a) 通过接种试验证实此菌可在偃松 *Pinus pumila* (Pull.) Regel 针叶上产生性孢子器和春孢子器。据 Hiratsuka 等 (1992) 描述，春孢子器包被细胞卵形、椭圆形或长椭圆形，40～70×25～42 μm；春孢子椭圆形、长椭圆形或近球形，20～38×16～26 μm。

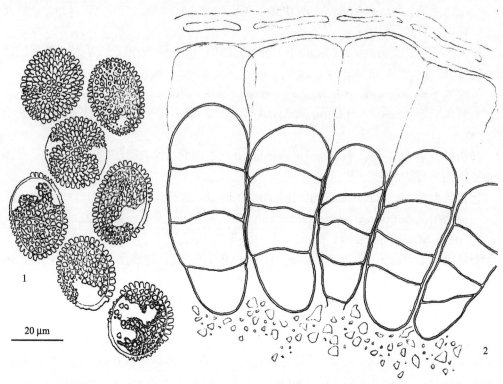

图 76　风毛菊鞘锈菌 *Coleosporium saussureae* Thüm. 的夏孢子（1）和冬孢子（2）(HMAS 89210)

千里光鞘锈菌　图 77

Coleosporium senecionis J.J. Kichx, Flore Cryptogamique des Flandres 2: 53, 1867; Zhuang & Wei, Mycosystema 7: 42, 1994; Liu et al., J. Inner Mongolia Univ. (Nat. Sci. Ed.) 48: 650, 2017.

Coleosporium senecionis Fries, Summa vegetabilium Scandinaviae, p. 512, 1849 (based on uredinia); Miura, Flora of Manchuria and East Mongolia 3: 224, 1928; Hiratsuka, Trans, Sapporo Nat. Hist. Soc. 16: 198, 1941; Tai, Farlowia 3: 101, 1947; Wang, Index Uredinearum Sinensium (Beijing, China: Academia Sinica), p. 19, 1951; Jen, J. Yunnan Univ. (Nat. Sci.) 1956: 142, 1956; Tai, Sylloge Fungorum Sinicorum (Beijing, China: Science Press), p. 417, 1979; Zhuang, Acta Mycol. Sin. 5: 79, 1986; Bai et al., J. Shenyang Agric. Univ. 18: 60, 1987; Zang, Li & Xi, Fungi of Hengduan Mountains (Beijing, China: Science Press), p. 89, 1996.

夏孢子堆生于叶下面，散生或聚生，圆形，直径 0.1～1 mm，粉状，新鲜时黄色或橙黄色，干时苍白色；夏孢子椭圆形、长椭圆形、矩圆形、倒卵形或长倒卵形，稀近球形，18～38(～45)×(13～) 7～25 μm，壁厚 1 μm 或不及，表面密布不规则颗粒状细疣，疣高 1.5～2 μm，有时部分区域无疣呈不规则光滑斑，无色，新鲜时内容物黄色，芽孔不清楚。

冬孢子堆生于叶下面，散生或不规则聚生，圆形，直径 0.2～1 mm，新鲜时橙红色或橙黄色，垫状；冬孢子圆柱形或近棍棒形，50～80(～90) ×17～30 μm，有时具斜隔膜或纵隔膜，壁厚不及 1 μm，无色，新鲜时内容物橙黄色，顶部胶质层厚 12～28 μm或更厚。

II, III

额河千里光 *Senecio argunensis* Turcz. 吉林：吉林 (Jacz., Kom. & Tranzschel, Fungi Ross. Exsic. no. 272, LE)；黑龙江：尚志(41548)。

麻叶千里光 *Senecio cannabifolius* Less. 内蒙古：阿尔山(74395，74398)；吉林：蛟河(74396，74397)，黑龙江：带岭(41549，163125)，五营(42834)，伊春(42835，42836)。

纤花千里光 *Senecio graciliflorus* DC. 西藏：吉隆(67460，67461，67463)。

玉山千里山 *Senecio morrisonensis* Hayata 台湾：阿里山(04972)。

林荫千里光 *Senecio nemorensis* L. 吉林：安图(41550)。

齿叶林荫千里光 *Senecio nemorensis* L. var. *dentatus* (Kitam.) H. Koyama 台湾：南投(244743，244744，244746，244751，244753)。

欧洲千里光 *Senecio vulgaris* L. 北京：地点不详(08468)。

千里光属 *Senecio* sp. 四川：卧龙(65522)；云南：泸水(240278，240803)。

尾尖合耳菊 *Synotis acuminata* (Wall.ex DC.) C. Jeffrey & Y.L. Chen (≡ *Senecio acuminata* Wall. ex DC.) 西藏：波密(45773)，亚东(244480)。

翅柄合耳菊 *Synotis alata* (Wall.ex DC.) C. Jeffrey & Y.L. Chen (≡ *Senecio alata* Wall. ex DC.) 西藏：吉隆(67462，67464，67452，67453)，聂拉木(67454)。

密花合耳菊 *Synotis cappa* (Buch.-Ham. ex D. Don) C. Jeffrey & Y.L. Chen (= 密花千里光 *Senecio densiflorus* Wall. ex DC.) 广西：凌云(22161，166094)，田林(22160)。

红缨合耳菊 *Synotis erythropappa* (Bureau & Franch.) C. Jeffrey & Y.L. Chen (= 双花千里光 *Senecio dianthus* Franch.) 云南：鸡足山(00464)。

锯叶合耳菊 *Synotis nagensis* (C.B. Clarke) C. Jeffrey & Y.L. Chen (≡ *Senecio nagensis* C.B. Clarke) 四川：汶川(04483，15281)。

川西合耳菊 *Synotis solidaginea* (Hand.-Mazz.) C. Jeffrey & Y.L. Chen (≡ *Senecio solidagineus* Hand.-Mazz.) 西藏：波密(45772，45774，45775，45776)。

四头尾药菊 *Synotis tetrantha* (DC.) C. Jeffrey & Y.L. Chen (≡ *Senecio tetranthus* DC.) 云南：贡山(240255，240257)。

合耳菊 *Synotis wallichii* (DC.) C. Jeffrey & Y.L. Chen (≡ *Senecio wallichii* DC.) 西藏：吉隆(67459)，墨脱(45777)。

红轮狗舌草 *Tephroseris flammea* (Turcz. ex DC.) Holub (≡ *Senecio flammeus* Turcz. ex DC.) 内蒙古：阿尔山(74394)；吉林：安图(34400)。

分布：北温带广布。

Kaneko (1981) 将日本的千里光属 *Senecio* 植物上的鞘锈菌分为两个种：皮氏千里

光 *Senecio pierotii* Miq.上的为 *Coleosporium tussilaginis* (Pers.) Lév.，而麻叶千里光 *S. cannabifolius* Less.和林荫千里光 *S. nemorensis* L.上的为 *C. neocacaliae* Saho；Azbukina (2005) 予以采纳，但我们不支持，在此仍按以往多数作者的记载，对千里光属及其近缘属植物上的鞘锈菌仅设一种，即 *Coleosporium senecionis* J.J. Kichx (Sydow and Sydow 1915；Arthur 1934；Kuprevicz and Tranzschel 1957；Gäumann 1959；Cummins 1978；戴芳澜 1979；Durrieu 1980；Ono et al. 1995；Müller 2000；Zwetko 2000)。

本种已知的春孢子阶段寄主有奥地利松 *Pinus austriaca* Höss.、地中海松 *P. halepensis* L.、欧洲山松 *P. montana* Mill.、欧洲黑松 *P. nigra* J.F. Arnold、海岸松 *P. pinaster* Aiton (= *P. maritima* Lam.)、欧洲赤松 *P. sylvestris* L.等 (Wolff 1874; Hartig 1883; Plowright 1883; Sydow and Sydow 1915; Kuprevich and Tranzschel 1957; Gäumann 1959)。根据 Sydow 和 Sydow (1915) 的描述，性孢子器生于叶上面，散生或成行排列，长 0.5～1 mm，宽 0.4～0.5 mm；春孢子器生于叶两面，侧扁，长 1～3 mm，高 1～1.5 mm，黄色或灰白色，不规则开裂，包被细胞 35～60×20～35 μm，壁厚 3～5 μm，密生粗疣；春孢子卵形或矩圆形，稀近球形，22～45×15～25 μm，壁厚 3～4 μm，表面密布粗疣。

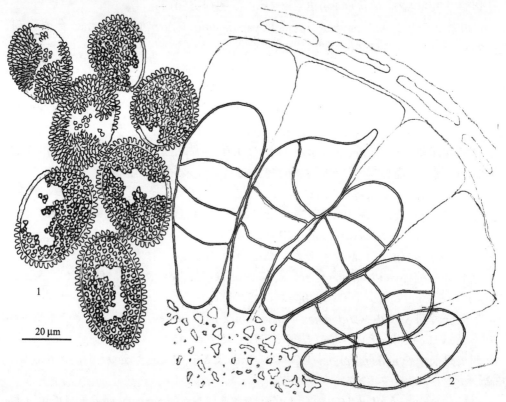

图 77 千里光鞘锈菌 *Coleosporium senecionis* J.J. Kichx 的夏孢子 (1) 和冬孢子 (2) (HMAS 244753)

中国鞘锈菌 图 78

Coleosporium sinicum M. Wang & J.Y. Zhuang, Nova Hedwigia 81: 540, 2005.

Coleosporium myripnoidis auct. non Y.C. Wang & J.Y. Zhuang: Anon., Fungi of Xiaowutai Mountains in Hebei Province (Beijing, China: Agriculture Press of China), p. 104, 1997.

夏孢子堆生于叶下面，散生或不规则聚生，圆形，直径 0.2～1 mm，粉状，新鲜时黄色或橙黄色，干时苍白色；夏孢子近球形、椭圆形、矩圆形、近四边形或无定形，常呈多角状，有时一端或两端平截或近平截，20～32×12～23 μm，壁厚约 1 μm 或不及，无色，表面密布小疣，疣高 1.5～2 μm，芽孔不清楚。

冬孢子堆生于叶下面，散生或不规则聚生，圆形，直径 0.2～1 mm，新鲜时橙黄色，干时暗黄色或褐黄色，坚实，垫状；冬孢子单层或有时略似双层不规则相互交搭，圆柱形或近圆柱状棍棒形，60～90×25～32 μm，壁厚 0.5～1 μm 或不及 0.5 μm，无色，顶部胶质层厚 (5～)15～25 μm。

II, III

蚂蚱腿子 *Myripnois dioica* Bunge 北京：东灵山(82279 = 庄剑云 6003-1)；河北：小五台山(67443，67444，67445 模式)。

分布：中国北部。

扫描电镜下观察，本种的夏孢子具圆顶的短杆状疣突，高 1～1.5 μm，顶部直径 0.5～1 μm，各疣分立或 2 至若干个顶部连合，基部常有不规则狭脊互相联系(旺姆和庄剑云 2005)。

寄主植物蚂蚱腿子属 *Myripnois* 为单种属，仅分布于华北，此菌可能为中国特有；我国帚菊属 *Pertya* 上的鞘锈菌因其模式寄主被误订为蚂蚱腿子而被命名为 *Coleosporium myripnois* Y.C. Wang & J.Y. Zhuang (1983)，其实与本种不同。

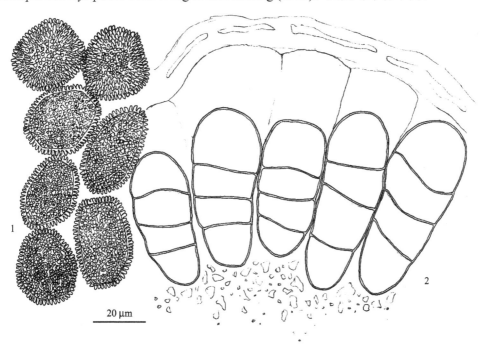

图 78 中国鞘锈菌 *Coleosporium sinicum* M. Wang & J.Y. Zhuang 的夏孢子（1）和冬孢子（2）(HMAS 67445)

山牛蒡生鞘锈菌　图 79

Coleosporium synuricola Y. Xue & L.P. Shao, Acta Mycol. Sin. 14: 248, 1995.

Coleosporium synuri Tranzschel, Conspectus Uredinalium URSS, p. 379, 1939 (ad interim) .

Uredo synuri Azbukina, Komarov. Chten. 19: 31, 1972.

　　夏孢子堆生于叶下面，散生或不规则聚生，圆形，直径 0.2～1 mm，粉状，新鲜时橙黄色，干时黄白色；夏孢子近球形、椭圆形、倒卵形、矩圆形、长卵形或长矩圆形，18～32(～37) ×15～23 μm，壁厚约 1 μm，无色，表面密布粗疣，疣高 1～2 μm，有时部分区域无疣呈不规则光滑斑，芽孔不清楚。

　　冬孢子堆生于叶下面，散生或不规则聚生，圆形，直径 0.2～1 mm，新鲜时黄色，干时淡黄白色，常被寄主灰白色绒毛所隐匿，垫状；冬孢子圆柱形或近圆柱状棍棒形，50～88×20～30 μm，壁厚不及 1 μm，无色，顶部胶质层厚 15～30 μm。

　　II, III

　　山牛蒡 *Synurus deltoides* (Aiton) Nakai [= *S. atriplicifolius* (Trevis.) Iljin = *S. pungens* (Franch. & Sav.) Kitam.] 黑龙江：带岭 （NEFU 93001 模式 typus，东北林业大学；HMAS 67733 等模式 isotypus）。

　　分布：俄罗斯远东地区，中国东北，朝鲜半岛，日本。

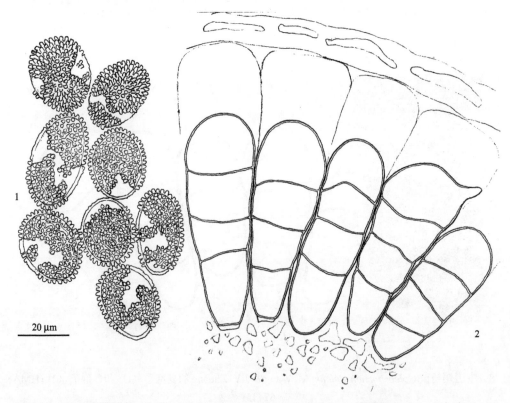

图 79　山牛蒡生鞘锈菌 *Coleosporium synuricola* Y. Xue & L.P. Shao 的夏孢子 （1） 和冬孢子 （2）
(HMAS 67733)

早期 Tranzschel (1939) 根据采自西伯利亚的山牛蒡 *Synurus deltoides* (Aiton) Nakai [= *S. atriplicifolius* (Trevis.) Iljin]上的夏孢子阶段命名为*Coleosporium synuri* Tranzschel，后 Azbukina (1972) 将它改隶到无性型属 *Uredo*。薛煜和邵力平 (1995) 首次在黑龙江发现其冬孢子阶段。Kaneko (1981) 记载在日本也未见冬孢子，鉴定为 *Uredo synuri* Azbukina。冬孢子堆干时呈淡黄白色，常被寄主灰白色绒毛所隐匿，肉眼不易发现。早期作者所采标本可能都有冬孢子堆，但被忽略了。原描述冬孢子偏小，30～63×13～20 μm，我们根据模式标本重测修改。

斑鸠菊鞘锈菌　图 80

Coleosporium vernoniae Berkeley & M.A. Curtis in Berkeley, Grevillea 3: 57, 1874; Jen, J. Yunnan Univ. (Nat. Sci.) 1956: 144, 1956; Tai, Sylloge Fungorum Sinicorum (Beijing, China: Science Press), p. 418, 1979; Zhuang, Acta Mycol. Sin. 5: 79, 1986; Zhuang & Wei, Mycosystema 7: 42, 1994; Zhuang & Wei, Mycotaxon 72: 378, 1999; Zhuang & Wei in W.Y. Zhuang (ed.), Higher Fungi of Tropical China (Ithaca, New York: Mycotaxon Ltd.), p. 355, 2001.

Coleosporium elephantopodis Thümen, Myc. Univ. no. 953, 1878; Cummins, Mycologia 42: 789, 1950; Tai, Sylloge Fungorum Sinicorum (Beijing, China: Science Press), p. 412, 1979.

夏孢子堆生于叶下面，散生或聚生，圆形，直径 0.2～0.8 mm，粉状，新鲜时黄色，萌发后变苍白色；夏孢子椭圆形、宽椭圆形或卵形，18～28×15～23 μm，壁厚约 1 μm，无色，表面密布粗疣，疣高 1.5～2 μm，常互相连合成不规则短脊状，较易脱落，有时部分区域无疣或疣脱落呈不规则光滑斑，芽孔不清楚。

冬孢子堆生于叶下面，散生或聚生，圆形，直径 0.2～0.8 mm，新鲜时橙黄色，干时淡黄色，垫状；冬孢子单层或有时略似 2～3 层不规则相互交搭，但绝不串生，圆柱形或棍棒形，50～88(～100) ×17～28 μm，壁厚不及 1 μm，无色，顶部胶质层厚 20～35(～40) μm。

II, III

地胆草属 *Elephantopus* sp. 广西：三江 (S.Y. Cheo no. 2860, MICH, PUR)。

灰色斑鸠菊（夜香牛）*Vernonia cinerea* (L.) Less. 重庆：涪陵(247526)。

柳叶斑鸠菊 *Vernonia saligna* Wall. ex DC. 广西：凭祥(77476)，上思(77477,77478,77479)。

大叶斑鸠菊 *Vernonia volkameriaefolia* (Wall.) DC. 西藏：加拉白垒峰东北坡(45779)。

斑鸠菊属 *Vernonia* sp. 云南：昆明(20 XII 1955, 任玮 235, 西南林业大学)；西藏：吉隆(67457, 67458)。

分布：北美洲南部，南美洲；西印度群岛；中国南部。

本种在我国至今仅见于南部省(自治区)，亚洲其他地区似无记载。冬孢子堆常被植物绒毛覆盖，不易发现。

Cummins (1978) 将寄生于地胆草属 *Elephantopus* 植物上的地胆草鞘锈菌 *Coleosporium elephantopodis* Thüm.作为本种异名。两者形态特征不易区别，且寄主植物同属菊科的斑鸠菊族 Vernonieae，因而我们支持 Cummins (1978) 的意见。Cummins (1950) 根据周蕃源在广西三江的地胆草 *Elephantopus* sp.上采的标本报道了 *Coleosporium elephantopodis* Thüm.。从原标本的寄主叶片看（叶缘有尖锯齿），不像是地胆草，我们认为可能是斑鸠菊 *Vernonia* 之一种（未能确认）。地胆草属在我国有两种，即 *E. scaber* L.和 *E. tomentosus* L.，在贵州均有分布。

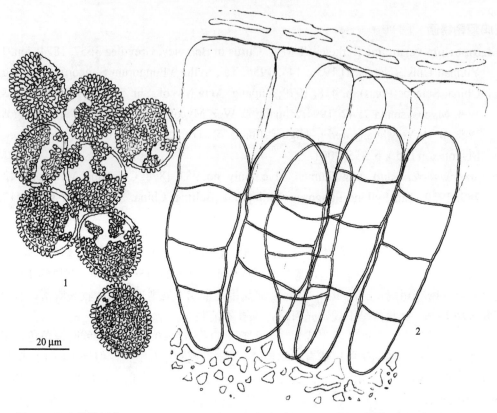

图 80　斑鸠菊鞘锈菌 *Coleosporium vernoniae* Berk. & M.A. Curtis 的夏孢子（1）和冬孢子（2）
(HMAS 77476)

臧氏鞘锈菌　图 81

Coleosporium zangmui Y.C. Wang & S.X. Wei, Acta Microbiol. Sin. 20: 17, 1980; Wang
　　& Zang (eds.), Fungi of Xizang (Tibet) (Beijing, China: Science Press), p. 37, 1983;
　　Zhuang, Acta Mycol. Sin. 5: 80, 1986; Zhuang & Wei, Mycosystema 7: 42, 1994.
Coleosporium myriactidis H. Sydow, Ann. Mycol. 35: 229, 1937 (based on uredinia) .
Uredo myriactidis Sundaram, Indian Phytopathol. 14: 203, 1962; Wang & Zang (eds.), Fungi
　　of Xizang (Tibet) (Beijing, China: Science Press), p. 60, 1983.

夏孢子堆生于叶下面，散生或聚生，常互相连合，圆形，直径 0.2～0.5 mm，粉状，新鲜时橙黄色，萌发后变黄白色；夏孢子近球形、宽椭圆形、椭圆形或卵形，20～28×18～

22 μm，壁厚约 1 μm，无色，表面密布粗疣，疣高 1～2(～2.5) μm，常互相连合成短脊状或不规则网纹，芽孔不清楚。

冬孢子堆生于叶下面，散生或聚生，圆形，直径 0.5～1 mm，新鲜时黄褐色，垫状；冬孢子圆柱形或近棍棒形，60～85×18～25 μm，壁厚不及 1 μm，无色，顶部胶质层厚 20～35 μm，基部柄状不孕细胞短或不明显。

II, III

圆舌粘冠草(无喙粘冠草) *Myriactis nepalensis* Less. 西藏：聂拉木（65786，65787，65788，65790，67455）。

粘冠草 *Myriactis wightii* DC. 四川：木里（64216，64217，64218）；云南：宁蒗（243095）；西藏：波密（45780，45783），察隅（38656 模式 typus），吉隆（65789），易贡（45781，45782）。

分布：印度喜马拉雅地区，尼泊尔，中国西南。

模式寄主被误订为圆舌粘冠草 *Myriactis nepalensis* Less.（王云章等 1980），实为粘冠草 *Myriactis wightii* DC.。本种生活史尚不清楚。

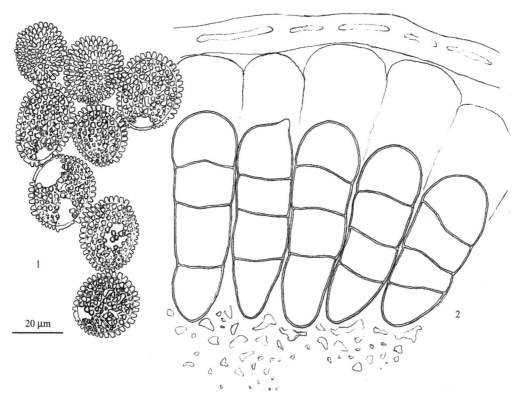

图 81 臧氏鞘锈菌 *Coleosporium zangmui* Y.C. Wang & S.X. Wei 的夏孢子（1）和冬孢子（2）(HMAS 38656)

牻牛儿苗科 Geraniaceae 植物上的种

老鹳草鞘锈菌　图 82

Coleosporium geranii Patouillard, Rev. Mycol. (Toulouse) 12: 135, 1890; Tai, Sci. Rep. Natl. Tsing Hua Univ., Ser. B, Biol. Sci. 2: 311, 1936-1937; Lin, Bull. Chin. Agric. Soc. 159: 32, 1937; Tai, Farlowia 3: 99, 1947; Wang, Index Uredinearum Sinensium (Beijing, China: Academia Sinica), p. 16, 1951; Tai, Sylloge Fungorum Sinicorum (Beijing, China: Science Press), p. 413, 1979; Wang & Zang (eds.), Fungi of Xizang (Tibet) (Beijing, China: Science Press), p. 36, 1983; Zhuang, Acta Mycol. Sin. 5: 79, 1986; Zang, Li & Xi, Fungi of Hengduan Mountains (Beijing, China: Science Press), p. 88, 1996.

夏孢子堆生于叶下面，散生或不规则聚生，圆形，直径 0.2～0.5 mm，粉状，新鲜时黄色或橙黄色；夏孢子近球形、椭圆形、倒卵形或矩圆形，18～30(～35)×12～20 μm，壁厚不及 1 μm，无色，表面密布粗疣，疣高 1.5～2 μm，常互相连合成短脊状，有时部分区域无疣呈不规则光滑斑，芽孔不清楚。

冬孢子堆生于叶下面，散生或不规则聚生，圆形，直径 0.2～0.5 mm，新鲜时黄色或橙黄色，垫状，常互相连合；冬孢子圆柱形或近棍棒形，(38～)50～75×15～25 μm，壁厚不及 1 μm，无色，新鲜时内容物黄色，顶部胶质层厚 10～25 μm。

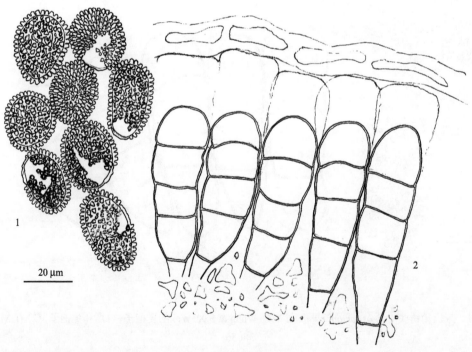

20 μm

图 82　老鹳草鞘锈菌 *Coleosporium geranii* Pat. 的夏孢子（1）和冬孢子（2）(HMAS 46800)

II, III

五叶老鹳草 *Geranium delavayi* Franch. (= *G. kariense* R. Knuth) 云南：德钦（51877）。

草地老鹳草 *Geranium pratense* L. 四川：金阳（240377，240378，240380，240381），

鼠掌老鹳草 *Geranium sibiricum* L. 四川：二郎山（48418）；西藏：波密（37829，37830，46799，46799，46800，46803），加拉白垒峰东北坡（46801，46802，46803，46804），易贡（46805）。

中华老鹳草 *Geranium sinense* R. Knuth 云南：大理（00648，01063，01064，34956）。

老鹳草属 *Geranium* sp. 云南：地点不详 (sine anno, s. n., loc. non indic., Abbé Delavay, 模式，未见)。

分布：中国西南。

本种为我国特有种，分布于我国西南，模式产地不明。Patouillard (1890) 仅描述了冬孢子。

唇形科 Labiatae 植物上的种

分种检索表

1. 夏孢子 13～20×12～18 μm；冬孢子 35～55×12～23 μm，顶部胶质层厚 5～18 μm；生于 *Coleus* ·
··· 周氏鞘锈菌 *C. cheoanum*
1. 夏孢子长可达 30 μm 或过之，冬孢子可达 80 μm，顶部胶质层厚可超过 20 μm ····················· 2
  2. 夏孢子 20～33×15～25 μm，冬孢子 38～80×15～23 μm，顶部胶质层厚 12～25 μm；生于 *Phlomis*
  ··· 糙苏鞘锈菌 *C. phlomidis*
  2. 夏孢子 15～33×12～25 μm，冬孢子 50～80×15～30 μm，顶部胶质层厚 8～30 μm；生于 *Agastache*、
  Elsholtzia、*Glechoma*、*Isodon*、*Mosla*、*Perilla* 等 ·················· 香茶菜鞘锈菌 *C. plectranthi*

周氏鞘锈菌　图 83

Coleosporium cheoanum Cummins, Mycologia 42: 788, 1950; Wang, Index Uredinearum
    Sinensium (Beijing, China: Academia Sinica), p. 13, 1951; Tai, Sylloge Fungorum
    Sinicorum (Beijing, China: Science Press), p. 410, 1979; Zhuang, Acta Mycol. Sin. 2:
    147, 1983.

夏孢子堆生于叶下面，散生或环状聚生，圆形，直径 0.1～0.5 mm，粉状，新鲜时黄色；夏孢子近球形或宽椭圆形，13～20×12～18 μm，壁厚约 1 μm 或不及，无色，新鲜时内容物黄色，表面密布粗疣，疣常互相连合成短脊状，有时部分区域无疣呈不规则斑块（光滑区 smooth area），芽孔不清楚。

冬孢子堆生于叶下面，散生或环状聚生，圆形，直径 0.1～0.5 mm，黄色，垫状；冬孢子圆柱形，35～55×12～23 μm，壁厚不及 1 μm，无色，顶部胶质层厚 5～18 μm。

II, III

小五彩苏 *Coleus scutellarioides* (L.) Benth. var. *crispipilus* (Merr.) H. Keng (= *C. pumilus* Blanco) 福建：南靖（41507），武夷山（41508，41509）。

鞘蕊花属 *Coleus* sp. 贵州：梵净山 (S.Y. Cheo no. 548 模式，PUR)。

分布：中国南部。

此菌与寄生在唇形科 Labiatae 植物上的其他鞘锈菌属的种的区别在于其夏孢子和冬孢子都较小；冬孢子的顶部胶质层薄，有的几乎没有胶质层 (Cummins 1950)。原描述胶质层厚度仅为 2.5～8 μm，但福建的标本可达 18 μm。此菌仅知生于鞘蕊花属 *Coleus* 植物。

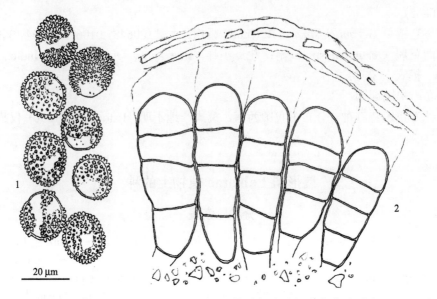

图 83　周氏鞘锈菌 *Coleosporium cheoanum* Cummins 的夏孢子（1）和冬孢子（2）(S.Y. Cheo no. 548, PUR)

糙苏鞘锈菌　图 84

Coleosporium phlomidis Z.M. Cao & Z.Q. Li, Mycosystema 19: 16, 2000; Zhuang & Wei in W.Y. Zhuang (ed.), Fungi of Northwestern China (Ithaca, New York: Mycotaxon Ltd.), p. 239, 2005.

夏孢子堆生于叶下面，散生，圆形，直径 0.2～0.5 mm，粉状，新鲜时橙黄色或黄色；夏孢子角球形、卵形或矩圆形，20～33×15～20 (～25) μm，壁厚约 1 μm，无色或淡黄色，表面密生粗疣，疣高 1～2 μm，有时部分区域无疣呈不规则光滑斑，芽孔不清楚。

冬孢子堆生于叶下面，散生，圆形，直径 0.2～0.5 mm，新鲜时橙黄色，垫状；冬孢子圆柱形或近棍棒形，38～80×15～23 μm，壁厚不及 1 μm，无色，顶部胶质层厚 12～25 μm。

II, III

糙苏 *Phlomis umbrosa* Turcz. 陕西：宁陕 (HMNWFC-GR0191，模式 typus，西北农林科技大学；HMAS 76121，等模式 isotypus)。

分布：中国。

本种至今仅见于模式产地(曹支敏和李振岐 1999；曹支敏等 2000)。它与香茶菜鞘

锈菌 *Coleosporium plectranthi* Barclay 几无区别；鉴于糙苏属 *Phlomis* 植物上过去从未有过鞘锈菌寄生的报道，且冬孢子较狭瘦，顶部胶质层较薄，本种在此暂予保留。其分布范围及与香茶菜鞘锈菌的关系有待采集更多标本进一步查证。

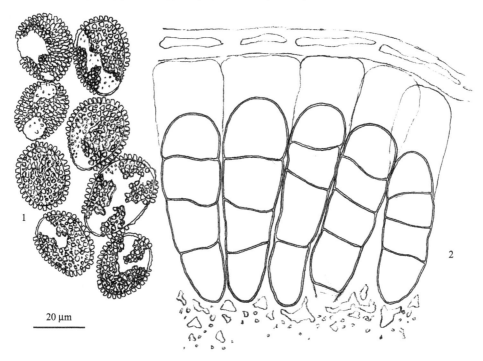

图 84　糙苏鞘锈菌 *Coleosporium phlomidis* Z.M. Cao & Z.Q. Li 的夏孢子（1）和冬孢子（2）(HMAS 76121)

香茶菜鞘锈菌　图 85

Coleosporium plectranthi Barclay, J. Asiat. Soc. Bengal, Pt. 2, Nat. Hist. 59: 89, 1890; Miura, Flora of Manchuria and East Mongolia 3: 220, 1928; Hiratsuka, Trans, Sapporo Nat. Hist. Soc. 16: 197, 1941; Tai, Farlowia 3: 99, 1947; Wang, Contr. Inst. Bot. Natl. Acad. Peiping 6: 223, 1949; Cummins, Mycologia 42: 788, 1950; Wang, Index Uredinearum Sinensium (Beijing, China: Academia Sinica), p. 18, 1951; Jørstad, Ark. Bot. Ser. 2, 4: 355, 1959; Tai, Sylloge Fungorum Sinicorum (Beijing, China: Science Press), p. 416, 1979; Zhuang, Acta Mycol. Sin. 2: 148, 1983; Zhuang, Acta Mycol. Sin. 5: 79, 1986; Guo in anon. (ed.), Fungi and Lichens of Shennongjia (Beijing, China: World Publishing Corp.), p. 111, 1989; Zhuang & Wei, Mycosystema 7: 42, 1994; Zang, Li & Xi, Fungi of Hengduan Mountains (Beijing, China: Science Press), p. 89, 1996; Wei & Zhuang in Mao & Zhuang (eds.), Fungi of the Qinling Mountains (Beijing, China: Chinese Publ. House Agric. Sci. & Techn.), p. 31, 1997; Zhang, Zhuang & Wei, Mycotaxon 61: 58, 1997; Zhuang & Wei, Mycotaxon 72: 378, 1999; Cao, Li & Zhuang, Mycosystema 19: 17, 2000; Zhuang & Wei in W.Y. Zhuang (ed.), Higher Fungi of Tropical China (Ithaca, New York: Mycotaxon Ltd.), p. 355, 2001; Zhuang & Wei in

W.Y. Zhuang (ed.), Fungi of Northwestern China (Ithaca, New York: Mycotaxon Ltd.), p. 239, 2005; Xu, Zhao & Zhuang, Mycosystema 32 (Suppl.) : 172, 2013.

Coleosporium perillae Dietel & P. Sydow, Hedwigia 38: 141, 1899; Miura, Flora of Manchuria and East Mongolia 3: 220, 1928; Sawada, Descriptive Catalogue of the Formosan Fungi IV, p. 76, 1928; Hiratsuka & Hashioka, Trans. Tottori Soc. Agric. Sci. 4: 163, 1933; Teng & Ou, Sinensia 8: 229, 1937; Tai, Sci. Rep. Natl. Tsing Hua Univ., Ser. B, Biol. Sci. 2: 312, 1936～1937; Teng, A Contribution to Our Knowledge of the Higher Fungi of China (China: Natl. Inst. Zool. & Bot., Academia Sinica), p. 226, 1939; Hiratsuka, Trans, Sapporo Nat. Hist. Soc. 16: 197, 1941; Hiratsuka, J. Jap. Bot. 18: 566, 1942; Hiratsuka, Mem. Tottori Agric. Coll. 7: 21, 1943; Tai, Farlowia 3: 100, 1947; Cummins. Mycologia 42: 788. 1950; Wang, Index Uredinearum Sinensium (Beijing, China: Academia Sinica), p. 17, 1951; Sawada, Descriptive Catalogue of Taiwan (Formosan) Fungi XI, p. 83, 1959; Teng, Fungi of China (Beijing, China: Science Press), p. 316, 1963; Tai, Sylloge Fungorum Sinicorum (Beijing, China: Science Press), p. 414, 1979; Wang & Zang (eds.), Fungi of Xizang (Tibet) (Beijing, China: Science Press), p. 37, 1983; Zhuang, Acta Mycol. Sin. 2: 148, 1983; Zang, Li & Xi, Fungi of Hengduan Mountains (Beijing, China: Science Press), p. 88, 1996; Zhang, Zhuang & Wei, Mycotaxon 61: 57, 1997.

Coleosporium perillae Komarov in Jaczewski, Komarov & Tranzschel, Fungi Rossiae Exsiccati no. 273, 1899; Komarov, Hedwigia 39: 125, 1900.

　　夏孢子堆生于叶下面，散生或环状聚生，圆形，直径 0.2～1 mm，粉状，新鲜时黄色；夏孢子近球形、椭圆形或长椭圆形，15～28(～33) ×12～20(～25) μm，壁厚约 1 μm，无色，新鲜时内容物黄色，表面密布无定形粗疣，疣高 1～2 μm，常互相连合成短脊状或网状，有时部分区域无疣呈不规则光滑斑，芽孔不清楚。

　　冬孢子堆生于叶下面，散生或环状聚生，圆形，直径 0.2～1 mm，新鲜时橙红色或橙黄色，垫状；冬孢子圆柱形或略呈长椭圆形，50～80×15～30 μm，壁厚不及 1 μm，无色，顶部胶质层厚 8～30 μm。

　　II, III

　　藿香 *Agastache rugosa* (Fisch. & C.A. Mey.) Kuntze　福建：武夷山 (41520)。

　　紫花香薷 *Elsholtzia argyi* H. Lév. 湖南：桑植 (140457)；四川：米亚罗 (56059)。

　　香薷 *Elsholtzia ciliate* (Thunb. ex Murray) Hyl. [= *Elsholtzia patrini* (Lepech.) Garcke] 福建：武夷山 (41534)；江西：武功山 (35039, 35041)；湖北：巴东 (34963)，利川 (247610)，神农架 (57257, 57262, 57287, 57288)；湖南：龙山 (34964)；重庆：城口 (34960)，大巴山 (34965, 35032)，石柱 (247569, 247589, 247603, 247609)，武隆 (247492, 247500, 247501)，巫山 (34961)；四川：都江堰 (247437, 247446, 247447)，峨眉山 (25360, 34967, 34970, 34980)，二郎山 (34962)，九寨沟 (76339)，卧龙 (64231, 64232, 64233)；云南：保山 (34979, 35015, 35016)，大理 (34974, 34981, 55633)，独龙江 (240568)，福贡 (240564)，昆明 (00461)，马关 (34969, 34977, 34978)，维西 (34982)，西畴 (34976,

35008），漾濞(240353，240357，240360)，玉龙雪山(34973)；陕西：留坝(74343，74344，74405，74406，74407)，平利(71265)，太白山(01237)，镇坪(71264，71266)。

野香薷(吉龙草) *Elsholtzia communis* (Collett & Hemsl.) Diels 四川：卧龙(44519)。

野草香 *Elsholtzia cypriani* (Pavol.) S. Chow ex P.S. Hsu 湖北：来凤(34971)；湖南：龙山(34959)；四川：木里(243041，243047，243054)，彭州(56855)，青城山(77765)，盐源(243109，243115)；云南：福贡(240562，240563)，马关(82176)；陕西：洋县(74342)，镇巴(56380)。

鸡骨柴 *Elsholtzia fruticosa* (D. Don) Rehder 四川：冕宁(241865，241866)，木里(64235，64237)，青川(64236)；云南：保山(34975)，丽江(34984)，泸水(240800)，玉龙雪山(34958，56820)；西藏：波密(46751，46757)，岗日嘎布山(46756)，加拉白垒峰东北坡(46752，46753，46754)，林芝(46752，46753，46754，247388，247389，247410)，墨脱(46756)，易贡(46755)；陕西：佛坪(74341)。

光香薷 *Elsholtzia glabra* C.Y. Wu & S.C. Huang 云南：河口(81279)，麻栗坡(81280，81281)。

水香薷 *Elsholtzia kachinensis* Prain 云南：大理(34972)。

黄白香薷 *Elsholtzia ochroleuca* Dunn 云南：大理(00563)。

长毛香薷 *Elsholtzia pilosa*(Benth.) Benth. 广西：隆林(22154)。

皱叶香薷(野拔子) *Elsholtzia rugulosa* Hemsl. 四川：峨眉山(64238)，越西(241868，241877，242199)，昭觉(240369)；云南：大理(06919)，兰坪(245961)。

穗状香薷 *Elsholtzia stachyodes* (Link) C.Y. Wu 安徽：黄山(43128)；四川：峨眉山(35011)；西藏：察隅(247382，247383)；陕西：佛坪(74340)，南郑(56394)。

香薷属 *Elsholtzia* sp. 新疆：塔城(34968)。

日本活血丹 *Glechoma grandis* (A. Gray) Kuprian. 陕西：宁陕(HMNWFC-CR 0002西北农林科技大学)，太白山(HMNWFC-CR 0043)。

活血丹 *Glechoma longituba* (Nakai) Kuprian. 陕西：佛坪(82721)，留坝(82719，82720，82722)。

香茶菜 *Isodon amethystoides* (Benth.) H. Hara [≡ *Rabdosia amethystoides*(Benth.) H. Hara ≡ *Plectranthus amethystoides* Benth.] 福建：南靖(35045)，武夷山(41536)。

苍山香茶菜 *Isodon bulleyanus* (Diels) Kudo [≡ *Rabdosia bulleyana*(Diels) H. Hara ≡ *Plectrantus bulleyanus* Diels] 云南：大理(00561，00565)。

木里香茶菜 *Isodon muliensis* (W. Smith) Kudo [≡ *Rabdosia chionantha* C.Y. Wu] 四川：木里(64584，64585，64586)。

细锥香茶菜 *Isodon coetsa*(Buch.-Ham. ex D. Don) Kudo [≡ *Rabdosia coetsa* (Buch.-Ham. ex D. Don) H. Hara ≡ *Plectranthus coetsa* Buch-Ham. ex D. Don] 四川：峨眉山(35025)；云南：大理(00345，00559)，贡山(孔目 240263，240727)；西藏：吉隆(65797，65801，65802)，聂拉木(65798，65800)。

紫毛香茶菜 *Isodon enanderianus* (Hand.-Mazz.) H.W. Li [≡ *Rabdosia enanderiana* (Hand.-Mazz.) H. Hara ≡ *Plectrantus enenderianus* Hand.-Mazz.] 云南：保山(35040)，文山(35020)。

毛萼香茶菜 *Isodon eriocalyx* (Dunn) Kudo [≡ *Rabdosia eriocalyx* (Dunn) H. Hara ≡ *Plectranthus eriocalyx* Dunn] 四川：峨眉山（35034，64239），卧龙（44385）；云南：保山（35048），凤庆（240352），贡山（240270），昆明（04081，04082），玉龙雪山（56219）。

尾叶香茶菜 *Isodon excisus* (Maxim.) Kudo [≡ *Rabdosia excise* (Maxim.) H. Hara ≡ *Plectranthus excisus* Maxim.] 吉林：蛟河（67492，67493，77773），龙井（89259）。

拟缺香茶菜 *Isodon excisoides* (Y.Z. Sun ex C.H. Hu) H. Hara [≡ *Rabdosia excisoides* (Y.Z. Sun ex C.H. Hu) C.Y. Wu & H.W. Li ≡ *Plectranthus excisoides* Y.Z. Sun ex C.H. Hu] 湖北：神农架（57258）；重庆：巫溪（71261，71263）；陕西：平利（71262）。

扇脉香茶菜 *Isodon flabelliformis* (C.Y. Wu) H. Hara(≡ *Rabdosia flabelliformis* C.Y. Wu) 云南：麻栗坡（81287）。

鄂西香茶菜 *Isodon henryi* (Hemsl.) Kudo [≡ *Rabdosia henryi* (Hemsl.) H. Hara ≡ *Plectranthus henryi* Hemsl.] 四川：峨眉山（64575），木里（64583）。

刚毛香茶菜 *Isodon hispidus* (Benth.) Murata [≡ *Rabdosia hispida* (Benth.) H. Hara ≡ *Plectranthus hispidus* Benth.] 云南：保山（64582）；西藏：加拉白垒峰东北坡（46759，46760）。

内折香茶菜 *Isodon inflexus* (Thunb.) Kudo [≡ *Rabdosia inflexa* (Thunb.) H. Hara ≡ *Plectranthus inflexus*(Thunb.) Vahl ex Benth.] 湖南：龙山（35026，35027，35036）。

毛叶香茶菜 *Isodon japonicas* (Burm. f.) H. Hara [≡ *Rabdosia japonica* (Burm. f.) H. Hara ≡ *Plectranthus japonicus* Burm. f.] 四川：理县（35047）；陕西：佛坪（74337），南五台（01236）；甘肃：文县（76335）。

白萼毛叶香茶菜 *Isodon japonicus* var. *glaucocalyx* (Maxim.) H. Hara [≡ *Rabdosia japonica* var. *glaucocalyx* (Maxim.) H. Hara ≡ *Plectranthus glaucocalyx* Maxim.] 吉林：龙井（89257，89258，241958，241961）；黑龙江：阿城（67496，67497，67498，67499，67500）；江苏：浦口（老山 11094，14225）；安徽：九华山（14226）；山东：烟台（79152，79171）；陕西：洋县（01235）。

宽花香茶菜 *Isodon latiflorus* (C.Y. Wu & H.W. Li) H. Hara [≡ *Rabdosia latiflora* C.Y. Wu & H.W. Li] 西藏：吉隆（65793，65794）。

线纹香茶菜 *Isodon lophanthoides* (Buch.-Ham. ex D. Don) H. Hara [≡ *Rabdosia lophanthoides* (Buch.-Ham. ex D. Don) H. Hara ≡ *Plectranthus lophanthoides* Buch.-Ham. ex D. Don] 云南：贡山（240267，240268，240273，240275），昆明（50157），马关（55761）；西藏：聂拉木（65795，65796）。

狭基线纹香茶菜 *Isodon lophanthoides* var. *gerardianus* (Benth.) H. Hara [≡ *Rabdosia lophanthoides* var. *gerardiana* (Benth.) H. Hara ≡ *Plectranthus gerardianus* Benth.] 湖南：宜章（92963，92964）；云南：西畴（80750）。

弯锥香茶菜 *Isodon loxothyrsus* (Hand.-Mazz.) H. Hara [≡ *Rabdosia loxothyrsa* (Hand.-Mazz.) H. Hara ≡ *Plectranthus loxothyrsus* Hend.-Mazz.] 云南：丽江（56079）；西藏：墨脱（46769）。

显脉香茶菜 *Isodon nervosus* (Hemsl.) Kudo [≡ *Rabdosia nervosa* (Hemsl.) C.Y. Wu & H.W. Li ≡ *Plectrantus nervosus* Hemsl.] 福建：武夷山（41535，41538）；四川：成都

（03541）。

柄叶香茶菜 *Isodon phyllopodus* (Diels) Kudo [≡ *Rabdosia phyllopoda* (Diels) H. Hara ≡ *Plectrantus phyllopodus* Diels] 云南：大理（00347，00560，00566），昆明（00555，00556）。

叶穗香茶菜 *Isodon phyllostachys* (Diels) Kudo [≡ *Rabdosia phyllostachys* (Diels) H. Hara ≡ *Plectrantus phyllostachys* Diels] 四川：木里（64578）；云南：玉龙雪山（64579，64580，64581）。

总序香茶菜 *Isodon racemosus* (Hemsl.) H. W. Li [≡ *Rabdosia racemosa* (Hemsl.) H. Hara ≡ *Plectrantus racemosus* Hemsl.] 江西：星子（S.Y. Cheo no. 898, MICH）。

缨花香茶菜 *Isodon rosthornii* (Diels) Kudo [≡ *Rabdosia rosthornii* (Diels) H. Hara ≡ *Plectranthus rosthornii* Diels] 四川：青川（77679）。

碎米桠 *Isodon rubescens* (Hemsl.) H. Hara [≡ *Rabdosia rubescens* (Hemsl.) H. Hara ≡ *Plectranthus rubescens* Hemsl.] 福建：南靖（35021，35023，35024，35042，35043）；江西：井冈山（172255，172256）；四川：都江堰（247438，247439）；贵州：绥阳（246183，246200）。

黄花香茶菜 *Isodon sculponeatus* (Vaniot) Kudo [≡ *Rabdosia sculponeata* (Vaniot) H. Hara ≡ *Plectranthus sculponeatus* Vaniot] 四川：木里（77800）；贵州：册亨（35001，35002，35049）；云南：保山（34993），宾川（199429，199435），大理（00562，35031，35050），昆明（00462，00544），文山（00346，00348）。

锯叶香茶菜（溪黄草）*Isodon serrus* (Maxim.) Kudo [≡ *Rabdosia serra* (Maxim.) H. Hara ≡ *Plectranthus serra* Maxim.] 吉林：延吉（41537）；四川：平武（64577），青城山（60079）。

四川香茶菜 *Isodon setschwanensis* (Hand.-Mazz.) H. Hara [≡ *Rabdosia setschwanensis* (Hand.-Mazz.) H. Hara ≡ *Plectranthus setschwanensis* Hand.-Mazz.] 四川：峨眉山（56221），木里（82296，82297）。

长叶香茶菜 *Isodon stracheyi* (Benth.) Kudo [≡ *Rabdosia stracheyi* (Benth.) H. Hara ≡ *Plectranthus stracheyi* Benth.] 福建：南靖（35017）。

维西香茶菜 *Isodon weisiensis* (C.Y. Wu) H. Hara [≡ *Rabdosia weisiensis* C.Y. Wu] 云南：贡山（孔目 240262，240570，240728），腾冲（240333）；西藏：岗日嘎布山（46758），林芝（46762，46763），墨脱（46765，46767，46771，247312，247313）。

云南香茶菜 *Isodon yunnanensis* (Hand.-Mazz.) H. Hara [≡ *Rabdosia yunnanensis* (Hand.-Mazz.) H. Hara ≡ *Plectranthus yunnanensis* Hand.-Mazz.] 云南：绿春（81288）。

香茶菜属 *Isodon* sp. 四川：米亚罗（55764，56032）；西藏：墨脱（46761，46764，46766，46768，46770）。

香薷状香简草 *Keiskea elsholtzioides* Merr. 福建：武夷山（41522）。

石香薷 *Mosla chinensis* Maxim. 安徽：青阳（S.Y. Cheo no. 1111, PUR）。

小花荠苧 *Mosla cavaleriei* H. Lév. 江西：井冈山（76336，82706，82707，82708）；湖南：宁远（92966），张家界（140454）；广东：信宜（81285）；贵州：雷山（245307）；云南：屏边（81282，81284）。

小鱼仙草 *Mosla dianthera* (Buch.-Ham. ex Roxb.) Maxim. [= *M. lanceolata* Maxim.]

福建：建阳（41529，56824），浦城（56844，56859），清流（55488），武夷山（41521，41530）；台湾：台北（00913，04969，04971）；湖北：神农架（57261）；湖南：龙山（35028，35029，35030，35033），张家界（64457）；海南：五指山（240212，240214）；广西：凭祥（34986）；重庆：城口（35037，35044），大巴山（35018）；四川：峨眉山（34987，64451，64452，64453），青城山（77760）；云南：保山（34966），屏边（81283）；陕西：南郑（74345），镇巴（56405）。

小斑石荠苧 *Mosla punctulata* (C.F. Gmel.) Nakai　福建：武夷山（41530）。

石荠苧 *Mosla scabra* (Thunb.) C.Y. Wu & H.W. Li　江西：武功山（35038）；湖北：巴东（35019）；湖南：衡山（92965）。

紫苏 *Perilla frutescens* (L.) Britton　吉林：安图（56178），长春（77757），蛟河(Jacz., Kom. & Tranzschel, Fung. Ross. Exsic. no. 273 = LE 43858)；浙江：杭州（11121，14227，77759），天目山（35000，55557，55569，55570，55571）；安徽：黄山（89333，89418），青阳(S.Y. Cheo no. 1111, MICH)；福建：建阳（34996，41524，41527），南靖（35003，35004，41526，56208），宁化（34995），武夷山（41523，41525），永泰（55981）；台湾：台北（05241）；江西：井冈山（82710，82711，82712），九江（82709），庐山（14228，33352，56212），武功山（17615），星子(S.Y. Cheo no. 896, MICH)；湖北：恩施（133693，134044），神农架（57246，57247，57248，57251），武汉（91052，134045，134088）；湖南：衡山（172018），龙山（34989，34991，34994，35005，35014），宁远（92955，94737），桑植（92954），张家界（64455，64456，92953）；广东：封开（81286）；重庆：城口（34988，34999），大巴山（34990）；四川：成都（02861），都江堰（35013，247453，247454），峨眉山（35010，55982，56087，67494，67495），青城山（56248）；贵州：册亨（35006），

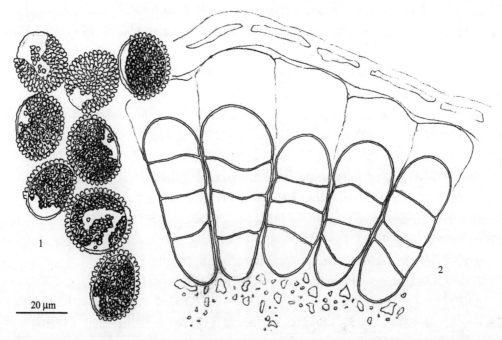

图 85　香茶菜鞘锈菌 *Coleosporium plectranthi* Barclay 的夏孢子（1）和冬孢子（2）(HMAS 80750)

雷山（245314），荔波（245323，246134，246140，246144），绥阳（246171，246192）；云南：泸水（片马 64454），屏边（140440）；陕西：留坝（74339，74346），南郑（74338）；甘肃：成县（76337），文县（76338）。

回回苏 Perilla frutescens (L.) Britton var. crispa (Thunb.) Decne. [= Perilla nankinensis Decne.] 浙江：杭州（02584）；福建：浦城（41528）；台湾：台北（04970）；四川：成都（03540，11120）。

分布：印度喜马拉雅地区；亚洲东部；菲律宾群岛。

本种寄主广泛，极为常见，分布几遍全国，西南为盛。Kaneko (1981) 通过接种试验证实此菌可在赤松 Pinus densiflora Siebold & Zucc.和琉球松 Pinus luchuensis Mayr 针叶上产生性孢子器和春孢子器。据 Hiratsuka 等 (1992) 描述，春孢子器包被细胞椭圆形，27～45×17～35 μm；春孢子近球形或椭圆形，18～28×14～20 μm。

兰科 Orchidaceae 植物上的种

竹叶兰鞘锈菌　图 86

Coleosporium arundinae P. Sydow & H. Sydow, Ann. Mycol. 12: 110, 1914; Fujikuro, Trans. Nat. Hist. Soc. Formosa 19: 8, 1914; Sydow & Sydow, Ann. Mycol. 12: 110, 1914; Sydow & Sydow, Monographia Uredinearum 3: 654, 1915; Sawada, Descriptive Catalogue of the Formosan Fungi I, p. 381, 1919; Hiratsuka & Hashioka, Bot. Mag. Tokyo 48: 239, 1934; Tai, Farlowia 3: 98, 1947; Wang, Index Uredinearum Sinensium (Beijing, China: Academia Sinica), p. 12, 1951; Tai, Sylloge Fungorum Sinicorum (Beijing, China: Science Press), p. 408, 1979; Zhuang, Acta Mycol. Sin. 5: 79, 1986; Zang, Li & Xi, Fungi of Hengduan Mountains (Beijing, China: Science Press), p. 86, 1996; Zhuang & Wei in W.Y. Zhuang (ed.), Higher Fungi of Tropical China (Ithaca, New York: Mycotaxon Ltd.), p. 354, 2001.

夏孢子堆生于叶下面，散生或线状排列，圆形或条形，长 0.2～1 mm，长期埋生于寄主表皮下或晚期裸出，新鲜时橙黄色；夏孢子近球形或椭圆形，25～38(～42) × (13～)15～25 μm，壁厚约 1 μm，无色，表面密布粗疣，疣 1.5～2 μm 高，芽孔不清楚。

冬孢子堆生于叶下面，散生，圆形，直径 0.2～1 mm，新鲜时橙红色或橙黄色，垫状；冬孢子近棍棒形或长椭圆形，38～80×18～28 μm，偶见有纵隔膜，壁厚不及 1 μm，无色，基部有时可见柄状不孕细胞，顶部胶质层厚 12～20 μm。

II, III

竹叶兰 Arundina graminifolia (D. Don) Hochr. (= Arundina chinensis Blume) 台湾：台北 (16 XI 1908, Y. Fujikuro no. 1 模式，未见；5 VIII 1933, T. Ito, HMAS 04959)；西藏：墨脱（46944）。

苞舌兰 Spathoglottis pubescens Lindl. 云南：大理（01059，01060，01062，11096，11097）。

分布：中国南部，印度尼西亚。

Sydow 和 Sydow (1914) 描述的夏孢子较小，20～29×18～24 μm；Kaneko (1981) 根据保藏在平塚标本馆 (HH) 的等模式标本描述的夏孢子为 24～38×16～26 μm。本种可能与 *Coleosporium bletiae* Dietel 同物，由于其夏孢子较大，我们按惯例将两者分开。戴芳澜（1947）将云南大理苞舌兰 *Spathoglottis pubescens* Lindl.上的菌也鉴定为本种（其夏孢子长可达 40 μm），我们予以支持。本种已知寄主尚有 *Arundina speciosa* Blume，为 Raciborski (1900) 早先在印度尼西亚报道，因未见冬孢子，他将此菌命名为 *Caeoma arundinae* Racib.。

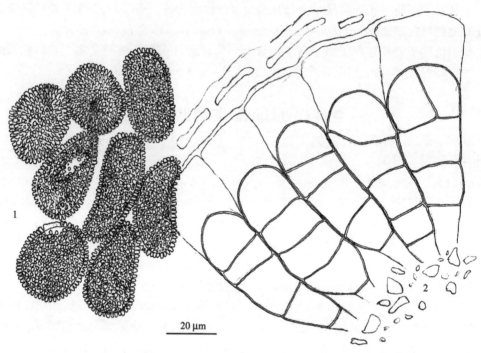

20 μm

图 86　竹叶兰鞘锈菌 *Coleosporium arundinae* P. Syd. & H. Syd. 的夏孢子（1）和冬孢子（2）(HMAS 04959)

白及鞘锈菌　图 87

Coleosporium bletiae Dietel, Hedwigia 37: 216, 1898; Hiratsuka & Hashioka, Bot. Mag. Tokyo 49: 523, 1935; Tai, Sci. Rep. Natl. Tsing Hua Univ., Ser. B, Biol. Sci. 2: 310, 1936～1937; Hiratsuka & Hashioka, Bot. Mag. Tokyo 51: 41, 1937; Wei & Hwang, Nanking J. 9:346, 1941; Sawada, Descriptive Catalogue of the Formosan Fungi VII, p. 61, 1942; Tai, Farlowia 3: 98, 1947; Cummins, Mycologia 42: 790, 1950; Wang, Index Uredinearum Sinensium (Beijing, China: Academia Sinica), p. 13, 1951; Tai, Sylloge Fungorum Sinicorum (Beijing, China: Science Press), p. 409, 1979; Zhuang, Acta Mycol. Sin. 5: 79, 1986; Zhuang & Wei, Mycosystema 7: 41, 1994.

Coleosporium liparidis Sawada, Descriptive Catalogue of the Formosan Fungi IX, p. 42, 1943.

夏孢子堆生于叶下面，散生，圆形，直径 0.2～0.5 mm，裸露，粉状，新鲜时橙黄色；夏孢子椭圆形、倒卵形或近球形，20～30×15～20(～23) μm，壁厚约 1 μm，无色，表面密布细疣，疣高 1.5～2 μm，芽孔不清楚。

冬孢子堆生于叶下面，散生，圆形，直径 0.2～0.5 mm，有时环绕夏孢子堆，新鲜时橙黄色或淡黄色，垫状；冬孢子圆柱形或棍棒形，45～85(～100) ×15～25 μm，壁厚不及 1 μm，无色，新鲜时橙黄色，顶部胶质层厚 12～22 μm，基部有时可见柄状不孕细胞。

II, III

滇蜀无柱兰 *Amitostigma tetralobum* (Finet) Schltr. 云南：玉龙雪山（71362，71364）。

筒瓣兰 *Anthogonium gracile* Lindl. 西藏：加拉白垒峰东北坡（46945）。

筒瓣兰属 *Anthogonium* sp. 贵州：遵义 (S.Y. Cheo no. 241, MICH)。

白及 *Bletilla striata* (Thunb. ex A. Murray) Rchb.f. [= *Bletia hyacinthina* (Sm.) Aiton = *Bletia hyacinthina* (Sm.) R. Br.] 江西：庐山（11092，14233，14235）；贵州：梵净山（14234）。

石斛属 *Dendrobium* sp. 云南：保山（240304，240319）。

西南手参 *Gymnandenia orchidis* Lindl. 云南：玉龙雪山（71361）。

大花玉凤花 *Habenaria intermedia* D. Don 西藏：吉隆（67890）。

篦状玉凤花 *Habenaria pectinata* (Sm.) D. Don 云南：大理（01061）。

玉凤花属 *Habenaria* sp. 西藏：波密（246842）。

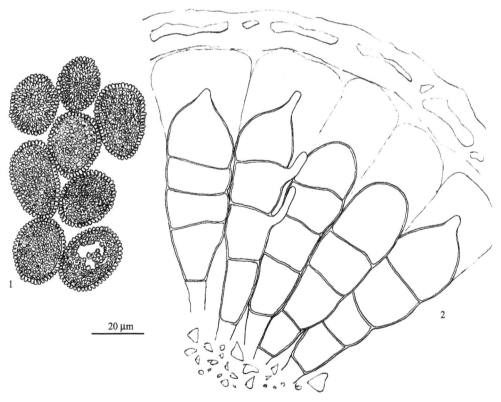

20 μm

图 87　白及鞘锈菌 *Coleosporium bletiae* Dietel 的夏孢子（1）和冬孢子（2）(HMAS 246842)

川滇角盘兰 *Herminium souliei* Schltr. 四川：木里(71363)。

分布：日本，中国南部，菲律宾，印度，尼泊尔。

Kaneko (1978) 通过接种试验证实本种可在赤松 *Pinus densiflora* Siebold & Zucc.、琉球松 *P. luchuensis* Mayr、海岸松 *P. pinaster* Aiton、辐射松 *P. radiata* D. Don 和黑松 *P. thunbergii* Parl.针叶上产生性孢子器和春孢子器。据 Kaneko (1981) 描述，性孢子器矮锥形，长 0.5～1 mm，宽 0.3～0.5 mm，高 100～150 μm；春孢子器侧面扁平，长 0.4～2 mm，高 0.3～2.5 mm，包被细胞为椭圆形，24～50×20～37 μm；春孢子椭圆形，22～34×14～20 μm。

白及 *Bletilla striata* (Thunb. ex A. Murray) Rchb. f.为模式寄主 (Dietel 1898)。本种尚可侵染虾脊兰属 *Calanthe*、围柱兰属 *Hormidium* (= *Encyclia*)、羊耳蒜属 *Liparis*、山兰属 *Oreorchis*、鹤顶兰属 *Phaius*、鸟足兰属 *Satyrium* 等兰科植物 (Sawada 1943; Hiratsuka 1944; Henderson 1969; Dewan and Kar 1974; Kaneko 1981)。

松科 Pinaceae 植物上的种

偃松鞘锈菌　图 88

Coleosporium pini-pumilae Azbukina, Novosti Sistematiki Nizshikh Rastenii, p. 146, 1968; Xue (ed.), Rust Fungi and Rust Diseases in Forest Regions of Northeastern China (Harbin, China: Publ. House of Northeast Forestry Univ..), p. 68, 1995.

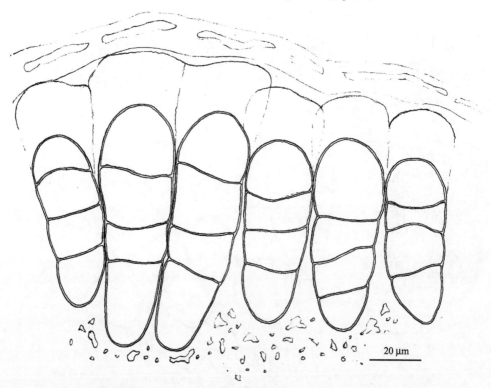

20 μm

图 88　偃松鞘锈菌 *Coleosporium pini-pumilae* Azbukina 的冬孢子 (HMAS 65813)

冬孢子堆生于叶两面表皮下，散生，成熟时突破表皮，长 0.5～4 mm，宽 0.2～0.5 mm，高 0.2～1 mm，新鲜时橙红色，垫状；冬孢子圆柱形、长椭圆形或近棍棒形，50～120×20～43 μm，壁厚 1～2 μm，无色，顶部胶质层厚 4～20(～30) μm。

III

偃松 *Pinus pumila* (Pall.) Regel 黑龙江：大兴安岭(65813)。

分布：俄罗斯远东地区，日本，中国东北。

本种目前仅知生于偃松 *Pinus pumila* (Pall.) Regel，为一短循环 (microcyclic) 种 (Azbukina 1968)；在我国仅薛煜(1995)在大兴安岭报道过一次。Kaneko (1981) 称 Durrieu (1977) 描述的产于尼泊尔'*Pinus excelsa* Lam.'上的 *Coleosporium himalayense* Durrieu 与本种近似。我们未能研究 *C. himalayense* 的模式。由于 *Pinus excelsa* Lam.实为欧洲云杉 *Picea abies* (L.) H. Karst.的同物异名，且 Durrieu (1977) 描述的冬孢子为单胞串生，顶壁无胶质层，我们怀疑'*C. himalayense*'是金锈菌属 *Chrysomyxa* 之一种。

毛茛科 Ranunculaceae 植物上的种

分种检索表

1. 夏孢子较小，17～25 (～30) ×12～23 μm；冬孢子 40～100×15～25 μm，顶部胶质层厚 8～23 μm；生于 *Clematis* ·················· 女萎鞘锈菌 *C. clematidis-apiifoliae*
1. 夏孢子较大，长可超过 30 μm 或达 40 μm ·················· 2
  2. 夏孢子 20～33×15～23 μm；冬孢子 40～90×20～30 μm，顶部胶质层厚 12～25 μm；生于 *Aconitum* ·················· 乌头鞘锈菌 *C. aconiti*
  2. 夏孢子长可达 40 μm 或过之，不生于 *Aconitum* ·················· 3
3. 夏孢子 18～50×15～23 μm；冬孢子 60～100×15～28 μm，顶部胶质层厚 10～25 μm；生于 *Pulsatilla* ·················· 白头翁鞘锈菌 *C. pulsatillae*
3. 夏孢子长极少达 40 μm，不生于 *Pulsatilla* ·················· 4
  4. 夏孢子 18～40×12～25 μm；冬孢子 50～100×18～28 μm，顶部胶质层厚 12～30 μm；生于 *Actaea* 和 *Cimicifuga* ·················· 升麻鞘锈菌 *C. cimicifugatum*
  4. 夏孢子 18～40×13～25 μm；冬孢子 40～125×15～30 μm，顶部胶质层厚 8～25 μm 或更厚；生于 *Clematis* ·················· 铁线莲鞘锈菌 *C. clematidis*

乌头鞘锈菌　图 89

Coleosporium aconiti Thümen, Mycoth. Univ. no. 1440, 1879; Thümen, Bull. Soc. Imp. Naturalistes Moscou 55: 85, 1880; Tai, Farlowia 3: 98, 1947; Wang, Index Uredinearum Sinensium (Beijing, China: Academia Sinica), p. 12, 1951; Tai, Sylloge Fungorum Sinicorum (Beijing, China: Science Press), p. 408, 1979; Zhuang & Wei in W.Y. Zhuang (ed.), Fungi of Northwestern China (Ithaca, New York: Mycotaxon Ltd.), p. 237, 2005.

夏孢子堆生于叶下面，散生或聚生，圆形，直径 0.5～1 mm，新鲜时橙黄色，粉状，干时褪色，略坚实；夏孢子近球形、椭圆形或矩圆形，20～33×15～23 μm，壁厚约 1 μm，无色，表面密布无定形柱状粗疣，疣高 1.5～2.5 μm，芽孔不清楚。

冬孢子堆生于叶下面，聚生，圆形，直径 0.2～0.5 mm，常互相连合，垫状，新鲜时橙黄色或橙红色；冬孢子圆柱形或棱柱形，40～90×20～30 μm，壁厚不及 1 μm，无色，顶部胶质层厚 12～25 μm。

II, III

黄草乌 *Aconitum vilmorinianum* Kom. 云南：宾川（00618）。

高乌头 *Aconitum sinomontanum* Nakai 甘肃：舟曲（77771，77772）。

分布：俄罗斯西伯利亚，中国西部。

此菌分布于西西伯利亚至东西伯利亚，南达阿尔泰地区 (Kuprevich and Tranzschel 1957)，推测我国西部并非罕见，但以往所采标本很少，其在我国的分布有待进一步调查。

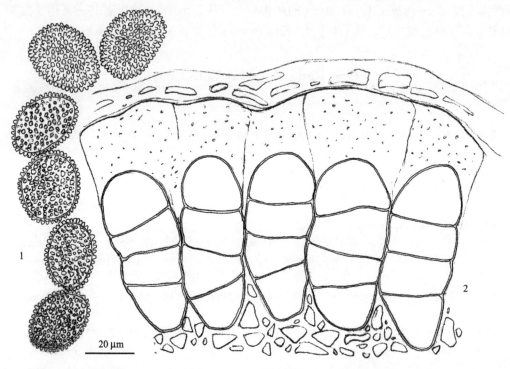

图 89 乌头鞘锈菌 *Coleosporium aconiti* Thüm.的夏孢子（1）和冬孢子（2）(HMAS 77771)

升麻鞘锈菌 图 90

Coleosporium cimicifugatum Komarov in Jaczewski, Komarov & Tranzschel, Fungi Rossiae Exsiccati no. 175, 1899; Liu et al., J. Inner Mongolia Univ. (Nat. Sci. Ed.) 48: 649, 2017.

Coleosporium cimicifugatum Thümen, Beiträge zur Pilzflora Siberiens 2: 222, 1878 (based on uredinia); Miura, Flora of Manchuria and East Mongolia 3: 214, 1928; Tai, Sci. Rep. Natl. Tsing Hua Univ., Ser. B, Biol. Sci. 2: 311, 1936-1937; Lin, Bull. Chin. Agric. Soc. 159: 32, 1937; Hiratsuka, Trans, Sapporo Nat. Hist. Soc. 16: 196, 1941; Hiratsuka, Trans, Sapporo Nat. Hist. Soc. 17: 77, 1942; Tai, Farlowia 3: 99, 1947; Wang, Contr. Inst. Bot. Natl. Acad. Peiping 6: 223, 1949; Wang, Index Uredinearum Sinensium

(Beijing, China: Academia Sinica), p. 14, 1951; Tai, Sylloge Fungorum Sinicorum (Beijing, China: Science Press), p. 410, 1979; Zhuang, Acta Mycol. Sin. 5: 79, 1986; Guo in anon. (ed.), Fungi and Lichens of Shennongjia (Beijing, China: World Publishing Corp.), p. 109, 1989; Zang, Li & Xi, Fungi of Hengduan Mountains (Beijing, China: Science Press), p. 87, 1996; Wei & Zhuang in Mao & Zhuang (eds.), Fungi of the Qinling Mountains (Beijing, China: Chinese Publ. House Agric. Sci. & Techn.), p. 30, 1997; Zhang, Zhuang & Wei, Mycotaxon 61: 55, 1997; Cao, Li & Zhuang, Mycosystema 19: 15, 2000; Zhuang & Wei, J. Jilin Agric. Univ. 24: 6, 2002; Zhuang & Wei in W.Y. Zhuang (ed.), Fungi of Northwestern China (Ithaca, New York: Mycotaxon Ltd.), p. 237, 2005; Azbukina & Zhuang in Li & Azbukina (eds.), Fungi of Ussuri River Valley (Beijing, China: Science Press), p. 295, 2011.

Coleosporium actaeae P. Karsten, Oefvers. Förh. Finska Vetensk.-Soc. 46: 6, 1904.

夏孢子堆生于叶下面，散生，圆形，直径 0.2～0.5 mm，粉状，新鲜时橙黄色；夏孢子近球形、倒卵形、椭圆形或长椭圆形，18～40×12～25 μm，壁厚约 1 μm，无色，表面疏生粗疣，疣较粗大，宽 1～3 μm，高 1～2.5 μm，有时互相连合成短脊状或网状，常部分区域无疣呈不规则斑块（光滑区 smooth area），芽孔不清楚。

冬孢子堆生于叶下面，散生，圆形，直径 0.2～0.5 mm，新鲜时橙黄色或橙红色，垫状；冬孢子圆柱形或略呈棍棒形，50～90(～100)×18～28 μm，壁厚不及 1 μm，无色，新鲜时内容物橙黄色，顶部胶质层厚 12～30 μm，基部有时可见柄状不孕细胞。

II, III

类叶升麻 *Actaea asiatica* Hara 黑龙江：抚远（93020，135956）。

兴安升麻 *Cimicifuga dahurica* (Turcz.) Maxim. 内蒙古：阿尔山（67636，67637，67638），鄂伦春自治旗（CFSZ 7504，7577 赤峰学院）；吉林：蛟河（74393），龙井（241922，241925，89534，231923，241921，241924），汪清（241938，241940）；黑龙江：带岭（41510），虎林（89535），绥芬河（241942，241943）。

升麻 *Cimicifuga foetida* L. 湖北：神农架（57293，57296，57297，57298，57301，57396）；重庆：大巴山（55584），巫溪（70909）；四川：卧龙（64085）；云南：鸡足山（00619），丽江（48415，48416），玉龙雪山（56143，64084）；西藏：波密（46722，46723，46724，46725）；陕西：平利（70910），太白山（00921，01268，22136）；甘肃：迭部（77768），舟曲（76308，77766，77767，77769，77770）；青海：循化（244510，244513）。

单穗升麻 *Cimicifuga simplex* (Wormsk. ex DC.) Turcz. 吉林：蛟河（67634，67635，74390，74391，74392），龙井（241956）；黑龙江：阿城（77763），带岭（163116），抚远（135957），牡丹江（93018，135965），饶河（135958，135960，135961，135963，135964）；湖北：神农架（57300）；重庆：巫溪（70911，71296，71297）。

分布：俄罗斯远东地区和西伯利亚，日本，中国。

Saho (1966b, 1966c, 1967) 通过接种试验证实此菌可在红松 *Pinus koraiensis* Siebold & Zucc.和北美乔松 *Pinus strobus* L.针叶上产生性孢子器和春孢子器。据 Kaneko (1981) 描述，性孢子器矮锥形，长 0.5～1.5 mm，宽 0.5～0.8 mm，高 75～130 μm；春孢子器

侧扁，长 0.5～1.5 mm，高 0.5～1 mm，包被细胞椭圆形或宽椭圆形，30～58×17～38 μm；春孢子近球形、宽椭圆形或倒卵形，18～26×16～22 μm。

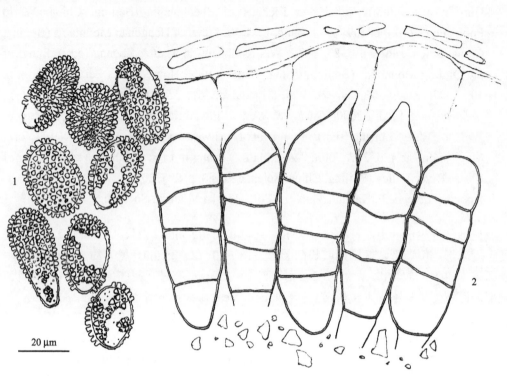

图 90　升麻鞘锈菌 *Coleosporium cimicifugatum* Kom. 的夏孢子（1）和冬孢子（2）(HMAS 135960)

铁线莲鞘锈菌　图 91

Coleosporium clematidis Barclay, J. Asiat. Soc. Bengal, Pt. 2, Nat. Hist. 59: 89, 1890; Sydow & Sydow, Ann. Mycol. 12: 110, 1914; Sawada, Descriptive Catalogue of the Formosan Fungi I, p. 382, 1919; Miura, Flora of Manchuria and East Mongolia 3: 214, 1928; Hiratsuka & Hashioka, Trans. Tottori Soc. Agric. Sci. 4: 164, 1933; Liou & Wang, Contr. Inst. Bot. Natl. Acad. Peiping 3: 403,434, 1935; Teng & Ou, Sinensia 8: 228, 1937; Teng, A Contribution to Our Knowledge of the Higher Fungi of China (China: Natl. Inst. Zool. & Bot., Academia Sinica), p. 224, 1939; Hiratsuka, Trans, Sapporo Nat. Hist. Soc. 16: 196, 1941; Hiratsuka, J. Jap. Bot. 18: 565, 1942; Hiratsuka, Trans, Sapporo Nat. Hist. Soc. 17: 77, 1942; Sawada, Descriptive Catalogue of the Formosan Fungi IX, p. 108, 1943; Tai, Farlowia 3: 99, 1947; Wang, Contr. Inst. Bot. Natl. Acad. Peiping 6: 223, 1949; Cummins, Mycologia 42: 787, 1950; Wang, Index Uredinearum Sinensium (Beijing, China: Academia Sinica), p. 14, 1951; Teng, Fungi of China (Beijing, China: Science Press), p. 315, 1963; Tai, Sylloge Fungorum Sinicorum (Beijing, China: Science Press), p. 411, 1979; Wang & Zang (eds.), Fungi of Xizang (Tibet) (Beijing, China: Science Press), p. 36, 1983; Zhuang, Acta Mycol. Sin. 5: 79, 1986; Guo in anon. (ed.), Fungi and Lichens of Shennongjia (Beijing, China: World

Publishing Corp.), p. 109, 1989; Zhuang & Wei, Mycosystema 7: 41, 1994; Zang, Li & Xi, Fungi of Hengduan Mountains (Beijing, China: Science Press), p. 87, 1996; Anon., Fungi of Xiaowutai Mountains in Hebei Province (Beijing, China: Agriculture Press of China), p. 103, 1997; Wei & Zhuang in Mao & Zhuang (eds.), Fungi of the Qinling Mountains (Beijing, China: Chinese Publ. House Agric. Sci. & Techn.), p. 30, 1997; Zhang, Zhuang & Wei, Mycotaxon 61: 56, 1997; Zhuang & Wei, Mycotaxon 72: 378, 1999; Cao, Li & Zhuang, Mycosystema 19: 15, 2000; Zhuang & Wei in W.Y. Zhuang (ed.), Higher Fungi of Tropical China (Ithaca, New York: Mycotaxon Ltd.), p. 354, 2001; Zhuang & Wei in W.Y. Zhuang (ed.), Fungi of Northwestern China (Ithaca, New York: Mycotaxon Ltd.), p. 237, 2005; Azbukina & Zhuang in Li & Azbukina (eds.), Fungi of Ussuri River Valley (Beijing, China: Science Press), p. 296, 2011.

Caeoma clematidis Thümen, Mycotheca Univ. no. 539, 1876; Wang, Index Uredinearum Sinensium (Beijing, China: Academia Sinica), p. 10, 1951.

夏孢子堆生于叶下面，散生，圆形，直径 0.2～1 mm，粉状，新鲜时黄色；夏孢子近球形、宽椭圆形、倒卵形或长椭圆形，18～35(～40)×13～23(～25) μm，壁厚约 1 μm，无色，表面密布粗疣，疣有的互相连合成不规则短脊状，常有部分区域无疣呈不规则光滑斑 (smooth area)，疣高 1～2 μm，芽孔不清楚。

冬孢子堆生于叶下面，散生，圆形，直径 0.2～1 mm，新鲜时橙红色或橙黄色，垫状；冬孢子圆柱形或棍棒形，40～125×15～30 μm，壁厚不及 1 μm，无色，顶部胶质层厚约 8～25 μm 或更厚，基部有时可见柄状不孕细胞。

II, III

互叶铁线莲 *Clematis alternata* Kitam. & Tamura 西藏：聂拉木 (65531)。

小木通 *Clematis armandii* Franch. 江西：铅山 (55605)；四川：峨眉山 (02845)；云南：广南 (55601)，昆明 (56834)，西畴 (55603，55612，55627)。

短尾铁线莲 *Clematis brevicaudata* DC. 山西：永济 (36985，36986，36987)；山东：泰山 (08667)；湖南：龙山 (34944，34948，34951，34954)；云南：大理 (00846，33549)，昆明 (50148)；西藏：波密 (46728，37832)，易贡 (46730)；陕西：佛坪 (74269)，南五台 (24765)，洋县 (22144)。

毛木通 *Clematis buchananiana* DC. 广西：凤山 (22139)；四川：木里 (243051，243055，64458，64460，64461)，喜德 (241901，241904)；云南：贡山 (240271，240274)；西藏：加拉白垒峰东北坡 (46729)。

威灵仙 *Clematis chinensis* Osbeck (= *C. benthamiana* Hemsl.) 安徽：黄山 (08662，08663，08669)；山东：泰山 (08665)；四川 (33546，33547)。

金毛铁线莲 *Clematis chrysocoma* Franch. 四川：康定 (22146，56172)，木里 (64489)，卧龙 (64488)；云南：昆明 (00769)，宁蒗 (243085)。

合柄铁线莲 *Clematis connata* DC. 云南：玉龙雪山 (34945，34950)。

杯柄铁线莲 *Clematis connata* DC. var. *trullifera* (Franch.) W.T. Wang [= *C. trullifera* (Franch.) Finet & Gagnep.] 四川：美姑 (64494)，木里 (64493)。

毛花铁线莲 *Clematis dasyandra* Maxim. 重庆：巫溪(71105)。

山木通 *Clematis finetiana* H. Lév. & Vaniot 陕西：华山(36988)，镇巴(56345)。

褐毛铁线莲 *Clematis fusca* Turcz. 吉林：龙井(241955，241959，89247)；黑龙江：虎林(89250)。

扬子铁线莲 *Clematis ganpiniana* (H. Lév. & Vaniot) Tamura 四川：松潘(22143)；贵州：荔波(245331)；陕西：太白山(24424)。

粉绿铁线莲 *Clematis glauca* Willd. 四川：九寨沟(77781)。

古氏铁线莲(小蓑衣藤) *Clematis gouriana* Roxb. ex DC. 台湾：台北(04963)；重庆：大巴山(56827)；四川：峨眉山(56210)，青川(56836)；云南：大理(33541)，广南(55613)，开远(22149)，昆明(00806，00839，11103)。

薄叶铁线莲 *Clematis gracilifolia* Rehder & E.H. Wilson 四川：美姑(240389，240390)，西昌(241910)，昭觉(240367，240368，240370)；甘肃：迭部(77779，77782，77784)。

深裂薄叶铁线莲 *Clematis gracilifolia* var. *dissectifolia* W.T. Wang & M.C. Chang 西藏：聂拉木(65527)。

粗齿铁线莲 *Clematis grandidentata*(Rehder & E.H. Wilson) W.T. Wang 浙江：天目山(44508)；江西：武功山(22148)；湖北：神农架(57306)；重庆：大巴山(34943，34952)，涪陵(247533)；四川：汶川(04425)，卧龙(64490)；贵州：安顺(34395)；云南：大理(34942，34947，33539，33540)；陕西：留坝(74267，74268)，洋县(01266)。

拟粗齿铁线莲 *Clematis grata* Wall. 台湾：淡水(4 I 1907, R. Suzuki no. 111, 未见)，南投(244758)，台北(19 II 1913, K. Sawada no. 67, 未见)。

长冬草 *Clematis hexapetala* Pall. (= *C. angustifolia* Jacq.) 北京：百花山(22138)；黑龙江：瑷珲(42826)；山东：崂山(17613)，牟平(08664，08668，22137)。

毛蕊铁线莲 *Clematis lasiandra* Maxim. 重庆：大巴山(34953)；陕西：佛坪(74270)。

锈毛铁线莲 *Clematis leschenaultiana* DC. 贵州：荔波(245325，245328，246132)。

长瓣铁线莲 *Clematis macropetala* Ledeb. 河北：小五台山(64073)；陕西：太白山(55997)。

毛柱铁线莲 *Clematis meyeniana* Walp. 云南：广南(56815)。

山地铁线莲(绣球藤)*Clematis montana* Buch.-Ham. ex DC. 浙江：天目山(55040，55173)；安徽：黄山(08648)；湖北：神农架(57312)；四川：卧龙(44382)；贵州：江口 (S.Y. Cheo no. 616, MICH)，荔波(245334)；云南：大理(00433)，玉龙雪山(64249，64250)；西藏：波密(46731，46732，46734)，工布江达(244820，244821)，吉隆(65534，65535，65538，65539，65540，65532)，米林(245147)，聂拉木(65536，65537，65533)；陕西：留坝(74264)，镇坪(71106，71103)；甘肃：文县(77783)。

秦岭铁线莲 *Clematis obscura* Maxim. 陕西：留坝(74315)。

钝萼铁线莲 *Clematis peterae* Hand.-Mazz. (= *C. gouriana* Roxb. ex DC. var. *finetii* Rehder & E.H. Wilson) 湖北：神农架(57319)；四川：青川(64487)；云南：大理(00542，33548)，开远(00393)，昆明(00420，02896，22140)，路南(00392)，宁蒗(243096，243097)，豌町(133769)；陕西：留坝(74265，74266)，南郑(56427)。

须蕊铁线莲 *Clematis pogonandra* Maxim. 重庆：大巴山 (55604)；四川：峨眉山 (56033)。

美花铁线莲 *Clematis potaninii* Maxim. (= *C. fargesii* Franch.) 四川：九寨沟 (64462)，米亚罗 (56830)；陕西：太白山 (24383, 24425)，洋县 (01267)。

西南铁线莲 *Clematis pseudopogonandra* Finet & Gagnep. 四川：米亚罗 (56102)；西藏：察隅 (51876)。

毛茛铁线莲 *Clematis ranunculoides* Franch. 云南：昆明 (50147)。

直立威灵仙 *Clematis recta* var. *mandschurica* Regel. 吉林：额穆 (Jacz., Kom. & Tranzschel, Fungi Ross. Exsic. no. 228, LE)。

长花铁线莲 *Clematis rehderiana* Craib 四川：得荣 (199409, 199410)，峨眉山 (22145)，乡城 (183373, 199442, 199443, 199469, 199525)。

曲柄铁线莲 *Clematis repens* Finet & Gagnep. 四川：都江堰 (22141)。

甘青铁线莲 *Clematis tangutica* (Maxim.) Korsh. 四川：九寨沟 (64463)。

西藏铁线莲 *Clematis tenuifolia* Royle 西藏：波密 (46726, 46733, 46735)。

东北铁线莲 *Clematis terniflora* DC. var. *mandshurica* (Rupr.) Ohwi (= *Clematis mandshurica* Rupr.) 吉林：长春 (79327, 89245)，龙井 (89246)，汪清 (89248, 89249, 241928, 241929, 241931, 241933)，延吉 (41511)；黑龙江：阿城 (67434)，抚远 (93004)，宁安 (42827)。

柱果铁线莲 *Clematis uncinata* Champ. ex Benth. 广西：上思 (77480, 77481)。

尾叶铁线莲 *Clematis urophylla* Franch. 重庆：大巴山 (56100)。

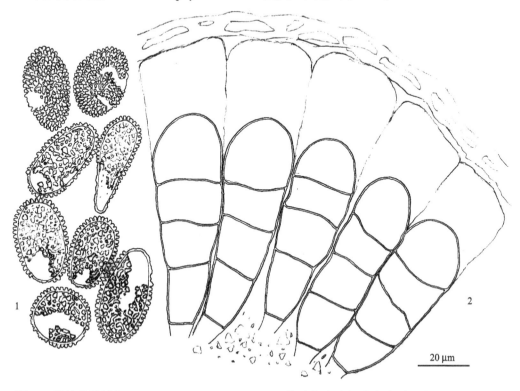

20 μm

图 91　铁线莲鞘锈菌 *Coleosporium clematidis* Barclay 的夏孢子（1）和冬孢子（2）(HMAS 65533)

云南铁线莲 *Clematis yunnanensis* Franch. 云南：贡山(240272)。

铁线莲属 *Clematis* sp. 西藏：波密(46727)；陕西：平利(71104)。

分布：印度，尼泊尔，日本，俄罗斯远东地区和西伯利亚，朝鲜半岛，中国，菲律宾。

Hiratsuka 等 (1954) 和 Kaneko (1981) 通过接种试验证明赤松 *Pinus densiflora* Siebold & Zucc.、琉球松 *Pinus luchuensis* Mayr 和辐射松 *P. radiata* D. Don 为本种春孢子阶段寄主。据 Kaneko (1981) 描述，性孢子器矮锥形，长 0.7～1.2 mm，宽 0.3～0.5 mm，高 80～160 μm；春孢子器侧扁，长 0.3～3 mm，高 0.3～1.5 mm，包被细胞为椭圆形或宽椭圆形，覆瓦状叠生，30～55×25～33 μm；春孢子宽椭圆形、椭圆形或长椭圆形，20～38×16～20 μm。

女萎鞘锈菌　图 92

Coleosporium clematidis-apiifoliae Dietel, Bot. Jahrb. Syst. 28: 287, 1900; Miura, Flora of Manchuria and East Mongolia 3: 215, 1928; Liou & Wang, Contr. Inst. Bot. Natl. Acad. Peiping 3: 404, 1935; Wang, Index Uredinearum Sinensium (Beijing, China: Academia Sinica), p. 14, 1951; Tai, Sylloge Fungorum Sinicorum (Beijing, China: Science Press), p. 412, 1979; Zhuang, Acta Mycol. Sin. 2: 148, 1983; Guo in anon. (ed.), Fungi and Lichens of Shennongjia (Beijing, China: World Publishing Corp.), p. 109, 1989; Cao, Li & Zhuang, Mycosystema 19: 15, 2000; Zhuang & Wei in W.Y. Zhuang (ed.), Higher Fungi of Tropical China (Ithaca, New York: Mycotaxon Ltd.), p. 354, 2001.

夏孢子堆生于叶下面，散生，圆形，直径 0.2～0.5 mm，粉状，新鲜时黄色；夏孢子近球形、倒卵形或椭圆形，17～25(～30) × (12～)15～20(～23) μm，壁厚约 1 μm 或不及，无色，表面密布粗疣，疣高 1～1.5 μm，有时部分区域无疣呈不规则光滑斑，芽孔不清楚。

冬孢子堆生于叶下面，散生，圆形，直径 0.2～0.5 mm，新鲜时橙红色或橙黄色，垫状；冬孢子圆柱形、棍棒形或长椭圆形，40～88(～100)×15～25 μm，壁厚不及 1 μm，无色，内容物新鲜时橙黄色或黄色，顶部胶质层厚 8～23 μm，基部有时可见柄状不孕细胞。

II, III

女萎 *Clematis apiifolia* DC. 浙江：天目山(43122，43123，43124，44509)；安徽：黄山(43125，43126，89363)；福建：建阳(41512)；江西：庐山 (56034)；湖北：巴东(34955)。

钝齿铁线莲 *Clematis apiifolia* DC. var. *argentilucida* (H. Lév. & Vaniot) W.T. Wang 浙江：天目山(08666，24848)；四川：二郎山(48417，55602)，九寨沟(77780)；贵州：绥阳(246157，246166，246170，246196)；云南：广南(33542，33543，33544，33545)，马关 (34946)。

巴氏铁线莲 *Clematis bartlettii* Yamamoto 台湾：台北(HH 72820，未见)。

金佛铁线莲 *Clematis gratopsis* W.T. Wang 湖北：神农架(57212)；四川：美姑

（64495），青川（64492）。

分布：日本，朝鲜半岛，中国。

本种与 *Coleosporium clematidis* Barclay 几无区别，不同仅在于后者的夏孢子和冬孢子略大（Sydow and Sydow 1915; Ito 1938; Kaneko 1981）。Hiratsuka 等（1954）通过接种试验首次证明此菌可在赤松 *Pinus densiflora* Siebold & Zucc.和琉球松 *Pinus luchuensis* Mayr 针叶上产生性孢子器和春孢子器。Sato（1966）的接种试验再次证明赤松 *P. densiflora* 为本种春孢子阶段寄主。据 Kaneko（1981）和 Hiratsuka 等（1992）描述，春孢子器侧扁，包被细胞椭圆形，覆瓦状叠生，30～52×20～30 μm；春孢子宽椭圆形、椭圆形或倒卵形，22～38×14～26 μm。从描述看，本种的春孢子器和春孢子形态特征与 *C. clematidis* 的也几无区别。Kaneko（1981）认为 *C. clematidis* 的春孢子表面疣突比 *C. clematidis-apiifoliae* 的略小，前者的春孢子器包被细胞外壁也比后者的薄。在此我们按以往多数作者意见仍将 *C. clematidis-apiifoliae* 与 *C. clematidis* 分开。原描述的夏孢子很小，17～22×12～18 μm（Dietel 1900b; Sydow and Sydow 1915），而 Kaneko（1981）根据日本标本描述的夏孢子为 16～36×12～22 μm。我们根据国产标本，凡夏孢子长度通常在 25 μm 以下（偶见达 30 μm）的标本归入本种，夏孢子长度可达 35 μm 或更长的标本归入 *Coleosporium clematidis* Barclay。郭林（1989）将金佛铁线莲 *Clematis gratopsis* W.T. Wang 上的菌鉴定为本种，我们予以认可。Kaneko（1981）将台湾的巴氏铁线莲 *Clematis bartlettii* Yamamoto 上的菌也归入本种，我们未见标本，待证。

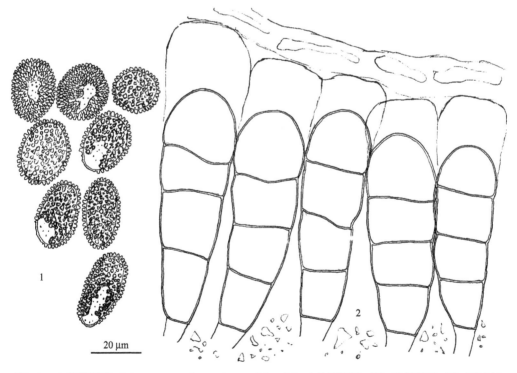

20 μm

图 92　女萎鞘锈菌 *Coleosporium clematidis-apiifoliae* Dietel 的夏孢子（1）和冬孢子（2）(HMAS 43122)

白头翁鞘锈菌　图 93

Coleosporium pulsatillae (F. Strauss) Léveillé, Ann. Sci. Nat. Bot. Sér. 3, 8: 373, 1847;
　　Miura, Flora of Manchuria and East Mongolia 3: 216, 1928; Teng, Contr. Biol. Lab.
　　Chin. Assoc. Advancem. Sci., Sect. Bot. 8: 15, 1932; Liou & Wang, Contr. Inst. Bot.
　　Natl. Acad. Peiping 3: 350, 435, 1935; Teng & Ou, Sinensia 8: 227, 1937; Teng, A
　　Contribution to Our Knowledge of the Higher Fungi of China (China: Natl. Inst. Zool.
　　& Bot., Academia Sinica), p. 224, 1939; Hiratsuka, Trans, Sapporo Nat. Hist. Soc. 16:
　　197, 1941; Wang, Index Uredinearum Sinensium (Beijing, China: Academia Sinica), p.
　　18, 1951; Teng, Fungi of China (Beijing, China: Science Press), p. 315, 1963; Tai,
　　Sylloge Fungorum Sinicorum (Beijing, China: Science Press), p. 416, 1979; Liu, Li &
　　Du, J. Shanxi Univ. 1981 (3): 46, 1981; Anon., Fungi of Xiaowutai Mountains in Hebei
　　Province (Beijing, China: Agriculture Press of China), p. 104, 1997; Wei & Zhuang in
　　Mao & Zhuang (eds.), Fungi of the Qinling Mountains (Beijing, China: Chinese Publ.
　　House Agric. Sci. & Techn.), p. 31, 1997; Zhuang & Wei in W.Y. Zhuang (ed.), Fungi
　　of Northwestern China (Ithaca, New York: Mycotaxon Ltd.), p. 240, 2005; Liu et al., J.
　　Inner Mongolia Univ. (Nat. Sci. Ed.) 48: 650, 2017.

Uredo tremellosa F. Strauss var. *pulsatillae* F. Strauss, Ann. Wetterauischen Ges. Gesammte
　　Naturk. 2: 89, 1810.

　　夏孢子堆生于叶下面，均匀散生或不规则聚生，圆形，直径 0.2～1 mm，粉状，新鲜时橙黄色；夏孢子椭圆形、倒卵形、长椭圆形或长卵形，(18～)20～50×15～23 μm，壁厚不及 1 μm，无色，表面密布细疣，疣高 1～1.5 μm，有时部分区域无疣呈不规则光滑斑，芽孔不清楚。

　　冬孢子堆生于叶下面，均匀散生或不规则聚生，圆形，直径 0.5～1 mm，新鲜时橙红色或橙黄色，垫状；冬孢子长圆柱形，60～100×15～28 μm，壁厚不及 1 μm，无色，顶部胶质层厚 10～25 μm，基部有时可见柄状不孕细胞。

　　II, III

　　朝鲜白头翁 *Pulsatilla cernua* (Thunb.) Bercht. & C. Presl 内蒙古：根河（34258）；黑龙江：绥芬河（241950，241952）。

　　白头翁 *Pulsatilla chinensis* (Bunge) Regel 河北：雾灵山（25359）；山西：汾阳（24364），沁水（56831），沁县（36716）；内蒙古：宁城（CFSZ 27 赤峰学院）；辽宁：兴城（22156）；江苏：南京（11124，14221，14222，14224）；安徽：黄山（43129）；山东：崂山（08654），牟平（08655）；河南：鸡公山（11123，14223）；陕西：洛川（55053，55055），洋县（22155）。

　　兴安白头翁 *Pulsatilla dahurica* (Fisch.) Spreng. 内蒙古：鄂伦春自治旗（CFSZ 7603 赤峰学院）；吉林：安图（41539，42829，42830，42831，64431），龙井（89254，89255，89256）；黑龙江：绥芬河（241950，241952）。

　　掌叶白头翁 *Pulsatilla patens* (L.) Mill. var. *multifida* (Pritz.) S.H. Li & Y. Huei Huang 内蒙古：鄂伦春自治旗（CFSZ 7774 赤峰学院）；黑龙江：瑷珲（42832）。

分布：欧亚温带广布。

Kaneko (1981) 描述此菌的冬孢子可达 147 µm 长，在我国的标本中未见到如此长的冬孢子。Klebahn (1902) 通过接种试验首次证实欧洲赤松 *Pinus sylvestris* L.为此菌的春孢子阶段寄主。Gäumann (1959) 描述性孢子器直径 0.5~0.75 mm，春孢子器长 1~3 mm，包被细胞为多角形，27~40×19~28 µm，春孢子为卵形，25~40×16~24 µm。采自内蒙古根河潮查林场欧洲赤松 *P. sylvestris* 上的标本 (HMAS 35046) 疑是本种的春孢子阶段；其春孢子器长 1~3 mm，疱状，包被细胞平面观近长椭圆形、近菱形或不规则多角形，35~75×15~38 µm，春孢子 25~45×15~25 µm，密生柱状细疣，疣高 1~2 µm。同地罹病欧洲赤松下的朝鲜白头翁 *Pulsatilla cernua* 也严重发病。

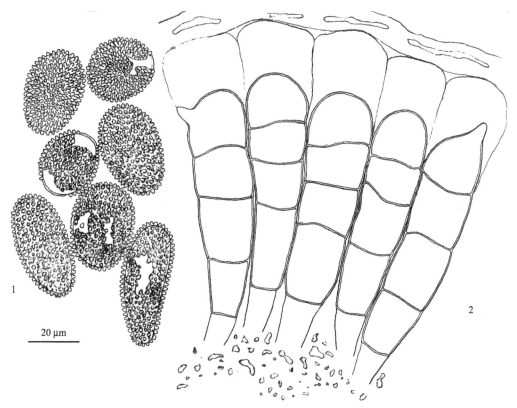

20 µm

图 93　白头翁鞘锈菌 *Coleosporium pulsatillae* (F. Strauss) Lév. 的夏孢子（1）和冬孢子（2）(HMAS 25359)

茜草科 Rubiaceae 植物上的种

分种检索表

1. 夏孢子 16~25×13~20 µm，表面具细疣，疣直径约 1 µm 或不及；冬孢子 65~100×16~22 µm，顶部胶质层厚 15~25 µm；生于 *Knoxia* ·· 红芽大戟鞘锈菌 *C. knoxiae*
1. 夏孢子长可达 30 µm，表面具粗疣 ··· 2
　2. 夏孢子 18~30×15~23 µm；冬孢子 40~90×15~20 µm，顶部胶质层厚 (5~)10~20 µm；生于 *Paederia* ·· 鸡矢藤鞘锈菌 *C. eupaederiae*

2. 夏孢子 18～33×15～23 μm；冬孢子 35～90×15～30 μm，顶部胶质层厚 10～30 μm；生于 *Leptodermis* ··· 野丁香鞘锈菌 *C. leptodermidis*

鸡矢藤鞘锈菌　图 94

Coleosporium eupaederiae L. Guo in anon. (ed.), Fungi and Lichens of Shennongjia (Beijing, China: World Publishing Corp.), p. 110, 1989; Cao, Li & Zhuang, Mycosystema 19: 15, 2000; Zhuang & Wei in W.Y. Zhuang (ed.), Fungi of Northwestern China (Ithaca, New York: Mycotaxon Ltd.), p. 238, 2005.

Coleosporium paederiae Dietel, Ann. Mycol. 7: 355, 1909 (based on uredinia)；　Sydow & Sydow, Ann. Mycol. 12: 110, 1914; Sawada, Descriptive Catalogue of the Formosan Fungi I, p. 384, 1919; Hiratsuka & Hashioka, Bot. Mag. Tokyo 48: 238, 1934; Hiratsuka, J. Jap. Bot. 18: 566, 1942; Sawada, Descriptive Catalogue of the Formosan Fungi IX, p. 113, 1943; Tai, Farlowia 3: 100, 1947; Cummins, Mycologia 42: 789, 1950; Wang, Index Uredinearum Sinensium (Beijing, China: Academia Sinica), p. 17, 1951; Jen, J. Yunnan Univ. (Nat. Sci.) 1956: 142, 1956; Tai, Sylloge Fungorum Sinicorum (Beijing, China: Science Press), p. 414, 1979; Zhang, Zhuang & Wei, Mycotaxon 61: 57, 1997.

Coleosporium paederiae Dietel ex Hiratsuka f., Sci. Bull. Div. Agric. Home Econ. & Engin., Univ. Ryukyus 7: 214, 1960, non *Coleosporium paederiae* Dietel, 1909; Zhuang & Wei in W.Y. Zhuang (ed.), Fungi of Northwestern China (Ithaca, New York: Mycotaxon Ltd.), p. 239, 2005.

夏孢子堆生于叶下面，散生，圆形，直径 0.2～1 mm，粉状，新鲜时黄色，干时变黄白色；夏孢子近球形或椭圆形，18～30×15～23 μm，壁厚不及 1 μm，无色，表面密布粗疣，疣高 0.5～2 μm，有的互相连合成不规则网纹，有时部分区域无疣呈不规则光滑斑，芽孔不清楚。

冬孢子堆生于叶下面，散生，圆形，直径 0.2～1 mm，新鲜时橙黄色或橙红色，垫状；冬孢子圆柱形或长矩圆形，40～90×15～20 μm，壁厚不及 1 μm，无色，顶部胶质层厚 (5～) 10～20 μm。

II, III

鸡矢藤 *Paederia scandens* (Lour.) Merr. 台湾：台中(00916 = 04968)；湖北：神农架(57415，57430)；广西：九万大山(245925)，三江(S.Y. Cheo no. 2806, PUR)；重庆：石柱(247590)；四川：青川(76443)；贵州：雷山(245293，245294)，松桃(S.Y. Cheo no. 815, PUR)，绥阳(246158，246172，246201)；云南：宾川(199135，199427，199434)，昆明(04145，04146，10595，17614)，腾冲(240334)；陕西：佛坪(74326，74327)，留坝(74324，74325)。

云南鸡矢藤 *Paederia yunnanensis* (H. Lév.) Rehder 云南：保山(240297, 240299, 240314)。

分布：日本，中国，菲律宾。

Chiba 和 Zinno (1960) 通过接种试验证实此菌可在奄美岛松 *Pinus amamiana* Koidz. [= *P. armandi* Franch. var. *amamiana* (Koidz.) Hatusima]、乔松 *Pinus griffithii* McClell.和

北美乔松 *Pinus strobus* L.针叶上产生性孢子器和春孢子器。据 Kaneko (1981) 描述，性孢子器矮锥形，长 0.5～0.8 mm，宽 0.2～0.3 mm，高 80～140 μm；春孢子器侧扁，长 0.5～1.2 mm，高 0.5～1.5 mm，包被细胞椭圆形或矩圆形，略呈覆瓦状叠生，30～49×20～30 μm；春孢子宽椭圆形或椭圆形，16～28×14～20 μm。

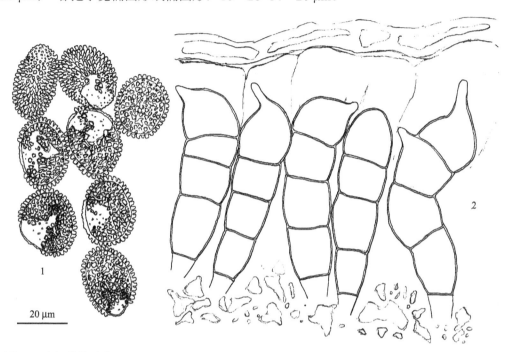

20 μm

图 94 鸡矢藤鞘锈菌 *Coleosporium eupaederiae* L. Guo 的夏孢子（1）和冬孢子（2）(HMAS 74324)

红芽大戟鞘锈菌　图 95

Coleosporium knoxiae P. Sydow & H. Sydow, Ann. Mycol. 12: 109, 1914; Sydow & Sydow, Monographia Uredinearum 3: 635, 1915; Fujikuro, Trans. Nat. Hist. Soc. Formosa 19: 9, 1914; Sawada, Descriptive Catalogue of the Formosan Fungi I, p. 384, 1919; Wang, Index Uredinearum Sinensium (Beijing, China: Academia Sinica), p. 16, 1951; Tai, Sylloge Fungorum Sinicorum (Beijing, China: Science Press), p. 413, 1979.

夏孢子堆生于叶下面，散生，圆形，直径 0.2～0.3 mm，粉状，新鲜时橙黄色，干时变苍白色；夏孢子近球形或宽椭圆形，16～25×13～20 μm，壁厚约 1 μm 或不及，无色，表面密布细疣，疣直径约 1 μm 或不及，高 1～1.5 μm，芽孔不清楚。

冬孢子堆生于叶下面，散生或聚生，极小，直径 0.1～0.2 mm，新鲜时暗黄色，垫状；冬孢子圆柱形或近棍棒形，65～100×16～22 μm，壁厚不及 1 μm，无色，顶部胶质层厚 15～25 μm。

II, III

红芽大戟 *Knoxia corymbosa* Willd. 台湾：新竹（Y. Fujikuro no. 89 模式, S, 未见）；云南：保山（55758）。

分布：中国南部，菲律宾。

模式标本（保存于瑞典自然历史博物馆植物标本馆 S）未见。我们检查了日本平塚标本馆 (HH) 保存的等模式，但未检出冬孢子；我们仅有的一号采自云南的标本也只见夏孢子。此处冬孢子堆和冬孢子的描述译自 Sydow 和 Sydow (1914) 的原文。

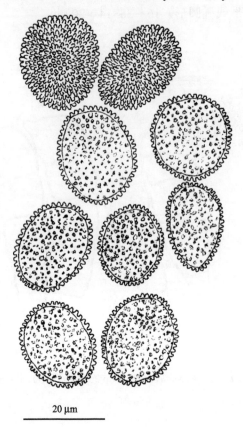

20 μm

图 95　红芽大戟鞘锈菌 *Coleosporium knoxiae* P. Syd. & H. Syd. 的夏孢子 (HMAS 55758)

野丁香鞘锈菌　图 96

Coleosporium leptodermidis (Barclay) P. Sydow & H. Sydow, Monographia Uredinearum 3: 635, 1915; Tai, Farlowia 3: 100, 1947; Wang, Index Uredinearum Sinensium (Beijing, China: Academia Sinica), p. 16, 1951; Tai, Sylloge Fungorum Sinicorum (Beijing, China: Science Press), p. 413, 1979; Zhuang, Acta Mycol. Sin. 5: 79, 1986; Zhuang & Wei, Mycosystema 7: 41, 1994; Zang, Li & Xi, Fungi of Hengduan Mountains (Beijing, China: Science Press), p. 88, 1996; Zhuang & Wei in W.Y. Zhuang (ed.), Fungi of Northwestern China (Ithaca, New York: Mycotaxon Ltd.), p. 238, 2005.

Melampsora leptodermidis Barclay, J. Asiat. Soc. Bengal, Pt. 2, Nat. Hist. 59: 86, 1890.

夏孢子堆生于叶下面，散生，圆形，直径 0.2～0.5 mm，粉状，新鲜时橙黄色；夏孢子近球形、椭圆形或卵形，18～33×15～23 μm，壁厚不及 1 μm，无色，表面密布粗疣，疣高 1.5～2.5 μm，有时部分区域无疣呈不规则光滑斑，芽孔不清楚。

冬孢子堆生于叶下面，散生或不规则聚生，圆形，直径 0.2～0.5 mm，新鲜时黄色或橙黄色，垫状；冬孢子圆柱形，35～80(～90)×15～30 μm，壁厚不及 1 μm，无色，新鲜时内容物橙黄色，顶部胶质层厚 10～25(～30) μm。

II, III

高山野丁香 *Leptodermis forrestii* Diels 四川：木里 (64199，64200，64201，64202，64204)；云南：玉龙雪山 (55615，76442)；西藏：波密 (247358)，吉隆 (65515，65516，65517，65518，65520)，聂拉木 (65514)，樟木 (65512，65513)。

圆花薄皮木 *Leptodermis glomerata* Hutch. 云南：昆明 (00344)，武定 (50154)。

糙毛野丁香 *Leptodermis nigricans* H. Winkl. 西藏：聂拉木 (67889)。

薄皮木 *Leptodermis oblonga* Bunge 西藏：易贡 (46840)；陕西：留坝 (74317)。

川滇野丁香 *Leptodermis pilosa* Diels 云南：大理 (00538)，漾濞 (240356，240359)，玉龙雪山 (76440，76441)。

野丁香 *Leptodermis potaninii* Batalin 四川：卧龙 (64197)；云南：大理 (00343，00548，00558，01047)，昆明 (03483，50156)，武定 (50155)。

毛野丁香 *Leptodermis tomentella* (Franch.) H. Winkl. 云南：昆明 (04257)；西藏：波密 (46842，46843)，加拉白垒峰东北坡 (46841)。

分布：印度东部，尼泊尔，中国西南。

Sydow 和 Sydow (1915) 描述的夏孢子较小，18～26×13～20 μm，西藏标本的夏孢子长可达 33 μm。

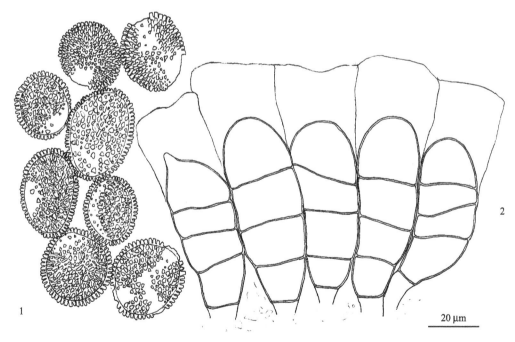

20 μm

图 96 野丁香鞘锈菌 *Coleosporium leptodermidis* (Barclay) P. Syd. & H. Syd. 的夏孢子 (1) 和冬孢子 (2) (HMAS 46843)

芸香科 Rutaceae 植物上的种

分种检索表

1. 夏孢子 20～43×15～28 μm；冬孢子 40～80×22～38 μm，常具纵隔膜或斜隔膜，顶部胶质层厚 8～30 μm；生于 *Zanthoxylum* ··· 花椒鞘锈菌 *C. xanthoxyli*
1. 夏孢子较小，长通常不及 40 μm；不生于 *Zanthoxylum* ······································· 2
  2. 夏孢子 20～37×15～23 μm，表面疏生粗疣，疣直径 1.5～2 μm；冬孢子 38～90×15～28 μm，有时具斜隔膜或纵隔膜，顶部胶质层厚 8～25 μm；生于 *Phellodendron* ·· 黄檗鞘锈菌 *C. phellodendri*
  2. 夏孢子 20～33×15～25 μm，表面密布细疣，疣直径多为 0.5～1.5 μm，冬孢子 50～80×18～40 μm，常有斜隔膜或纵隔膜，顶部胶质层厚 8～25 μm；生于 *Evodia* ······· 吴茱萸鞘锈菌 *C. telioevodiae*

黄檗鞘锈菌　图 97

Coleosporium phellodendri Komarov in Jaczewski, Komarov & Tranzschel, Fungi Rossiae Exsiccati no. 274, 1899; Komarov, Hedwigia 39: (125), 1900; Miura, Flora of Manchuria and East Mongolia 3: 217, 1928; Tai, Sci. Rep. Natl. Tsing Hua Univ., Ser. B, Biol. Sci. 2: 312, 1936～1937; Hiratsuka, Trans, Sapporo Nat. Hist. Soc. 16: 197, 1941; Wang, Index Uredinearum Sinensium (Beijing, China: Academia Sinica), p. 18, 1951; Tai, Sylloge Fungorum Sinicorum (Beijing, China: Science Press), p. 415, 1979; Zhuang, Acta Mycol. Sin. 2: 148, 1983; Wei & Zhuang in Mao & Zhuang (eds.), Fungi of the Qinling Mountains (Beijing, China: Chinese Publ. House Agric. Sci. & Techn.), p. 31, 1997; Zhang, Zhuang & Wei, Mycotaxon 61: 57, 1997; Cao, Li & Zhuang, Mycosystema 19: 16, 2000; Zhuang & Wei in W.Y. Zhuang (ed.), Higher Fungi of Tropical China (Ithaca, New York: Mycotaxon Ltd.), p. 355, 2001; Zhuang & Wei in W.Y. Zhuang (ed.), Fungi of Northwestern China (Ithaca, New York: Mycotaxon Ltd.), p. 239, 2005; Azbukina & Zhuang in Li & Azbukina (eds.), Fungi of Ussuri River Valley (Beijing, China: Science Press), p. 296, 2011; Liu et al., J. Inner Mongolia Univ. (Nat. Sci. Ed.) 48: 650, 2017.

夏孢子堆生于叶下面，散生或不规则聚生，圆形，直径 0.2～0.5 mm，粉状，新鲜时橙黄色；夏孢子近球形、椭圆形、卵形或矩圆形，20～30(～37) ×15～23 μm，壁和疣合 2～2.5 μm 厚，无色，疣粗大，直径 1.5～2 μm，疣顶具尖顶小锥体（光学显微镜下不明显），有时部分区域无疣呈不规则光滑斑，芽孔不清楚。

冬孢子堆生于叶下面，散生或不规则聚生，圆形，直径 0.2～1 mm，新鲜时橙黄色或橙红色，垫状；冬孢子圆柱形、近圆柱状棍棒形或长倒卵形，38～90×15～28 μm，壁不及 1 μm 厚，无色，有时具斜隔膜或纵隔膜，顶部胶质层 8～20(～25) μm 厚，基部柄状不孕细胞有或不明显。

II, III

川黄檗 *Phellodendron chinense* C.K. Schneid. 安徽：金寨（55695）；重庆：大巴山（55661）。

秃叶黄檗 *Phellodendron chinense* var. *glabriusculum* C.K. Schneid. 福建：武夷山（41533）；海南：霸王岭（74387），黎母岭（74388），琼中（74384，74386），五指山（74385）。

黄檗 *Phellodendron amurense* Rupr. 吉林：安图（41531，42532），蛟河（74330，74331，74332，74333，74335，74336），老爷岭 (Jacz., Kom. & Tranzschel, Fung. Ross. Exsic. no. 274 = LE 43860 模式)；黑龙江：虎林（89563，89564，89565，89566，89567），抚远（93002，135998），牡丹江（135999）。

分布：中国，俄罗斯远东地区，朝鲜半岛，日本。

Hiratsuka (1960)、Hama (1960)、Saho (1962, 1963, 1969)、Kaneko (1981) 等通过接种试验证明此菌可在北美短叶松 *Pinus banksiana* Lamb.、扭叶松 *Pinus contorta* Douglas、赤松 *Pinus densiflora* Siebold & Zucc.、山地松 *Pinus montana* Mill.、欧洲黑松 *Pinus nigra* Arn.、*Pinus pallasiana* Lamb.、西黄松 *Pinus ponderosa* Douglas ex Lawson、多脂松 *Pinus resinosa* Aiton、欧洲赤松 *Pinus sylvestris* L.、油松 *Pinus tabulaeformis* Carriere 等松属植物上产生性孢子器和春孢子器。据 Hiratsuka 等 (1992) 描述，春孢子器长 2～20 mm，高 0.5～1.5 mm，包被细胞椭圆形，30～60×20～33 μm；春孢子宽椭圆形、近球形或椭圆形，22～45×18～30 μm。

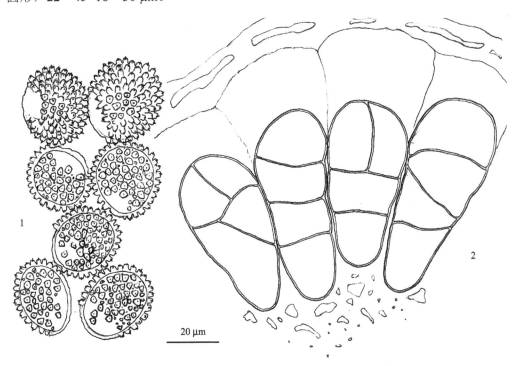

20 μm

图 97　黄檗鞘锈菌 *Coleosporium phellodendri* Kom. 的夏孢子（1）和冬孢子（2）(LE 43860)

吴茱萸鞘锈菌　图 98

Coleosporium telioevodiae L. Guo (as '*telioeuodiae*') in anon. (ed.), Fungi and Lichens of Shennongjia (Beijing, China: World Publishing Corp.), p. 112, 1989; Zhuang & Wei, Mycotaxon 72: 378, 1999; Cao, Li & Zhuang, Mycosystema 19: 17, 2000; Zhuang & Wei in W.Y. Zhuang (ed.), Higher Fungi of Tropical China (Ithaca, New York:

Mycotaxon Ltd.), p. 355, 2001; Zhuang & Wei in W.Y. Zhuang (ed.), Fungi of Northwestern China (Ithaca, New York: Mycotaxon Ltd.), p. 240, 2005.

Coleosporium evodiae Dietel, Ann. Mycol. 7:355, 1909 (based on uredinia); Sydow & Sydow, Ann. Mycol. 12: 110, 1914; Sawada, Descriptive Catalogue of the Formosan Fungi I, p. 383, 1919; Hiratsuka & Hashioka, Bot. Mag. Tokyo 48: 239, 1934; Teng & Ou, Sinensia 8: 231, 1937; Teng, A Contribution to Our Knowledge of the Higher Fungi of China (China: Natl. Inst. Zool. & Bot., Academia Sinica), p. 225, 1939; Hiratsuka, J. Jap. Bot. 18: 565, 1942; Sawada, Descriptive Catalogue of the Formosan Fungi IX, p. 112, 1943; Tai, Farlowia 3: 99, 1947; Cummins, Mycologia 42: 787, 1950; Wang, Index Uredinearum Sinensium (Beijing, China: Academia Sinica), p. 15, 1951; Teng, Fungi of China (Beijing, China: Science Press), p. 316, 1963; Tai, Sylloge Fungorum Sinicorum (Beijing, China: Science Press), p. 412, 1979; Zhuang, Acta Mycol. Sin. 2: 148, 1983; Wei & Zhuang in Mao & Zhuang (eds.), Fungi of the Qinling Mountains (Beijing, China: Chinese Publ. House Agric. Sci. & Techn.), p. 30, 1997; Zhang, Zhuang & Wei, Mycotaxon 61: 56, 1997; Zhuang & Wei in W.Y. Zhuang (ed.), Higher Fungi of Tropical China (Ithaca, New York: Mycotaxon Ltd.), p. 354, 2001.

Coleosporium evodiae Dietel ex Hiratsuka f., Sci. Bull. Div. Agric. Home Econ. & Engin., Univ. Ryukyus 7: 213, 1960 non *Coleosporium evodiae* Dietel, 1909.

夏孢子堆生于叶下面，散生或聚生，有时互相连合，圆形，直径 0.2～0.5 mm，粉状，新鲜时橙黄色，萌发后变黄白色；夏孢子近球形、倒卵形、椭圆形或长椭圆形，20～33×15～25 μm，壁厚约 1 μm，无色，表面密布细疣，疣高 1～2 μm，直径多为 0.5～1.5 μm，光滑斑罕见，芽孔不清楚。

冬孢子堆生于叶下面，散生或聚生，圆形，直径 0.2～1 mm，常互相连合，新鲜时橙黄色，垫状；冬孢子圆柱形或长椭圆形，50～80×18～35(～40) μm，常有斜隔膜或纵隔膜，壁厚不及 1 μm，无色，顶部胶质层厚 8～18(～25) μm，基部柄状不孕细胞短或不明显。

II, III

云南吴茱萸 *Evodia ailanthifolia* Pierre 云南：思茅（172038）。

臭檀吴茱萸 *Evodia daniellii* (A.W. Benn.) Hemsl. ex Forbes & Hemsl. (= *E. hupehensis* Dode) 黑龙江：阿城（67422，67423）；湖北：神农架（57407）；四川：都江堰（247429，247430）；陕西：城固（56376），汉中（56396），镇巴（56381）。

臭辣吴茱萸 *Evodia fargesii* Dode 福建：建阳（41460），武夷山（41515，41516）；湖南：长沙（65827）；重庆：大巴山（56089）；四川：青城山（58618）。

无腺吴茱萸 *Evodia fraxinifolia*(D. Don) Hook. f. 西藏：墨脱（247339，247340，247341，247342，247343）。

楝叶吴茱萸 *Evodia glabrifolia* (Champ. ex Benth.) C.C. Huang [= *E. meliaefolia* (Hance ex Walp.) Benth.] 福建：建阳（41517），浦城（51518）；台湾：台北（00917），台中（00918，04967）；广东：博罗（81277），惠东（81278）；海南：霸王岭（74272，240250，

242475，242533，243306），保亭（242042，242043，242044），昌江（242475），吊罗山（58611，240215，240217，240218），尖峰岭（58613，240206），黎母岭（58612，58614），琼中（58600，240215，240217，240218），兴隆农场（74448）；广西：上思（77393，77436）；贵州：思南(S.Y. Cheo no. 347, PUR)，遵义(S.Y. Cheo no. 46, MICH)；云南：丘北（55169，55174，55717，55735）。

蜜楝吴茱萸 *Evodia lenticellata* C.C. Huang 陕西：留坝（74389）。

吴茱萸 *Evodia rutaecarpa* (Juss.) Benth. 安徽：青阳（S.Y. Cheo no. 1190, MICH）；福建：建阳（41517），浦城（41518），武夷山（41515，41516）；湖南：岳麓山（00502，00516，00517，11104），张家界（65828，65829，65831，65832，65833）；四川：都江堰（04482 = 11105，15283，15284）；云南：泸水（65830）。

牛斜吴茱萸（山吴萸）*Evodia trichotoma* (Lour.) Pierre 云南：景洪（55694）。

吴茱萸属 *Evodia* sp. 安徽：九华山（S.Y. Cheo no. 1382 = IMI 67115）。

分布：日本，中国。

根据 Hiratsuka 和 Kaneko (1975) 扫描电镜下观察，本种夏孢子表面的疣突顶端呈锥形，略尖，锥体下有一环节，以下为杆状。生活史尚不明了，Kaneko (1981) 称在日本可以夏孢子越冬。

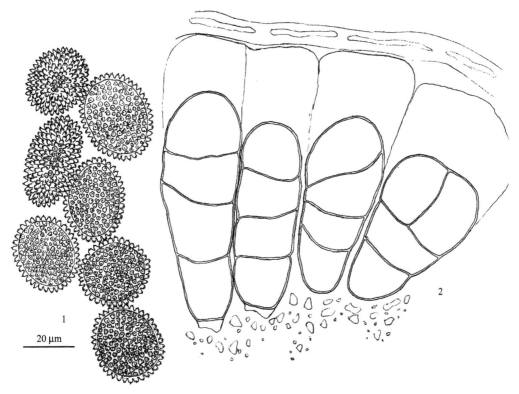

图 98　吴茱萸鞘锈菌 *Coleosporium telioevodiae* L. Guo 的夏孢子（1）和冬孢子（2）(HMAS 56376)

花椒鞘锈菌　图 99

Coleosporium xanthoxyli Dietel & P. Sydow, Hedwigia 37: 217, 1898; Sawada, Descriptive

Catalogue of the Formosan Fungi I, p. 385, 1919; Hiratsuka & Hashioka, Bot. Mag. Tokyo 48: 238, 1934; Liou & Wang, Contr. Inst. Bot. Natl. Acad. Peiping 3: 351, 1935; Teng & Ou, Sinensia 8: 229, 1937; Tai, Farlowia 3: 99, 1947; Wang, Contr. Inst. Bot. Natl. Acad. Peiping 6: 224, 1949; Wang, Index Uredinearum Sinensium (Beijing, China: Academia Sinica), p. 20, 1951; Jen, J. Yunnan Univ. (Nat. Sci.) 1956: 144, 1956; Teng, Fungi of China (Beijing, China: Science Press), p. 315, 1963; Tai, Sylloge Fungorum Sinicorum (Beijing, China: Science Press), p. 418, 1979; Zhuang, Acta Mycol. Sin. 5: 79, 1986; Wei & Zhuang in Mao & Zhuang (eds.), Fungi of the Qinling Mountains (Beijing, China: Chinese Publ. House Agric. Sci. & Techn.), p. 32, 1997; Zhuang & Wei, Mycotaxon 72: 378, 1999; Cao, Li & Zhuang, Mycosystema 19: 17, 2000; Zhuang & Wei in W.Y. Zhuang (ed.), Higher Fungi of Tropical China (Ithaca, New York: Mycotaxon Ltd.), p. 355, 2001; Zhuang & Wei in W.Y. Zhuang (ed.), Fungi of Northwestern China (Ithaca, New York: Mycotaxon Ltd.), p. 240, 2005.

Uredo fagarae H. Sydow & P. Sydow, Ann. Mycol. 12: 111, 1914; Sawada, Descriptive Catalogue of the Formosan Fungi I, p. 392, 1919; Hiratsuka & Hashioka, Bot. Mag. Tokyo 51: 46, 1937; Hiratsuka, Mem. Tottori Agric. Coll. 7: 72, 1943; Sawada, Descriptive Catalogue of the Formosan Fungi VIII, p. 53, 1943; Sawada, Trans. Nat. Hist. Soc. Formosa 33: 6, 1943; Wang, Index Uredinearum Sinensium (Beijing, China: Academia Sinica), p.84, 1951; Tai, Sylloge Fungorum Sinicorum (Beijing, China: Science Press), p. 766, 1979.

夏孢子堆生于叶下面，散生，有时环状或同心圆状聚生，常互相连合，圆形，直径 0.2～1 mm，粉状，新鲜时橙黄色，萌发后变黄白色；夏孢子近球形、倒卵形、椭圆形或矩圆形，20～43×15～25(～28) μm，壁厚 1～1.5 μm，无色，表面密布粗疣，疣高 1～2 μm，常互相连合成短脊状或不规则网纹，有时部分区域无疣呈不规则光滑斑，芽孔不清楚。

冬孢子堆生于叶下面，散生，有时环状或同心圆状聚生，圆形，直径 0.2～1 mm，常互相连合，新鲜时橙红色，垫状；冬孢子近棍棒形，常具纵隔膜或斜隔膜，基部有时可见柄状不孕细胞，40～80×22～38 μm，壁厚不及 1 μm，无色，顶部胶质层厚 8～30 μm。

II, III

刺花椒 *Zanthoxylum acanthopodium* DC. 云南：昆明(03484)，文山(00460)。

椿叶花椒 *Zanthoxylum ailanthoides* Siebold & Zucc. 福建：南靖(77764)；台湾：台北(00914, 04973)，桃园(05240)。

竹叶花椒 *Zanthoxylum armatum* DC. (= *Z. alatum* Roxb.) 江苏：南京(11126)；浙江：富阳(03358)；安徽：滁州(55634)；湖南：龙山(35061)，桑植(140456)；重庆：大巴山(35059, 35060)，永川(247480, 247481, 247485)；四川：金阳(240374, 240375, 240376)，雷波(240399, 240400, 241846, 241847)，西昌(243013, 243014, 243015)，越西(241869, 242202)；贵州：贵阳(35056, 35057)，雷山(245296, 245297, 245304)，青岩(24433, 24434, 24435, 35062)，遵义(14220)；云南：昆明(00349, 10615, 77673,

91308），文山（00350，00855，00856，00857）；陕西：城固（56377），汉中（56347），留坝（74414），西乡（56401，56402），镇巴（56399），周至（56397）。

簕欓花椒 *Zanthoxylum avicennae* (Lam.) DC. 海南：霸王岭（74272，74273），吊罗山（74275），尖峰岭（74274，74276）；广西：大明山（77434），上思（77435），十万大山（77428）。

花椒 *Zanthoxylum bungeanum* Maxim. 北京：动物园（08653）；江苏：南京（老山）(Sydow, Fungi Exotici Exsiccata no. 937, K；01150，11132)；安徽：滁州（14215，18840）；江西：庐山（14216）；湖南：龙山（35084），岳麓山（00501，00662，00686，00687），岳阳（11133）；重庆：城口（35067），大巴山（34413，35069）；四川：冕宁（241911，241912），越西（241895，241896，241897）；贵州：雷山（245308）；陕西：佛坪（74411），留坝（67645，74412，74413），洛南（56390），太白山（01161），镇巴（56375）；甘肃：武都（77669）。

蚬壳花椒 *Zanthoxylum dissitum* Hemsl. 海南：海口（240207）。

贵州花椒 *Zanthoxylum esquirolii* H. Lév. 四川：峨眉山（35063）。

墨脱花椒 *Zanthoxylum motuoense* Huang 西藏：墨脱（46988）。

大叶臭花椒 *Zanthoxylum myriacanthum* Wall. ex Hook. f. 广西：容县（14217）。

两面针 *Zanthoxylum nitidum* (Roxb.) DC. (= *Fagara nitida* Roxb.) 台湾：新竹（HH 71690，未见）。

川陕花椒 *Zanthoxylum piasezkii* Maxim. 陕西：勉县（74409，74410）。

微毛花椒 *Zanthoxylum pilosum* Rehder & E.H. Wilson 陕西：汉中（56378）。

藤花椒（花椒簕）*Zanthoxylum scandens* Blume 安徽：九华山（14219）；广西：上思（77399）。

青花椒 *Zanthoxylum schinifolium* Siebold & Zucc. 山东：崂山（67449，67450，67646）；重庆：石柱（247588，247600）。

野花椒 *Zanthoxylum simulans* Hance (= *Z. setosum* Hemsl.) 台湾：台中（05239）；湖北：武昌（134269）；贵州：遵义（14218）；陕西：西乡（56398），镇巴（56400）。

浪叶花椒 *Zanthoxylum undulatifolium* Hemsl. 重庆：城口（35066）；四川：峨眉山（35064）。

花椒属 *Zanthoxylum* sp. 安徽：九华山 (Reliquiae Farlowianae no. 863a, FH)；广西：容县 (Reliquiae Farlowianae no. 863b, FH)；贵州：江口 (S.Y. Cheo no. 489, MICH)。

分布：日本，中国，朝鲜半岛，印度。

模式标本采自日本东京 *Zanthoxylum piperitum* (L.) DC.上。寄主植物仅限于花椒属 *Zanthoxulum*。Zinno (1975) 首次通过接种试验证实黑松 *Pinus thunbergii* Parl.为本种的春孢子阶段寄主。Kaneko (1981) 的接种试验再证实琉球松 *P. luchuensis* Mayr 和海岸松 *P. pinaster* Aiton 也是本种的春孢子阶段寄主。据 Kaneko (1981) 描述，其春孢子器侧扁；包被细胞卵形、椭圆形或矩圆形，33～70×23～50 μm，内壁有密疣，厚 2～3 μm，外壁有疣或线纹，厚 4～6 μm；春孢子宽椭圆形或椭圆形，30～52×22～34 μm，壁厚 1～2 μm，疣高 1.5～5 μm。

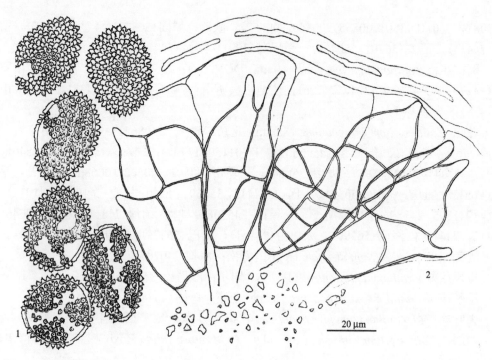

图 99　花椒鞘锈菌 *Coleosporium xanthoxyli* Dietel & P. Syd. 的夏孢子 （1）和冬孢子 （2）（HMAS 77669)

玄参科 Scrophulariaceae 植物上的种

山罗花鞘锈菌　图 100

Coleosporium melampyri (Rebentisch) P. Karsten, Bidrag Kännedom Finlands Natur Folk 31: 62, 1879; Wang, Index Uredinearum Sinensium (Beijing, China: Academia Sinica), p. 16, 1951; Jørstad, Ark. Bot. Ser. 2, 4: 365, 1959; Teng, Fungi of China (Beijing, China: Science Press), p. 316, 1963.

Uredo melampyri Rebentisch, Prodromus Florae Neomarchicae, p. 355, 1804 (telia present).

Coleosporium melampyri (Rebentisch) Tulasne, Ann. Sci. Nat. Bot. Sér. 4, 2: 136, 1854 (nom. fortuitum); Teng & Ou, Sinensia 8: 227, 1937; Teng, A Contribution to Our Knowledge of the Higher Fungi of China (China: Natl. Inst. Zool. & Bot., Academia Sinica), p. 226, 1939; Hiratsuka, Trans, Sapporo Nat. Hist. Soc. 16: 197, 1941; Tai, Sylloge Fungorum Sinicorum (Beijing, China: Science Press), p. 414, 1979.

Coleosporium melampyri Klebahn, Z. Pflanzenkrankh. 5: 18, 257, 1895; Miura, Flora of Manchuria and East Mongolia 3: 218, 1928; Tai, Sci. Rep. Natl. Tsing Hua Univ., Ser. B, Biol. Sci. 2: 311, 1936～1937; Lin, Bull. Chin. Agric. Soc. 159: 32, 1937.

　　夏孢子堆生于叶下面，散生或聚生，圆形，直径 0.2～0.5 mm，粉状，新鲜时橙黄色，萌发后变淡色；夏孢子近球形、倒卵形或椭圆形，稀长椭圆形或长卵形，18～30(～35) ×12～23 μm，壁厚约 1 μm 或不及，无色，表面密布细疣，疣高 1～2 μm，有时部分区域无疣呈不规则光滑斑，芽孔不清楚。

冬孢子堆生于叶下面，散生或聚生，圆形，直径 0.5～2 mm，常互相连合，新鲜时血红色，蜡质；冬孢子圆柱形或棍棒形，70～95×15～20(～25) μm，壁厚不及 1 μm，无色，顶部胶质层厚 10～20 μm；基部柄状不孕细胞有或不明显。

II, III

山罗花 *Melampyrum roseum* Maxim. 吉林：汪清（89223）。

狭叶山罗花 *Melampyrum setaceum* (Maxim. ex Palib.) Nakai (≡ *M. roseum* Maxim. var. *setaceum* Maxim. ex Palib.) 吉林：龙井（89222）。

分布：欧亚温带广布。

本种寄生于山罗花属 *Melampyrum* 植物，Gäumann (1959) 列举了 18 种山罗花作为本种寄主。在欧洲的春孢子阶段寄主为山地松 *Pinus montana* Mill.和欧洲赤松 *P. silvestris* L.。Kaneko (1981) 通过接种试验证实赤松 *Pinus densiflora* Siebold & Zucc.为此菌在日本的春孢子阶段寄主。据 Gäumann (1959) 描述，性孢子器在松针上常排成两纵列，宽约 0.5 mm。春孢子器长达 2 mm，宽 0.25 mm；春孢子卵形、近球形或长椭圆形，22～35×17～24 μm，壁厚 3～4 μm。

有些作者将此菌并入 *Coleosporium tussilaginis* (Pers.) Lév. (Hylander et al. 1953; Wilson and Henderson 1966; Kaneko 1981; Azbukina 2005, 2015; Hiratsuka et al. 1992)。本志书仍采纳早期作者 Sydow 和 Sydow (1915)、Kuprevicz 和 Tranzschel (1957)、Gäumann (1959) 等的意见，将它予以独立。

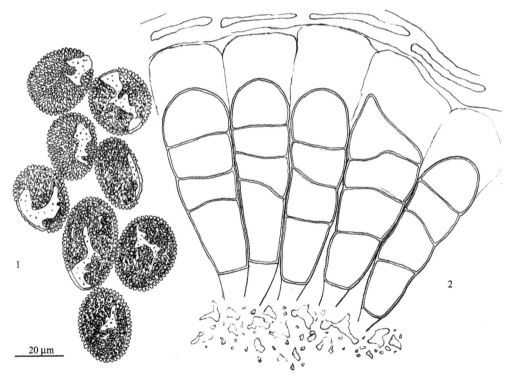

图 100 山罗花鞘锈菌 *Coleosporium melampyri* (Rebent.) P. Karst. 的夏孢子（1）和冬孢子（2）
(HMAS 89222)

马先蒿鞘锈菌　图 101

Coleosporium pedicularis F.L. Tai, Farlowia 3: 100, 1947; Wang, Index Uredinearum Sinensium (Beijing, China: Academia Sinica), p. 17, 1951; Tai, Sylloge Fungorum Sinicorum (Beijing, China: Science Press), p. 414, 1979; Wang & Zang (eds.), Fungi of Xizang (Tibet) (Beijing, China: Science Press), p. 37, 1983; Zhuang & Wei, Mycosystema 7: 41, 1994; Anon., Fungi of Xiaowutai Mountains in Hebei Province (Beijing, China: Agriculture Press of China), p. 104, 1997; Zhang, Zhuang & Wei, Mycotaxon 61: 57, 1997; Zhuang & Wei, Mycosystema 22 (Suppl.): 108, 2003; Zhuang & Wei in W.Y. Zhuang (ed.), Fungi of Northwestern China (Ithaca, New York: Mycotaxon Ltd.), p. 239, 2005；Liu et al., J. Inner Mongolia Univ. (Nat. Sci. Ed.) 48: 649, 2017. (as 'pedicularidis') .

夏孢子堆生于叶两面、茎上或花序上，散生或不规则聚生，圆形，直径 0.2～1 mm，粉状，新鲜时黄色，萌发后变白色；夏孢子近球形、倒卵形、椭圆形或矩圆形，稀长矩圆形，18～30(～35)×13～23 μm，壁厚约 1 μm，无色，表面密布粗疣，疣高 1.5～2 μm，常互相连合成短脊状或网状，有时部分分区域无疣呈不规则光滑斑，芽孔不清楚。

冬孢子堆生于叶两面，散生或不规则聚生，圆形，直径 0.2～1 mm，新鲜时赭色，蜡质，干时坚实；冬孢子圆柱形或棍棒形，50～85×15～28 μm，壁厚不及 1 μm，无色，顶部胶质层厚 12～30 μm，基部柄状不孕细胞有或不明显。

II, III

刺齿马先蒿 Pedicularis armata Maxim. 四川：若尔盖 (76307)。

俯垂马先蒿 Pedicularis cernua Botani 四川：木里 (243063)。

中国马先蒿 Pedicularis chinensis Maxim. 青海：大通 (74455)，门源 (74452，74453，74454)。

扭盔马先蒿 Pedicularis davidii Franch. 重庆：巫溪 (71002)。

三角叶马先蒿 Pedicularis deltoides Franch. & Maxim. 云南：大理 (00557)。

密穗马先蒿 Pedicularis densispica Franch. 四川：金阳 (240382)。

二歧马先蒿 Pedicularis dichotoma Botani 四川：盐源 (243074，243075，243078，243080)。

多花马先蒿 Pedicularis floribunda Franch. 四川：卧龙 (44383)。

中国纤细马先蒿 Pedicularis gracilis Wall. subsp. sinensis P.C. Tsoong 四川：木里 (140428)；云南：宾川 (00458)，大理 (00354 主模式 holotypus，00457，55519)。

纤挺马先蒿 Pedicularis gracilis Wall. subsp. stricta P.C. Tsoong 西藏：吉隆 (65775，65777，65778)，聂拉木 (65776)。

亨氏马先蒿 Pedicularis henryi Maxim. 四川：盐源 (243025，243029)，越西 (241879)；云南：玉龙雪山 (140427)。

硕花马先蒿 Pedicularis megalantha D. Don 西藏：亚东 (244461，244462)。

返顾马先蒿 Pedicularis resupinata L. 陕西：平利 (71001)。

罗氏马先蒿 Pedicularis roylei Maxim. 西藏：林芝 (245134，245135)，索县 (242602，

242603，242604）。

穗花马先蒿 *Pedicularis spicata* Pall. 山西：五台山（55507，55508）。

华丽马先蒿 *Pedicularis superba* Franch. ex Maxim. 四川：卧龙（44384）。

维氏马先蒿 *Pedicularis vialii* Franch. ex Forbes & Hemsl. 云南：玉龙雪山（140425，140426）。

马先蒿属 *Pedicularis* sp. 西藏：吉隆（65773，65774），易贡（38673）。

分布：中国，尼泊尔。

本种常见于我国西部，生于多种马先蒿属植物；东北、华东和华南地区未见分布。

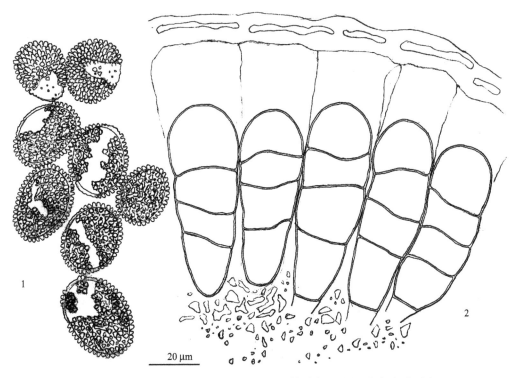

图 101 马先蒿鞘锈菌 *Coleosporium pedicularis* F.L. Tai 的夏孢子（1）和冬孢子（2）（HMAS 00354）

马鞭草科 Verbenaceae 植物上的种

赪桐鞘锈菌 图 102

Coleosporium clerodendri Dietel, Bot. Jahrb. Syst. 27: 566, 1900; Sawada, Descriptive Catalogue of the Formosan Fungi IV, p. 73, 1928; Hiratsuka & Hashioka, Trans. Tottori Soc. Agric. Sci. 4: 163, 1933; Teng & Ou, Sinensia 8: 230, 1937; Teng, A Contribution to Our Knowledge of the Higher Fungi of China (China: Natl. Inst. Zool. & Bot., Academia Sinica), p. 225, 1939; Wang, Index Uredinearum Sinensium (Beijing, China: Academia Sinica), p. 15, 1951; Teng, Fungi of China (Beijing, China: Science Press), p. 316, 1963; Tai, Sylloge Fungorum Sinicorum (Beijing, China: Science Press), p. 412, 1979; Cao, Li & Zhuang, Mycosystema 19: 15, 2000; Lu et al., Checklist of Hong Kong

Fungi (Hong Kong, China: Fungal Diversity Press), p. 60, 2000; Zhuang & Wei in W.Y. Zhuang (ed.), Higher Fungi of Tropical China (Ithaca, New York: Mycotaxon Ltd.), p. 354, 2001; Zhuang & Wei in W.Y. Zhuang (ed.), Fungi of Northwestern China (Ithaca, New York: Mycotaxon Ltd.), p. 238, 2005.

夏孢子堆生于叶下面，散生或聚生，圆形，直径 0.2～1 mm，粉状，新鲜时橙黄色，干时变黄白色；夏孢子近球形、倒卵形、椭圆形、矩圆形或长倒卵形，18～40×12～23（～25）μm，稀近棍棒形，长达 50 μm，壁厚约 1 μm 或不及，无色，表面密布粗疣，疣高 1～2 μm，常互相连合成不规则短脊状或网纹，有时部分区域无疣呈不规则光滑斑，芽孔不清楚。

冬孢子堆生于叶下面，散生，圆形，直径 0.5～2 mm，新鲜时橙黄色，垫状；冬孢子圆柱形或长椭圆形，50～90×20～30 μm，壁厚不及 1 μm，无色，顶部胶质层厚 12～30 μm，基部有时可见短柄状不孕细胞。

II, III

臭牡丹 *Clerodendrum bungei* Steud. 重庆：大巴山(77761)；四川：青川(82280，82281)；甘肃：文县(77665)。

重瓣臭茉莉 *Clerodendrum chinense* (Osbeck) Mabb. (= *C. fragrans* Vent. = *C. philippinum* Schauer) 台湾：台北 (Sydow, Fungi Exotici Exsiccati no. 966, K)，台中(04965)；海南：五指山(240596)。

大青 *Clerodendrum cyrtophyllum* Turcz. 台湾：台中(00920，04964)，宜兰(244628，244633)。

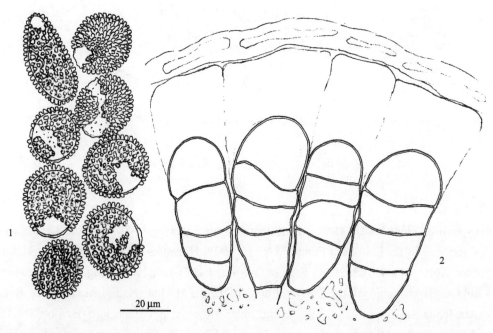

20 μm

图 102　赪桐鞘锈菌 *Coleosporium clerodendri* Dietel 的夏孢子（1）和冬孢子（2）(HMAS 45351)

海州常山 *Clerodendrum trichotomum* Thunb.ex A. Murray 浙江：杭州(45351，

58631)；安徽：金寨（55538，55561）；台湾：台中（05242），新竹（00919）；重庆：武隆（247516）；贵州：梵净山（14231）。

人瘦木 *Clerodendrum viscosum* Vent. 香港：大浪咀（R.I. Leather no. 404, K）。

浅齿滇常山 *Clerodendrum yunnanense* Hu ex Hand.-Mazz. var. *linearilobum* S.L. Chen & G.Y. Sheng 云南：麻栗坡（82173，82174）。

分布：日本，朝鲜半岛，中国，印度尼西亚。

本种生活史尚不明了。Kaneko (1981) 曾对赤松 *Pinus densiflora* Siebold & Zucc.和琉球松 *Pinus luchuensis* Mayr 进行接种试验，结果仅产生性孢子器而不产生春孢子器。采自重庆武隆的海州常山 *Clerodendrum trichotomum* Thunb.ex A. Murray 上的标本（HMAS 247516）的夏孢子很长，可达 40 μm 以上，个别孢子达 50 μm，但我们不认为是种间差异。

堇菜科 Violaceae 植物上的种

堇菜鞘锈菌　图 103

Coleosporium violae Cummins, Mycologia 42: 787, 1950; Wang, Index Uredinearum Sinensium (Beijing, China: Academia Sinica), p. 19, 1951; Tai, Sylloge Fungorum Sinicorum (Beijing, China: Science Press), p. 418, 1979.

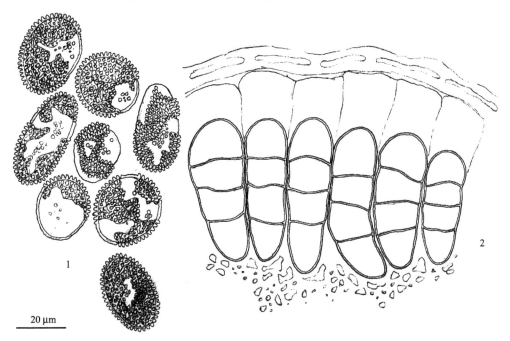

20 μm

图 103　堇菜鞘锈菌 *Coleosporium violae* Cummins 的夏孢子（1）和冬孢子（2）(HMAS 93022)

夏孢子堆生于叶下面，散生或不规则聚生，有时呈同心圆排列，圆形，直径 0.2～1 mm，粉状，新鲜时黄色；夏孢子近球形、椭圆形、倒卵形或矩圆形，17～25(～30)×13～18 μm，壁厚约 1 μm，无色，表面密布细疣，疣高 1～2 μm，常互相连合成短脊状或网状，有时部分区域无疣呈不规则光滑斑，光滑斑有时可占孢子表面大部，芽孔不清楚。

冬孢子堆生于叶下面，散生或不规则聚生，圆形，直径 0.2～0.5 mm，常互相连合，新鲜时橙黄色，干时黄白色，蜡质，垫状；冬孢子圆柱形或近棍棒形，40～60×13～23 μm，壁厚不及 1 μm，无色，顶部胶质层厚 8～20(～25) μm 或更厚。

II, III

蔓茎堇菜(七星莲) *Viola diffusa* Ging. 湖南：浏阳（93022，93023）。

白花堇菜 *Viola lactiflora* Nakai (= *V. limprichtiana* W. Becker 贵州：遵义 (S.Y. Cheo no. 289 模式，MICH，未见)。

分布：中国。

本种系 Cummins (1950) 根据周蓍源在贵州白花堇菜 *Viola lactiflora* Nakai 上所采的标本描述。原标本未见。以上描述和附图是根据湖南的蔓茎堇菜 *Viola diffusa* Ging.上的标本。原描述的夏孢子和冬孢子都较小，夏孢子为 17～24×13～18 μm，冬孢子为 43～56×13～20 μm。

附 录

杜仲科 Eucommiaceae 植物上的种

杜仲鞘锈菌

Coleosporium eucommiae F.X. Chao & P.K. Chi in Chi (as 'eucommi'), Fungal Diseases of Cultivated Medicinal Plants in Guangdong Province (Guangzhou, China: Guangdong Sci. & Tech. Publ. House), p. 136, 1994.

冬孢子堆生于叶下面，散生，圆形，直径 0.3～0.4 mm，新鲜时橙黄色，垫状，蜡质；冬孢子圆柱形或棍棒形，33～53×13～17 μm，壁厚不及 1 μm，无色，内容物新鲜时橙黄色或金黄色，顶部胶质层厚 3～5 μm。

III

杜仲 *Eucommia ulmoides* Oliv. 广东：连南（F.X. Chao 017 模式，未指定保藏地点，未见)。

分布：中国南部。

本种发表时所举模式标本未指明保藏地点（可能保藏在华南农业大学植物保护系），系不合格发表。我们未能研究原标本，以上描述根据原文（戚佩坤 1994)。原文称冬孢子顶部胶质层厚 3～5 μm，可能有误。我们根据原图比例尺测量，可达 20 μm。

鞘锈菌科 Coleosporiaceae 的可疑记录 (doubtful records)

小米草鞘锈菌

Coleosporium euphrasiae G. Winter.

本种为 Petrak (1947) 首次记载，标本采自"西康"，生于斗叶马先蒿 *Pedicularis cyathophylla* Franch.，王云章(1951) 和戴芳澜(1979) 转载。臧穆等(1996) 根据四川汶川的多花马先蒿 *Pedicularis floribunda* Franch.和华丽马先蒿 *P. superba* Franch. ex Maxim.上的标本再次报道。此菌分布于欧洲至西伯利亚和阿尔泰山，主要寄生于小米草属 *Euphrasia*（玄参科 Scrophulariaceae）。Kuprevich 和 Tranzschel (1957)、Kuprevich 和 Ul'yanishchev (1975) 将西西伯利亚的若干种马先蒿属植物上的鞘锈菌也鉴定为本种。小米草属 *Euphrasia* 植物在我国分布广泛，本种在我国的小米草上可能存在，但至今未能采到。我国以往报道的马先蒿属植物上的"*Coleosporium euphrasiae* G. Winter"均属误报，在此改订为 *Coleosporium pedicularis* F.L. Tai。

虎耳草科鞘锈菌
Coleosporium fauriae Syd. & P. Syd.

此菌为戴芳澜(1947) 所记载，王云章(1951) 和戴芳澜(1979) 转载。标本采自云南大理(HMAS 01039)。寄主不明，被暂定为 "Saxifragaceae 虎耳草科"。我们复查了该标本，植物似具复叶，但小叶已被摘分，无法复原识别，可能是溪畔落新妇 *Astilbe rivularis* Buch.-Ham.。此菌需在原产地复得标本才能确认。*Coleosporium fauriae* Syd. & P. Syd.仅知生于肾叶睡菜 *Fauria crista-galli* (Menzies ex Hook.) Makino [≡ *Nephrophyllidium crista-galli* (Menzies ex Hook.) Gilg] （莕菜科 Menyanthaceae），分布于日本北部。此植物也仅知分布于日本北部 (Wielgorskaya 1995)，在我国无记载。*C. fauriae* 在我国的分布存疑。

蜂斗菜鞘锈菌
Coleosporium petasitis Cooke.
Coleosporium petasitis Lév. (based on uredinia) .

此菌系 Ito (1938)、Hiratsuka (1944) 和 Sawada (1943) 根据在我国台湾花莲所采的台湾蜂斗菜 *Petasites formosanus* Kitam.上的标本报道，后王云章(1951) 和戴芳澜(1979) 转载。我们未见该标本，待证。

苣荬菜鞘锈菌
Coleosporium sonchi-arvensis (F. Strauss) Lév. ex Tul. (based on uredinia) .

此菌系 Baccarini (1905) 根据 Giraldi 在陕西秦岭所采的标本报道，后王云章(1951) 和戴芳澜(1979) 转载。寄主植物不明（"Compositae"）。我们未见该标本，待证。

款冬鞘锈菌
Coleosporium tussilaginis (Pers.) Lév.

此菌在我国仅刘波等(1981)报道过一次，庄剑云和魏淑霞(2005)转载，标本采自陕西华山，寄主植物被鉴定为款冬 *Tussilago farfara* L.。我们复查了原标本（HMAS 36720），发现植物并非款冬，而是橐吾属 *Ligularia* 一种，由于叶片不完整，无法识别，疑似蹄叶橐吾 *Ligularia fischeri* (Ledeb.) Turcz.，该菌实为橐吾鞘锈菌 *Coleosporium ligulariae* Thüm.。款冬属仅有款冬一种，广布欧洲、北非和亚洲，在我国供药用，极常见，但其上从未发现过鞘锈菌寄生。

山部鞘锈菌

Coleosporium yamabense (Saho) Hirats.f.

Coleosporium petasitis Lév. var. *yamabense* Saho.

此菌生于蜂斗菜 *Petasites japonicus* (Siebold & Zucc.) Maxim.，分布于日本和俄罗斯萨哈林岛（Kaneko 1981）。Hiratsuka 和陈瑞青（1991）报道我国台湾也有，寄生于"*Petasites tomentosus*"（查无此植物，可能是台湾蜂斗菜 *Petasites formosanus* Kitam.之误）。原记录仅有菌名和寄主。因记录不详，难于考订，存疑。

鞘锈菌科排除的种 (excluded species)

乔松鞘锈菌

"**Coleosporium brevius** Barclay".

此名称出现在王云章和臧穆（1983）主编的《西藏真菌》中，所引标本（吉-47）系谌谟美鉴定，采自西藏吉隆的乔松 *Pinus griffithii* McClell.上。我们未见该标本。我们在谌谟美（见王云章和臧穆 1983）提供的相关文献（Barclay 1890）中未能查到此名称，可能是 *Aecidium brevius* Barclay [≡ *Peridermium brevius* (Barclay) Sacc.]之误；该菌生于印度东北部的欧洲云杉 *Picea abies* (L.) H. Karst. (= *Pinus excelsa* Lam.)。

羊矢果鞘锈菌

Coleosporium choerospondiatis Y.C. Wang & J.Y. Zhuang in Wang et al., Acta Mycol. Sin. 2:4, 1983; Zhuang. Acta Mycol. Sin. 2: 148, 1983.

此菌采自福建建阳（王云章等 1983）。模式（HMAS 41460）寄主鉴定有误，不是漆树科 Anacardiaceae 的 *Choerospondias axillaris* (Roxb.) Burtt & Hill，而是芸香科 Rutaceae 的 *Evodia fargesii* Dode。此菌实为 *Coleosporium telioevodiae* L. Guo。

长叶松鞘锈菌

"**Coleosporium complanatum** Barclay".

此名称出现在王云章和臧穆（1983）主编的《西藏真菌》中，所引标本（吉-37）系谌谟美在西藏吉隆 *Pinus* sp.上所采并鉴定。我们未见该标本。我们在谌谟美（见王云章和臧穆 1983）提供的相关文献（Barclay 1890）中未能查到此名称，可能是 *Aecidium complanatum* Barclay [= *Peridermium orientale* Cooke]之误；该菌生于印度东北部的喜马

拉雅长叶松 *Pinus longifolia* Roxb. ex Lamb.。

茜草生鞘锈菌

Coleosporium rubiicola Cummins, Mycologia 42: 788, 1950; Wang, Index Uredinearum Sinensium (Beijing, China: Academia Sinica), p. 18, 1951; Tai, Sylloge Fungorum Sinicorum (Beijing, China: Science Press), p. 416, 1979.

此菌系周蓄源采自贵州梵净山 (S.Y. Cheo no. 810 模式，PUR) (Cummins 1950)。经复查寄主植物不是茜草 *Rubia cordifolia* L.，而是铁线莲属一种 *Clematis* sp.，此菌应是铁线莲鞘锈菌 *Coleosporium clematidis* Barclay.

麻花头鞘锈菌

Coleosporium serratulae Y.C. Wang & B. Li in Wang et al., Acta Mycol. Sin. 2: 5, 1983.

此菌采自吉林安图（王云章等 1983）。模式 (HMAS 41462) 寄主被误订为麻花头属一种 *Serratula* sp.，实为篦苞风毛菊 *Saussurea pectinata* Bunge。原标本的孢子堆已老朽溃败，未见夏孢子。此菌应是 *Coleosporium saussureae* Thüm.。

柱锈菌科 CRONARTIACEAE

性孢子器 9 型，生于寄主植物皮层内或周皮和皮层之间，子实层平展，无限扩展。春孢子器为有被春孢子器型 (peridermioid aecium)，包被大，疱状，由单层或若干层细胞组成，不规则开裂；春孢子串生成链状，表面具疣。夏孢子堆具包被，包被孔口细胞明显分化，易消解；夏孢子单生于柄上，表面具刺。冬孢子堆裸露，柱状或线状，坚硬；冬孢子单胞，串生成链状，互相黏结，包埋于基质中，不休眠，担子外生。

模式属：*Cronartium* Fries

本科系 Dietel (1900a) 所创，相继为 Fischer (1904)、Hariot (1908)、Trotter (1908)、Klebahn (1914)、Gäumann (1949, 1959, 1964)、Leppik (1972)、Cummins 和 Hiratsuka (1983, 1984, 2003) 以及 Hiratsuka 等 (1992) 等所采用。本科以其性孢子器生于寄主植物皮层内或周皮和皮层之间且子实层无限扩展而异于其他科。其柱状或线状冬孢子堆与短生活史的链孢锈菌科 Pucciniosiraceae 的冬孢子堆相似，但后者的性孢子器为 4 型，有些属的冬孢子为双胞。本科有柱锈菌 *Cronartium* 和内柱锈菌 *Endocronartium* 两属。前者为转主寄生全孢型 (macrocyclic, eu-form)，后者为春孢状冬孢型 (endocyclic, endoform)。我国有 *Cronartium* 一属。*Endocronartium* 已知 4 种 (Hiratsuka 1995)：*E. harknessii* (J.P. Moore) Y. Hirats. 产于北美洲，*E. pini* (Pers.) Y. Hirats. 产于欧洲，*E. sahoanum* Imazu & Kakish.和 *E. yamabense* (Saho & Takah.) Paclt 产于日本，在我国尚未报道，可能也有。景耀等（1995）认为秦岭地区华山松 *Pinus armandi* Franch.的松疱锈病可能是 *Endocronartium* 引起。

柱锈菌属 Cronartium Fries

Obs. Mycol. 1:220, 1815

（属特征描述参见科特征描述）

模式种：*Cronartium asclepiadeum* Fries

= *Cronartium flaccidum* (Albertini & Schweinitz) G. Winter

模式产地：欧洲

本属已知种的生活史为转主寄生 (heteroecious) 全孢型 (macrocyclic, eu-form)，其春孢子阶段生于松属 *Pinus* 植物的茎干、树枝或球果，夏孢子和冬孢子阶段生于多种双子叶植物。春孢子阶段生于松树茎干上的种，如 *Cronartium orientale* S. Kaneko、*C. ribicola* J.C. Fisch.、*C. quercuum* (Berk.) Miyabe ex Shirai、*C. coleosporioides* Arthur 等可多年在病树维持产孢。Peterson (1973) 报告了 36 个种，但其中有 19 种因性孢子器和其他特征不同、春孢子阶段寄主均非松属植物已被转移至 *Cionothrix*、*Crossopsora*、*Didymopsora*、*Endophylloides* 等属 (Hiratsuka 1995; Cummins and Hiratsuka 2003)。我国已知 3 种。

软垂柱锈菌　图 104

Cronartium flaccidum (Albertini & Schweinitz) G. Winter, Hedwigia 19: 55, 1880; Teng & Ou, Sinensia 8: 235, 1937; Teng, A Contribution to Our Knowledge of the Higher Fungi of China (China: Natl. Inst. Zool. & Bot., Academia Sinica), p. 232, 1939; Hiratsuka, Trans, Sapporo Nat. Hist. Soc. 16: 195, 1941; Tai, Farlowia 3: 96, 1947; Wang, Index Uredinearum Sinensium (Beijing, China: Academia Sinica), p. 20, 1951; Teng, Fungi of China (Beijing, China: Science Press), p. 321, 1963; Tai, Sylloge Fungorum Sinicorum (Beijing, China: Science Press), p. 439, 1979; Liu, J. Jilin Agr. Univ. 1983 (2) : 2, 1983; Wang & Zang (eds.), Fungi of Xizang (Tibet) (Beijing, China: Science Press), p. 35, 1983; Zang, Li & Xi, Fungi of Hengduan Mountains (Beijing, China: Science Press), p. 83, 1996; Wei & Zhuang in Mao & Zhuang (eds.), Fungi of the Qinling Mountains (Beijing, China: Chinese Publ. House Agric. Sci. & Techn.), p. 32, 1997; Cao, Li & Zhuang, Mycosystema 19: 17, 2000; Zhuang & Wei, J. Jilin Agric. Univ. 24: 6, 2002; Zhuang & Wei in W.Y. Zhuang (ed.), Fungi of Northwestern China (Ithaca, New York: Mycotaxon Ltd.), p. 241, 2005; Azbukina & Zhuang in Li & Azbukina (eds.), Fungi of Ussuri River Valley (Beijing, China: Science Press), p. 297, 2011；Liu et al., J. Inner Mongolia Univ. (Nat. Sci. Ed.) 48: 650, 2017.

Sphaeria flaccida Albertini & Schweinitz, Conspectus Fungorum in Lusatiae Superioris Agro Niskiensi Crescentium, p. 31, 1805.

Cronartium asclepiadeum Fries, Observationes Mycologicae 1: 220, 1815; Miura, Flora of Manchuria and East Mongolia 3: 239, 1928; Lin, Bull. Chin. Agric. Soc. 159: 33, 1937; Wang, Index Uredinearum Sinensium (Beijing, China: Academia Sinica), p. 20, 1951.

Cronartium paeoniae Castagne, Cat. Pl. Marseill. P. 217, 1845.

Cronartium gentianeum Thümen, Österr. Bot. Z. 28: 193, 1878; Jørstad, Ark. Bot. Ser. 2, 4: 345, 1959: Tai, Farlowia 3: 96, 1947; Wang, Index Uredinearum Sinensium (Beijing, China: Academia Sinica), p. 21, 1951.

Cronartium delavayi Patouillard, Rev. Mycol. 8: 80, 1886; Tai, Sci. Rep. Natl. Tsing Hua Univ., Ser. B, Biol. Sci. 2: 315, 1936-1937; Tai, Farlowia 3: 96, 1947; Wang, Index Uredinearum Sinensium (Beijing, China: Academia Sinica), p. 20, 1951; Peterson, Rep. Tottori Mycol. Inst. 10: 214, 1973; Tai, Sylloge Fungorum Sinicorum (Beijing, China: Science Press), p. 440, 1979; Zang, Li & Xi, Fungi of Hengduan Mountains (Beijing, China: Science Press), p. 84, 1996.

Cronartium himalayense Bagchee, Indian Forest Rec., Bot. 18: 14, 1933; Wang & Zang (eds.), Fungi of Xizang　(Tibet) (Beijing, China: Science Press), p. 35, 1983.

性孢子器散生于树干或枝条皮层下，病患部树皮缝裂，流出黄色蜜滴，干时凝固成小瘤状，黄褐色，蜜滴内含性孢子。

春孢子器生于树干和枝条上，不规则囊状，黄白色，从树皮暴露，大面积聚生或均匀散布于枝干，长 2～7 mm，宽 2～5 mm；包被由 2～3 层细胞组成，包被细胞不规则长条形或长棱柱形，长 50～100 μm 或更长，宽 18～38 μm，平面观周壁厚 4～6 μm，内壁密布长柱状粗疣，无色；春孢子近球状宽椭圆形、椭圆形、近卵形或矩圆形，25～40(～45)×18～28 μm，壁与疣厚 3～4 μm，无色，表面密布无定形柱状粗疣。

夏孢子堆生于叶下面，散生或不规则聚生，圆形，直径 0.1～0.3 mm，小疱状，初期有不明显的极薄的包被罩住，成熟后包被开裂，包被细胞不规则多角形，长 7～25 μm，宽 5～15 μm，壁厚 1～1.5 μm，孢子堆粉状，新鲜时黄色；夏孢子倒卵形或椭圆形，18～30(～33)×13～23 μm，壁厚 1.5～2 μm，无色，表面疏生细刺，刺距 2～4 μm，内容物新鲜时黄色，芽孔不清楚。

冬孢子堆生于叶下面，常从夏孢子堆中产生，裸露，圆柱形，直立或弯曲，蜡质，长 1～2 mm，直径 50～125 μm，黄褐色或红褐色；冬孢子单胞，串生成链状，互相黏结，包埋于基质中，长椭圆形或长矩圆形，20～60×10～15(～18) μm，壁厚约 1 μm，黄色或淡黄褐色，表面光滑。

0, I

油松 *Pinus tabulaeformis* Carrière 陕西：黄龙(56422)。

台湾松 *Pinus taiwanensis* Hayata (= 黄山松 *Pinus hwangshanensis* W.Y. Hsia) 安徽：金寨(79082)。

云南松 *Pinus yunnanensis* Franch. 四川：普格(30628)。

II, III

滇川翠雀花 *Delphinium delavayi* Franch. 云南：宾川(00332)，大理(00621=11138)。

滇龙胆 *Gentiana rigescens* Franch. ex Hemsl. 云南：宾川(01069，11131)，大理(01068，01070)。

云南龙胆 *Gentiana yunnanensis* Franch. 云南：浪穹(洱源-鹤庆之间) (Delavay 136, *Cronartium delavayi* Pat.模式，FH)。

野牡丹 *Paeonia delavayi* Franch. 云南：丽江(183365，199449，199451，199453)。

芍药 *Paeonia lactiflora* Pall. 内蒙古：阿尔山(67474，67475，74262，74263)；吉林：长春(240363)；台湾：地点不详(02137)；四川：峨眉山(133885，134240，134243)。

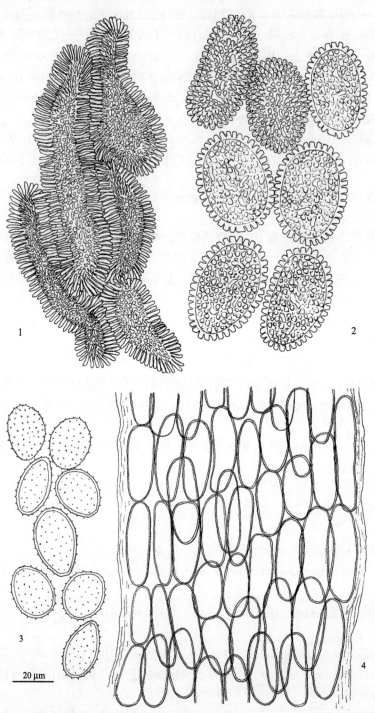

图 104　软垂柱锈菌 *Cronartium flaccidum* (Alb. & Schwein.) G. Winter 的春孢子器包被细胞（1）、春孢子（2）(HMAS 30628)、夏孢子（3）和冬孢子（4）(HMAS 199451)

返顾马先蒿 *Pedicularis resupinata* L. 辽宁：本溪（37553，37554）；黑龙江：鸡东（38601），尚志（41541）；陕西：太白山（34931）。

松蒿 *Phtheirospermum japonicum*(Thunb.) Kanitz 安徽：金寨（79081）。

阴性草 *Siphonostegia chinensis* Benth. 安徽：岳西（79087）。

分布：欧亚温带广布。

Kakishima 等（1984）通过接种试验证实此菌可侵染牡丹 *Paeonia suffruticosa* Andr. 和簇生返顾马先蒿 *Pedicularis resupinata* L. var. *caespitosa* Koidz.。Wilson 和 Henderson（1966）、Peterson（1973）、Hiratsuka 等（1992）、Azbukina（2005）等作者将 *Cronartium flaccidum* (Alb. & Schwein.) G. Winter 作广义（*sensu lato*）处理，视之为多主寄生（plurivorous）菌，其夏孢子和冬孢子阶段生于萝藦科 Asclepiadaceae、凤仙花科 Balsaminaceae、龙胆科 Gentianaceae、芍药科 Paeoniaceae、玄参科 Scrophulariaceae、金莲花科 Tropaeolaceae、马鞭草科 Verbenaceae 等科植物，多见于马利筋属 *Asclepias*、鹅绒藤属 *Cynanchum*、龙胆属 *Gentiana*、芍药属 *Paeonia*、马先蒿属 *Pedicularis*、金莲花属 *Tropaeolum*、马鞭草属 *Verbena* 等属。春孢子阶段生于双维管束（diploxylon）松，引起松疱锈病；在欧洲已被证实侵染欧洲赤松 *Pinus sylvestris* L. (Cornu 1886; Klebahn 1924)、欧洲山松 *P. mugo* Turra (= *P. montana* Mill.) (Fischer 1904)、海岸松 *P. pinaster* Aiton (Gäumann 1959) 等；在日本 Hiratsuka (1932) 通过接种试验证实可侵染赤松 *Pinus densiflora* Siebold & Zucc.。Arthur (1934) 报道在加拿大夏洛特（Charlotte town）试验农场的栽培凤仙花 *Impatiens balsamina* L.上也发现此菌。此菌春孢子阶段在我国东北侵染赤松 *Pinus densiflora* Siebold & Zucc.、樟子松 *Pinus sylvestris* L. var. *mongolica* Litvin.和油松 *Pinus tabulaeformis* Carriere，在华北侵染油松，在长江流域及以南地区侵染马尾松 *Pinus massoniana* Lamb.、台湾松 *Pinus taiwanensis* Hayata (= 黄山松 *Pinus hwangshanensis* W.Y. Hsia)、云南松 *Pinus yunnanensis* Franch.等（鞠国柱 1984；陈建文 1993c；薛煜 1995）。

C. flaccidum 在自然条件下是否可跨越非近缘的植物种类进行侵染，实属可疑。景耀和王培新（1988）的接种试验证实马尾松 *Pinus massoniana* Lamb.上的病原菌只感染玄参科的阴行草 *Siphonostegia chinensis* Benth.，而不感染萝藦科的白薇 *Cynanchum atratum* Bunge、凤仙花科的凤仙花 *Impatiens balsamina* L.、芍药科的芍药 *Paeonia lactiflora* Pall.和草芍药 *Paeonia obovata* Maxim.、玄参科的返顾马先蒿 *Pedicularis resupinata* L.和条纹马先蒿 *Pedicularis lineata* Franch. ex Maxim.以及金莲花科的旱金莲 *Tropaeolum majus* L.。他们将此菌作为一个专化型，命名为 *Cronartium flaccidum* f. sp. *siphonostegiae* (as "*siphonostegium*")，但我们认为很可能是种间差异。

东方柱锈菌　图 105

Cronartium orientale S. Kaneko, Mycoscience 41: 116, 2000; Zhuang & Wei, J. Jilin Agric. Univ. 24: 6, 2002; Zhuang & Wei in W.Y. Zhuang (ed.), Fungi of Northwestern China (Ithaca, New York: Mycotaxon Ltd.), p. 241, 2005; Azbukina & Zhuang in Li & Azbukina (eds.), Fungi of Ussuri River Valley (Beijing, China: Science Press), p. 297, 2011.

Uredo quercus-myrsinifoliae Hennings, Bot. Jahrb. Syst. 34: 598, 1905; Fujikuro, Trans. Nat. Hist. Soc. Formosa 19: 11, 1914; Sawada, Descriptive Catalogue of the Formosan Fungi IV, p. 81, 1928.

Cronartium quercuum auct. non Miyabe ex Shirai: Miyake, Bot. Mag. Tokyo 27: 44, 1913; Tai, Sci. Rep. Natl. Tsing Hua Univ., Ser. B, Biol. Sci. 2: 316, 1936-1937; Hiratsuka & Hashioka, Bot. Mag. Tokyo 51: 42, 1937; Teng & Ou, Sinensia 8: 235, 1937; Teng, A Contribution to Our Knowledge of the Higher Fungi of China (China: Natl. Inst. Zool. & Bot., Academia Sinica), p. 232, 1939; Sawada, Descriptive Catalogue of the Formosan Fungi IX, p. 104, 1943; Tai, Farlowia 3: 96, 1947; Cummins, Mycologia 42: 787, 1950; Wang, Index Uredinearum Sinensium (Beijing, China: Academia Sinica), p. 21, 1951; Teng, Fungi of China (Beijing, China: Science Press), p. 321, 1963; Tai, Sylloge Fungorum Sinicorum (Beijing, China: Science Press), p. 440, 1979; Wang & Zang (eds.), Fungi of Xizang (Tibet) (Beijing, China: Science Press), p. 35, 1983; Zhuang, Acta Mycol. Sin. 2: 149, 1983; Zhuang, Acta Mycol. Sin. 5: 80, 1986; Guo in anon. (ed.), Fungi and Lichens of Shennongjia (Beijing, China: World Publishing Corp.), p. 112, 1989; Zang, Li & Xi, Fungi of Hengduan Mountains (Beijing, China: Science Press), p. 84, 1996; Wei & Zhuang in Mao & Zhuang (eds.), Fungi of the Qinling Mountains (Beijing, China: Chinese Publ. House Agric. Sci. & Techn.), p. 33, 1997; Zhang, Zhuang & Wei, Mycotaxon 61: 58, 1997; Zhuang & Wei, Mycotaxon 72: 378, 1999; Cao, Li & Zhuang, Mycosystema 19: 17, 2000; Zhuang & Wei in W.Y. Zhuang (ed.), Higher Fungi of Tropical China (Ithaca, New York: Mycotaxon Ltd.), p. 356, 2001.

性孢子器散生于树干或枝条的瘿瘤皮层中，从树皮裂缝处溢出蜜黄色液滴，其中含性孢子。

春孢子器生于树干或枝条的瘿瘤上，瘿瘤不规则近球形，直径大小不一，瘿瘤皮层不规则破裂甚至脱落，产生形状不规则的黄白色疱状春孢子器，长可达 10 mm；包被由两层细胞组成，外层表面光滑，内层密布粗疣；包被细胞近椭圆形、矩圆形、长矩圆形、长卵形、长菱形或不规则，25～80×18～33 μm，壁厚 3～5 μm，无色；春孢子倒卵形、椭圆形或矩圆形，20～35(～38) ×15～23(～30) μm，壁与疣厚 2～3.5 μm，无色，表面密布无定形粗疣，有时部分区域无疣呈无定形斑块（光滑区 smooth area），芽孔不清楚。

夏孢子堆生于叶下面，散生或不规则聚生，圆形，直径 0.1～0.5 mm，初期常有极薄的半球形包被罩住，成熟后裸露，粉状，新鲜时黄色；夏孢子倒卵形或椭圆形，18～30(～35) ×15～23 μm，壁厚 1.5～2 μm，无色，表面有疏刺，刺距 2.5～4 μm，内容物新鲜时黄色，芽孔不清楚。

冬孢子堆生于叶下面，裸露，发状或短线状，直立或弯曲，坚硬，长 2～3 mm，直径 60～150 μm，褐色或红褐色；冬孢子单胞，串生成链状，互相黏结，包埋于基质中，长椭圆形、近纺锤形或长纺锤形，基部圆，顶端渐狭，或两端钝圆或渐狭，(25～)

30～60（～75）×（10～）12～23 μm，壁厚 1.5～2 μm，淡黄褐色，表面光滑，不休眠。

0, I

高山松 *Pinus densata* Mast. 西藏：南迦巴瓦峰西坡（45784，247361）。

樟子松 *Pinus sylvestris* L. var. *mongolica* Litvin. 黑龙江：呼玛（76636）。

台湾松 *Pinus taiwanensis* Hayata (= 黄山松 *Pinus hwangshanensis* W.Y. Hsia) 安徽：黄山（79083，79084，79085）。

II, III

栗 *Castanea mollissima* Blume 江苏：南京（03309，18841）；云南：寻甸（133438）。

茅栗 *Castanea seguinii* Dode 安徽：九华山（14272）。

麻栎 *Quercus acutissima* Carruth. 海南：昌江（242491，242497，242500）；贵州：湄潭（03935）；云南：文山（00434，11127）；陕西：南郑（79167），洋县（22167）。

槲栎 *Quercus aliena* Blume 广西：隆林（22170）。

川滇高山栎 *Quercus aquifolioides* Rehder & E.H. Wilson 西藏：波密（242640，242641，242642，242643），林芝（244613，244614，244615，244616）。

小叶栎 *Quercus chenii* Nakai 江西：庐山（14271）。

白栎 *Quercus fabri* Hance 福建：浦城（41540）；湖北：神农架（57263）；重庆：大巴山（31279）。

短柄枹栎 *Quercus glandulifera* Blume var. *brevipetiolata* (A. DC.) Nakai 江西：庐山（82715，82716，82717，82718）；湖北：神农架（57278）。

五台栎 *Quercus wutaishanica* Koidz. (= 辽东栎 *Q. liaotungensis* Koidz.) 四川：九寨沟（64219）；甘肃：迭部（77666，77667）。

蒙古栎 *Quercus mongolica* Fisch. ex Turcz. 内蒙古：阿尔山（74358）；黑龙江：呼玛（82417，82418）。

乌冈栎 *Quercus phillyraeoides* A. Gray 四川：理县（34938）。

枹栎 *Quercus serrata* Thunb. 江苏：宝华山（14266）；台湾：地点不详（02136）；重庆：石柱（247566，247583，247584，247598）；陕西：宁陕（56423）。

刺叶栎 *Quercus spinosa* A. David ex Franch. 云南：丽江（34937）。

栓皮栎 *Quercus variabilis* Blume 江苏：宝华山（14265），南京（03308，03377，24769，31282），宜兴（14268），栖霞山（14267）；湖北：神农架（57264，57282，57283）；海南：霸王岭（242491，242497，242500），吊罗山（55095，58508）；广西：三江（14270）；重庆：大巴山（31281，31283，34939）；云南：玉龙（199533，199534）；陕西：略阳（56417），南郑（79168），洋县（22169）。

栎属 *Quercus* sp. 广西：上思（77396，77397）。

分布：日本，朝鲜半岛，中国，俄罗斯远东地区。

此菌引起松瘤锈病，为重要的森林病害。受害严重时每棵松树病瘤可达数十个，造成侧枝枯死乃至整株死亡。在我国分布广泛，危害樟子松 *Pinus sylvestris* var. *mongolica* Litv.、油松 *P. tabulaeformis* Carriere、兴凯湖松 *P. takahasii* Nakai、马尾松 *P. massoniana* Lamb.、黄山松 *P. taiwanensis* Hayata、云南松 *P. yunnanensis* Franch.、黑松 *P. thunbergii* Parl.等多种松树，黑龙江、江苏、浙江、安徽、福建、台湾、江西、河南、湖北、广西、

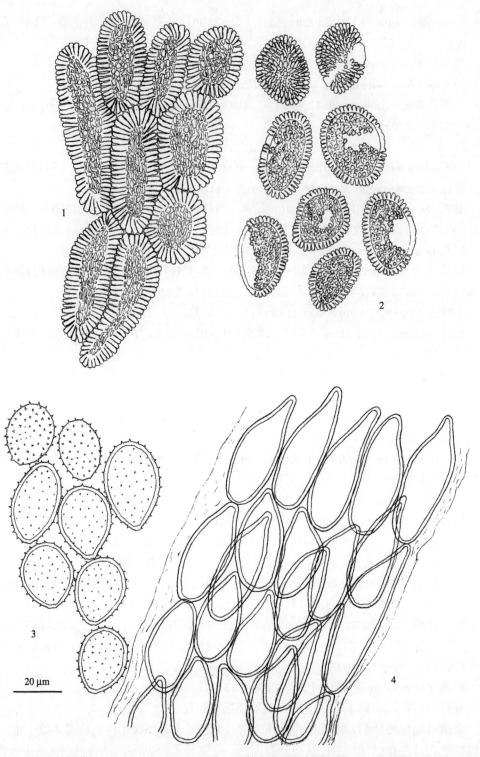

图 105　东方柱锈菌 Cronartium orientale S. Kaneko 的春孢子器包被细胞（1）、春孢子（2）(HMAS 45784)、夏孢子（3）和冬孢子（4）(HMAS 24769)

海南、云南、西藏等省（自治区）均有报道（刘正南等 1981；刘世祺 1984；陈建文 1993c；薛煜 1995）。夏孢子和冬孢子阶段寄主为各种栎属 *Quercus* 植物。刘世祺（1984）记载感病寄主有麻栎 *Quercus acutissima* Carruth.、栓皮栎 *Q. variabilis* Blume、槲栎 *Q. aliena* Blume、白栎 *Q. fabri* Hance、柞栎 *Q. dentata* Thunb.、短柄枹栎 *Q. serrata* var. *brevipetiolata* (A. DC.) Nakai 等。

此菌在东亚各国长期以来一直使用北美洲产的 *Cronartium quercuum* Miyabe ex Shirai 这个名称。Kaneko (2000) 发现分布于东亚的菌的担孢子有别于北美洲分布的菌的担孢子，因此将分布于东亚的菌改订为 *Cronartium orientale* S. Kaneko。*C. orientale* 的担孢子呈球形或近球形，近无色，而 *C. quercuum* 的担孢子为椭圆形，橙黄色。两者之间夏孢子形态大小无显著差异，但前者的夏孢子的刺略大，数量较少；两者之间冬孢子、春孢子和春孢子器包被细胞几无区别。Azbukina (2005) 接受了 Kaneko (2000) 的意见，对俄罗斯远东地区的松瘤锈病病原改订为 *Cronartium orientale* S. Kaneko。然而，*C. orientale* 和 *C. quercuum* 在形态上的微小差异是否稳定，是否足够作为种间差异的依据，有待商榷。从生物地理学角度看，将 *C. quercuum* 视作东亚北美分布型的种并非不可。*C. orientale* 的建立引出了一个疑问：它与 *C. quercuum* 的分布界线在哪里？洲的范围是人为界定的，难道亚洲和北美洲分别是它们的不可逾越的天然分布区？我们认为将"*C. orientale*"视为 *C. quercuum* 的地理变型更合理。我们未能对东亚和北美洲的标本（需大量标本作对比）作详细的比较研究，在此暂用 *C. orientale* 这个名称。

茶藨子生柱锈菌　图 106

Cronartium ribicola J.C. Fischer, Hedwigia 11: 182, 1872; Hiratsuka, Trans, Sapporo Nat. Hist. Soc. 16: 195, 1941; Wang, Index Uredinearum Sinensium (Beijing, China: Academia Sinica), p. 21, 1951; Tai, Sylloge Fungorum Sinicorum (Beijing, China: Science Press), p. 441, 1979; Wang & Zang (eds.), Fungi of Xizang (Tibet) (Beijing, China: Science Press), p. 35, 1983; Zhuang, Acta Mycol. Sin. 5: 80, 1986; Guo in anon. (ed.), Fungi and Lichens of Shennongjia (Beijing, China: World Publishing Corp.), p. 113, 1989; Zhuang & Wei, Mycosystema 7: 43, 1994; Zang, Li & Xi, Fungi of Hengduan Mountains (Beijing, China: Science Press), p. 84, 1996; Wei & Zhuang in Mao & Zhuang (eds.), Fungi of the Qinling Mountains (Beijing, China: Chinese Publ. House Agric. Sci. & Techn.), p. 33, 1997; Zhang, Zhuang & Wei, Mycotaxon 61: 58, 1997; Zhuang, J. Anhui Agric. Univ. 26: 261, 1999; Cao, Li & Zhuang, Mycosystema 19: 17, 2000; Zhuang & Wei in W.Y. Zhuang (ed.), Higher Fungi of Tropical China (Ithaca, New York: Mycotaxon Ltd.), p. 356, 2001; Zhuang & Wei in W.Y. Zhuang (ed.), Fungi of Northwestern China (Ithaca, New York: Mycotaxon Ltd.), p. 241, 2005; Azbukina & Zhuang in Li & Azbukina (eds.), Fungi of Ussuri River Valley (Beijing, China: Science Press), p. 297, 2011; Xu, Zhao & Zhuang, Mycosystema 32 (Suppl.): 172, 2013; *Cronartium ribicola* A. Dietrich, Arch. Naturk. Liv-Ehst.-Kurlands, Ser. 2, Biol. Naturk. 1: 287, 1856 (nom. nud.); Hiratsuka & Hashioka, Bot. Mag. Tokyo 49: 24, 1935.

性孢子器散生于树干或枝条的皮层下，扁平，在树皮外溢出蜜黄色液滴（含性孢子），性孢子卵形或椭圆形，2.5～4.5×2～2.5 μm。

春孢子器生于树干或枝条上，裸露，近球形、矩圆形或不规则，疱状，长 2～10 mm，宽 2～5 mm，高可达 5 mm，常互相连合，橙黄色，干时黄白色；包被由 2～3 层细胞组成，包被细胞近椭圆形、矩圆形、近菱形或无定形，长可达 60 μm 或更长，宽 15～35(～40) μm，垂直平面观壁厚 3～7.5 μm，外层表面光滑或具细疣，内层密布粗疣，无色；春孢子近球形、椭圆形或角球形，22～35×15～25(～28) μm，壁与疣厚 2～2.5 μm，无色，表面密布平顶柱形粗疣，有时无疣区呈不规则斑块（光滑区），芽孔不清楚。

夏孢子堆生于叶下面，散生或不规则聚生，圆形，直径 0.1～0.5 mm，常形成直径 1～5 mm 大的孢子堆群，初期常有极薄的包被罩住，成熟后包被开裂而裸露，粉状，新鲜时黄色；夏孢子倒卵形或椭圆形，(16～)18～32(～38) ×13～23 μm，壁厚 2～3 μm，无色，表面疏生尖刺，刺距 2～3.5 μm，芽孔不清楚。

冬孢子堆生于叶下面，聚生，常沿叶脉生，多时密布全叶，裸露，发状或线状，直立或弯曲，坚硬，长 0.5～3 mm，直径 80～150 μm，橙黄色或黄褐色；冬孢子单胞，串生成链状，互相黏结，包埋于基质中，长椭圆形、长矩圆形或近圆柱形，有时一端或两端渐狭，30～70(～75) ×10～15(～20) μm，壁厚 1～1.5(～2) μm，近无色，表面光滑。

0, I

华山松 *Pinus armandi* Franch. 河南：卢氏（45350）；陕西：宁陕（56424）。

西伯利亚五针松 *Pinus sibirica* Du Tour 哈巴河（37736）。

II, III

台湾茶藨子 *Ribes formosanum* Hayata 台湾：台南（02134, 02135）。

冰川茶藨子 *Ribes glaciale* Wall. 重庆：大巴山（55147）；四川：木里（64389）；西藏：林芝（247394，247395，247409），墨脱（46946）；陕西：太白山（55189）。

格氏茶藨子 *Ribes griffithii* Hook.f. & Thomson 西藏：吉隆（64277，64278）。

长白茶藨子 *Ribes komarovii* A. Pojark. 吉林：安图（55536）。

紫花茶藨子 *Ribes lucidum* Hook. f. & Thomson 西藏：林芝（246820）。

东北茶藨子（山麻子）*Ribes mandschuricum* (Maxim.) Kom. 吉林：凉水（64384）；黑龙江：带岭（41542），五营（42837）。

刺果茶藨子 *Ribes maximowiczii* Batalin 甘肃：舟曲（79163，79166）。

宝兴茶藨子 *Ribes moupinense* Franch. 湖北：神农架（57213，57222）；西藏：墨脱（46947）。

茶藨子 *Ribes nigrum* L. 新疆：哈巴河（37742），喀纳斯自然保护区（52870，52872，172046）。

东方茶藨子 *Ribes orientale* Desf. 四川：米亚罗（34417）；西藏：吉隆（64279，64280，64281），墨脱（247307）。

英吉利茶藨子 *Ribes palczewskii*(Jancz.) A. Pojark. 吉林：安图（55490）。

渐尖茶藨子 *Ribes takare* D. Don 四川：卧龙（64390，64391）；陕西：太白山（01140，56081）。

细枝茶藨子 *Ribes tenue* Jancz. 湖北：神农架（57284）；四川：米亚罗（34415，34416）；

云南：中甸（199536）；甘肃：舟曲（79163，79164，79165，79166）。

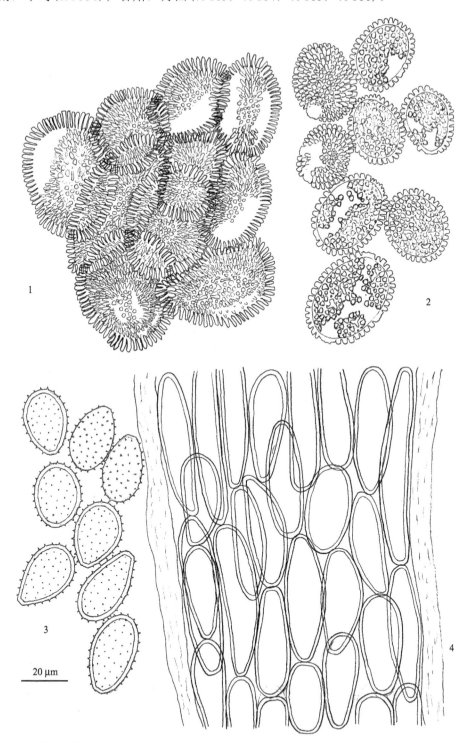

20 μm

图106 茶藨子生柱锈菌 *Cronartium ribicola* J.C. Fisch.的春孢子器包被细胞（1）、春孢子（2）(HMAS 56424)、夏孢子（3）和冬孢子（4）(HMAS 52872)

矮茶藨子 *Ribes triste* Pall. (= *R. repens* A.I. Baranov) 吉林：安图（41543）；黑龙江：带岭（163102），五营（42838）。

分布：北温带广布。

本种广泛分布于北温带，春孢子阶段常侵染五针松，在我国主要危害红松 *Pinus koraiensis* Siebold & Zucc.、华山松 *Pinus armandi* Franch.、西伯利亚五针松 *Pinus sibirica* Du Tour、台湾五针松 *Pinus morrisonicola* Hayata 等（邵力平 1984；邵力平等 1979，1980；陈建文 1993b；薛煜 1995）。欧洲和北美洲的文献记载夏孢子和冬孢子阶段生于多种茶藨子属 *Ribes*（茶藨子科 Grossulariaceae）植物（Sydow and Sydow 1915; Arthur 1934; Gäumann 1959; Ziller 1974; Kuprevich and Ul'yanishchev 1975）。Gäumann (1959) 列出的茶藨子属寄主达 80 余种。邵力平等（1979，1980）和刘正南等（1981）通过接种试验证明返顾马先蒿 *Pedicularis resupinata* L.和穗花马先蒿 *Pedicularis spicata* Pall.是本种夏孢子阶段和冬孢子阶段寄主。刘正南等（1981）称"在自然条件下，只有马先蒿产生了夏孢子和冬孢子堆，而茶藨子却不被侵染。"Hiratsuka 等（1992）和 Azbukina (2005) 也记载本种可侵染马先蒿属 *Pedicularis*（玄参科 Scrophulariaceae）植物。

本种与 *Cronartium flaccidum* (Alb. & Schwein.) G. Winter 形态区别不大，但本种夏孢子略大，孢壁略厚；冬孢子较狭长，有时一端或两端渐狭。

Jørstad (1934) 根据采自堪察加半岛火焰草 *Castilleja pallida* (L.) Kunth.和返顾马先蒿 *Pedicularis resupinata* L.（玄参科 Scrophulariaceae）上的标本描述了堪察加柱锈菌 *Cronartium kamtschaticum* Jørst.。此菌夏孢子 23.8～30.8×19.1～23.7 μm，冬孢子长可达 75 μm，宽 10～17 μm。其春孢子阶段生于偃松 *Pinus pumila* (Pall.) Regel。Hiratsuka 等 (1992) 及 Azbukina (2005) 将它作为 *Cronartium ribicola* 的同物异名。我们的玄参科 Scrophulariaceae 植物上的标本都不符合 *C. ribicola* 的特征，但对照 Jørstad (1934) 的原描述，其夏孢子和冬孢子基本符合 *C. kamtschaticum* 的特征。我们认为 Hiratsuka 等（1992）及 Azbukina (2005) 将 *C. kamtschaticum* 作为 *C. ribicola* 的同物异名有待商榷。我们倾向于支持 Peterson (1973) 的意见，对 *C. kamtschaticum* 予以承认。我们怀疑上述邵力平等（1979，1980）和刘正南等（1981）的接种试验所使用的接种物不是 *C. ribicola*，而是 *C. kamtschaticum*。鉴于我们未能研究 *C. kamtschaticum* 的模式标本，且手头现有的玄参科植物上的标本很少，也未进行接种试验，无法作深入对比研究，在此仍按早期多数欧洲和北美洲作者的意见将 *C. ribicola* 的寄主范围仅限于茶藨子科 Grossulariaceae 植物，而将玄参科植物上的标本都鉴定为 *C. flaccidum*。

植物各科、属、种上的锈菌名录

蕨类植物门 Pteridophyta

铁线蕨科 Adiantaceae

Adiantum pedatum L.
    Uredinopsis adianti Kom.

三叉蕨科 Aspidiaceae

Ctenitis decurrenti-pinnata Ching
    Milesina exigua (Faull) Hirats. f.

蹄盖蕨科 Athyriaceae

Allantodia chinensis (Baker) Ching
    Hyalopsora hakodatensis Hirats. f.
Allantodia virescens (Kunze) Ching
    Hyalopsora polypodii (Dietel) Magnus
Athyriopsis petersenii (Kunze) Ching
    Hyalopsora polypodii (Dietel) Magnus
Athyrium anisopterum Christ
    Hyalopsora polypodii (Dietel) Magnus
Athyrium dissitifolium (Baker) C. Chr.
    Hyalopsora hakodatensis Hirats. f.
    Hyalopsora polypodii (Dietel) Magnus
Athyrium niponicum (Mett.)Hance
    Hyalopsora polypodii (Dietel) Magnus
Athyrium rupicola (Edgew. ex Hope) C. Chr.
    Uredinopsis athyrii Kamei
Athyrium vidalii (Franch. & Sav.) Nakai
    Hyalopsora polypodii (Dietel) Magnus
Cystopteris fragilis (L.) Benth.

Hyalopsora polypodii (Dietel) Magnus

Cystopteris pellucida (Franch.) Ching

    Hyalopsora polypodii (Dietel) Magnus

Dictyodroma hainanense Ching

    Hyalopsora hakodatensis Hirats. f.

Diplazium kawakamii Hayata

    Milesina formosana Hirats. f.

Dryoathyrium coreanum (Christ) Tagawa

    Hyalopsora hakodatensis Hirats. f.

Gymnocarpium dryopteris (L.) Newm.

    Hyalopsora aspidiotus (Magnus) Magnus

Gymnocarpium jessoense (Koidz.) Koidz.

    Hyalopsora aspidiotus (Magnus) Magnus

Lunathyrium bagaense Ching & S.K. Wu

    Hyalopsora polypodii (Dietel) Magnus

Lynathyrium tibeticum Ching

    Uredinopsis athyrii Kamei

Pseudocystopteris atkinsonii (Bedd.) Ching

    Hyalopsora polypodii (Dietel) Magnus

乌毛蕨科 Blechnaceae

Blechnum orientale L.

    Hyalopsora polypodii (Dietel) Magnus

碗蕨科 Dennstaedtiaceae

Microlepia strigosa (Thunb.) Presl

    Milesina exigua (Faull) Hirats. f.

鳞毛蕨科 Dryopteridaceae

Dryopteris chrysocoma (Christ) Ching

    Milesina miyabei Kamei

Dryopteris expansa (Presl) Fraser-Jenkins & Jermy

    Uredinopsis ossiformis Kamei

Dryopteris immixta Ching

    Milesina erythrosora (Faull) Hirats. f.

Dryopteris lepidopoda Hayata

Milesina erythrosora (Faull) Hirats. f.

Dryopteris paleacea C. Chr.

    Milesina miyabei Kamei

Dryopteris rosthornii (Diels) C. Chr.

    Milesina exigua (Faull) Hirats. f.

Leptorumohra quadripinnata H. Ito

    Milesina erythrosora (Faull) Hirats. f.

Polystichum tsus-simense (Hook.) J. Sm.

    Milesina exigua (Faull) Hirats. f.

裸子蕨科 Gymnogrammaceae

Coniogramme fraxinea (Don) Diels

    Milesina coniogrammicola Hirats. f.

Coniogramme intermedia Hieron.

    Milesina coniogrammicola Hirats. f.

球子蕨科 Onocleaceae

Matteuccia struthiopteris (L.) Todaro

    Uredinopsis struthiopteridis F.C.M. Störmer ex Dietel

水龙骨科 Polypodiaceae

Phymatopteris shensiensis (Christ) Pic.Serm. (≡*Polypodium shensiense* Christ)

    Hyalopsora yunnanensis B. Li

Polypodiodes amoena (Wall. ex Mett.) Ching

    Milesina hashiokai Hirats. f.

凤尾蕨科 Pteridaceae

Pteridium aquilinum (L.) Kuhn var. *lanuginosum* Hook.

    Uredinopsis hashiokai Hirats. f.

Pteridium aquilinum (L.) Kuhn var. *latiusculum* (Desv.) Underw. ex Heller

    Uredinopsis kameiana Faull

    Uredinopsis pteridis Dietel & Holw.

Pteridium revolutum (Blume) Nakai

    Uredinopsis hashiokai Hirats. f.

    Uredinopsis pteridis Dietel & Holw.

Pteris cretica L. var. *nervosa* (Thunb.) Ching & S.H. Wu

 Milesina coniogrammicola Hirats. f.

中国蕨科 Sinopteridaceae

Aleuritopteris argentea (S.G. Gmél.) Fée

 Milesina pteridicola Hirats. f.

Aleuritopteris subvillosa (Hook.) Ching

 Milesina coniogrammicola Hirats. f.

金星蕨科 Thelypteridaceae

Parathelypteris glanduligera (Kunze) Ching

 Hyalopsora polypodii (Dietel) Magnus

Phegopteris connectilis (Michx.) Watt

 Uredinopsis filicina Magnus

Phegopteris decursive-pinnata (van Hall) Fèe

 Hyalopsora polypodii (Dietel) Magnus

Thelypteris palustris (L.) Schott. var. *pubescens* (Lawson) Fernald

 Uredinopsis hirosakiensis Kamei & Hirats. f.

种子植物门 Spermatophyta

槭树科 Aceraceae

Acer davidii Franch.

 Melampsoridium aceris Jørst.

Acer rubescens Hayata

 Pucciniastrum hikosanense Hirats. f.

Acer truncatum Bunge

 Pucciniastrum aceris Syd.

猕猴桃科 Actinidiaceae

Actinidia callosa Lindl.

 Pucciniastrum actinidiae Hirats. f.

夹竹桃科 Apocynaceae

Plumeria rubra L. var. *acutifolia* (Poir. ex Lam.) Bailey
    Coleosporium plumeriae Pat.
Plumeria rubra L. var. *rubra*
    Coleosporium plumeriae Pat.

桦木科 Betulaceae

Alnus cremastogyne Burkill ex J. Forbes & Hemsl.
    Melampsoridium alni (Thüm. ex Tranzschel) Dietel
Alnus mandshurica (Callier ex C.K. Schneid.) Hand.-Mazz.
    Melampsoridium alni (Thüm. ex Tranzschel) Dietel
Alnus sibirica Fisch. ex Turcz.
    Melampsoridium hiratsukanum S. Ito ex Hirats. f.
Betula albosinensis Burkill
    Melampsoridium betulinum (Fr.) Kleb.
Betula bomiensis P.C. Li
    Melampsoridium betulinum (Fr.) Kleb.
Betula chinensis Maxim.
    Melampsoridium betulinum (Fr.) Kleb.
Betula dahurica Pall.
    Melampsoridium betulinum (Fr.) Kleb.
Betula fargesii Franch.
    Melampsoridium betulinum (Fr.) Kleb.
Betula fruticosa Pall.
    Melampsoridium betulinum (Fr.) Kleb.
Betula halophila R.C. Ching ex P.C. Li
    Melampsoridium betulinum (Fr.) Kleb.
Betula insignis Franch.
    Melampsoridium betulinum (Fr.) Kleb.
Betula luminifera H. Winkl.
    Melampsoridium betulinum (Fr.) Kleb.
Betula microphylla Bunge
    Melampsoridium betulinum (Fr.) Kleb.
Betula middendorffii Trautv. & C.A. Mey.
    Melampsoridium betulinum (Fr.) Kleb.
Betula ovalifolia Rupr.
    Melampsoridium betulinum (Fr.) Kleb.

Betula pendula Roth
  Melampsoridium betulinum (Fr.) Kleb.
Betula platyphylla Sukaczev
  Melampsoridium betulinum (Fr.) Kleb.
Betula tianschanica Rupr.
  Melampsoridium betulinum (Fr.) Kleb.
Betula utilis D. Don
  Melampsoridium betulinum (Fr.) Kleb.
Carpinus fargesiana H. Winkl.
  Melampsoridium carpini (Fuckel) Dietel
Carpinus kawakamii Hayata
  Melampsoridium carpini (Fuckel) Dietel
Carpinus turczaninowii Hance
  Melampsoridium carpini (Fuckel) Dietel
Carpinus viminea Wall.
  Melampsoridium carpini (Fuckel) Dietel
Carpinus sp.
  Melampsoridium asiaticum S. Kaneko & Hirats. f.
Corylus heterophylla Fisch. ex Trautv.
  Pucciniastrum coryli Kom.
Ostrya japonica Sarg.
  Thekopsora ostryae Y.M. Liang & T. Yang

紫草科 Boraginaceae

Brachybotrys paridiformis Maxim. ex Oliv.
  Thekopsora brachybotrydis Tranzschel

桔梗科 Campanulaceae

Adenophora capillaris Hemsl.
  Coleosporium campanulae (F. Strauss) Tul.
Adenophora divaricata Franch. & Sav.
  Coleosporium campanulae (F. Strauss) Tul.
Adenophora gmelinii (Spreng.) Fisch.
  Coleosporium campanulae (F. Strauss) Tul.
Adenophora liliifolioides Pax & K. Hoffm.
  Coleosporium campanulae (F. Strauss) Tul.
Adenophora morrisonensis Hayata

Coleosporium taiwanense S. Kaneko

Adenophora paniculata Nannf.

    Coleosporium campanulae (F. Strauss) Tul.

Adenophora pereskiifolia (Fisch. ex Schult.) G. Don

    Coleosporium campanulae (F. Strauss) Tul.

Adenophora petiolata Pax & K. Hoffm.

    Coleosporium campanulae (F. Strauss) Tul.

Adenophora polyantha Nakai

    Coleosporium campanulae (F. Strauss) Tul.

Adenophora potaninii Korsh.

    Coleosporium campanulae (F. Strauss) Tul.

Adenophora sinensis DC.

    Coleosporium campanulae (F. Strauss) Tul.

Adenophora stenanthina (Ledeb.) Kitag.

    Coleosporium campanulae (F. Strauss) Tul.

 Adenophora stricta Miq.

    Coleosporium campanulae (F. Strauss) Tul.

Adenophora stricta Miq. subsp. *sessilifolia* D.Y. Hong

    Coleosporium campanulae (F. Strauss) Tul.

Adenophora tetraphylla (Thunb.) Fisch.

    Coleosporium campanulae (F. Strauss) Tul.

Adenophora tricuspidata (Fisch. Ex Roem. & Schult.) A. DC.

    Coleosporium campanulae (F. Strauss) Tul.

Adenophora triphylla A. DC.

    Coleosporium campanulae (F. Strauss) Tul.

    Coleosporium taiwanense S. Kaneko

Asyneuma chinense D.Y. Hong

    Coleosporium campanulae (F. Strauss) Tul.

Campanula colorata Wall.

    Coleosporium campanulae (F. Strauss) Tul.

    Coleosporium pseudocampanulae S. Kaneko, Kakish. & Y. Ono

Campanula glomerata L. subsp. *cephalotes* (Nakai) D.Y. Hong

    Coleosporium campanulae (F. Strauss) Tul.

Campanula glomeratoides D.Y. Hong

    Coleosporium campanulae (F. Strauss) Tul.

Campanula punctata Lam.

    Coleosporium campanulae (F. Strauss) Tul.

Campanumoea javanica Blume

    Coleosporium horianum Henn.

Campanumoea javanica Blume var. *japonica* Makino

    Coleosporium horianum Henn.

Codonopsis lanceolata (Siebold & Zucc.) Trautv.

    Coleosporium horianum Henn.

Codonopsis pilosula Nannf.

    Coleosporium horianum Henn.

Codonopsis ussuriensis (Rupr. & Maxim.) Hemsl.

    Coleosporium horianum Henn.

Cyananthus inflatus Hook. f. & Thomson

    Coleosporium campanulae (F. Strauss) Tul.

Lobelia davidii Franch.

    Coleosporium campanulae (F. Strauss) Tul.

Lobelia melliana E. Wimm.

    Coleosporium campanulae (F. Strauss) Tul.

Lobelia pleotricha Diels

    Coleosporium campanulae (F. Strauss) Tul.

Lobelia pyramidalis Wall.

    Coleosporium campanulae (F. Strauss) Tul.

Lobelia seguinii H. Lév. & Vaniot

    Coleosporium campanulae (F. Strauss) Tul.

Wahlenbergia marginata (Thunb.) A. DC.

    Coleosporium campanulae (F. Strauss) Tul.

忍冬科 Caprifoliaceae

Lonicera hispida Pall. ex Roem. & Schult.

    Coleosporium lonicerae Y.C. Wang & S.X. Wei

Lonicera saccata Rehder

    Coleosporium lonicerae Y.C. Wang & S.X. Wei

Viburnum erubescens Wall. ex DC.

    Pucciniastrum miyabeanum Hirats.

Viburnum grandiflorum Wall. ex DC.

    Pucciniastrum miyabeanum Hirats.

Viburnum nervosum D. Don

    Pucciniastrum miyabeanum Hirats.

石竹科 Caryophyllaceae

Pseudostellaria heterophylla (Miq.) Pax ex Pax & Hoffm.

Melampsorella caryophyllacearum J. Schröt.

Stellaria media L.

Melampsorella caryophyllacearum J. Schröt.

Stellaria vestita Kurz

Melampsorella caryophyllacearum J. Schröt.

菊科 Compositae

Aster ageratoides Turcz.

Coleosporium asterum (Dietel) P. Syd. & Syd.

Aster alatipes Hemsl.

Coleosporium asterum (Dietel) P, Syd. & Syd.

Aster albescens (DC.) Hand.-Mazz.

Coleosporium asterum (Dietel) P. Syd. & Syd.

Aster baccharoides (Benth.) Steetz

Coleosporium asterum (Dietel) P. Syd. & Syd.

Aster fulgidulus Grierson

Coleosporium asterum (Dietel) P. Syd. & Syd.

Aster maackii Regel

Coleosporium asterum (Dietel) P. Syd. & Syd.

Aster panduratus Nees ex Walp.

Coleosporium asterum (Dietel) P. Syd. & Syd.

Aster poliothamnus Diels

Coleosporium asterum (Dietel) P. Syd. & Syd.

Aster procerus Hemsl.

Coleosporium asterum (Dietel) P. Syd. & Syd.

Aster pycnophyllus W.W. Sm.

Coleosporium asterum (Dietel) P. Syd. & Syd.

Aster senecioides Franch.

Coleosporium asterum (Dietel) P. Syd. & Syd.

Aster tataricus L.

Thekopsora asterum Tranzschel

Aster turbinatus S. Moore

Coleosporium asterum (Dietel) P. Syd. & Syd.

Aster vestitus Franch.

Coleosporium asterum (Dietel) P. Syd. & Syd.

Aster yunnanensis Franch.

Coleosporium asterum (Dietel) P. Syd. & Syd.

Cacalia kamtschatica (Maxim.) Kudo

Coleosporium neocacaliae Saho

Carpesium abrotanoides L.

    Coleosporium carpesii Sacc.

Carpesium cernuum L.

    Coleosporium carpesii Sacc.

Carpesium divaricatum Siebold & Zucc.

    Coleosporium carpesii Sacc.

Carpesium lipskyi Winkl.

    Coleosporium carpesii Sacc.

Carpesium macrocephalum Franch. & Sav.

    Coleosporium carpesii Sacc.

Carpesium minum Hemsl.

    Coleosporium carpesii Sacc.

Carpesium nepalense Less.

    Coleosporium carpesii Sacc.

Carpesium scapiforme F.H. Chen & C.M. Hu

    Coleosporium carpesii Sacc.

Carpesium trachelifolium Less.

    Coleosporium carpesii Sacc.

Carpesium triste Maxim.

    Coleosporium carpesii Sacc.

Doellingeria scabra (Thunb.) Nees

    Coleosporium asterum (Dietel) P. Syd. & Syd.

Elephantopus sp.

    Coleosporium vernoniae Berk. & M.A. Curtis

Eupatorium cannabinum L. subsp. *asiaticum* Kitam.

    Coleosporium eupatorii Hirats. f.

Eupatorium fortunei Turcz.

    Coleosporium eupatorii Hirats. f.

Eupatorium heterophyllum DC.

    Coleosporium eupatorii Hirats. f.

Eupatorium lindleyanum DC.

    Coleosporium eupatorii Hirats. f.

Heteropappus hispidus (Thunb.) Less.

    Thekopsora asterum Tranzschel

Inula cappa (Buch.-Ham.) DC.

    Coleosporium inulae Rabenh.

Inula helianthus-aquatica C.Y. Wu & Y. Ling

    Coleosporium inulae Rabenh.

Kalimeris incisa (Fisch.) DC.

 Thekopsora asterum Tranzschel

Kalimeris indica (L.) Sch.Bip.

 Coleosporium asterum (Dietel) P. Syd. & Syd.

 Thekopsora asterum Tranzschel

Kalimeris integrifolia Turcz. ex DC.

 Thekopsora asterum Tranzschel

Kalimeris lautureana (Debeaux) Kitam.

 Coleosporium asterum (Dietel) P. Syd. & Syd.

 Thekopsora asterum Tranzschel

Kalimeris mongolica (Franch.) Kitam.

 Coleosporium asterum (Dietel) P. Syd. & Syd.

Kalimeris shimadai (Kitam.) Kitam.

 Coleosporium asterum (Dietel) P. Syd. & Syd.

Ligularia dentata (A. Gray) Hara

 Coleosporium ligulariae Thüm.

Ligularia dictyoneura (Franch.) Hand.-Mazz.

 Coleosporium ligulariae Thüm.

Ligularia fischeri (Ledeb.) Turcz.

 Coleosporium ligulariae Thüm.

Ligularia intermedia Nakai

 Coleosporium ligulariae Thüm.

Ligularia jamesii (Hemsl.) Kom.

 Coleosporium ligulariae Thüm.

Ligularia latihastata (W.W. Sm.) Hand.-Mazz.

 Coleosporium ligulariae Thüm.

Ligularia lapathifolia (Franch.) Hand.-Mazz.

 Coleosporium ligulariae Thüm.

Ligularia przewalskii (Maxim.) Diels

 Coleosporium ligulariae Thüm.

Ligularia sibirica (L.) Cass.

 Coleosporium ligulariae Thüm.

Ligularia stenocephala (Maxim.) Matsum. & Koidz.

 Coleosporium ligulariae Thüm.

Ligularia tongolensis (Franch.) Hand.-Mazz.

 Coleosporium ligulariae Thüm.

Ligularia veitchiana (Hemsl.) Greenm.

 Coleosporium ligulariae Thüm.

Myriactis nepalensis Less.

Coleosporium zangmui Y.C. Wang & S.X. Wei

Myriactis wightii DC.

    Coleosporium zangmui Y.C. Wang & S.X. Wei

Myripnois dioica Bunge

    Coleosporium sinicum M. Wang & J.Y. Zhuang

Parasenecio ainsliiflorus (Franch.) Y.L. Chen [= *Cacalia ainsliaeflora* (Franch.) Hand.-Mazz.]

    Coleosporium neocacaliae Saho

Parasenecio ambiguus (Y. Ling) Y.L. Chen (= *Cacalia ambigua* Y. Ling)

    Coleosporium neocacaliae Saho

Parasenecio auriculatus (DC.) H. Koyama (= *Cacalia auriculata* DC.)

    Coleosporium neocacaliae Saho

Parasenecio bulbiferoides (Hand.-Mazz.) Y.L. Chen (= *Cacalia bulbiferoides* Hand.-Mazz.)

    Coleosporium neocacaliae Saho

Parasenecio hastatus (L.) H. Koyama (= *Cacalia hastata* L.)

    Coleosporium neocacaliae Saho

Parasenecio hastatus (L.) H. Koyama var. *glaber* (Ledeb.) Y.L. Chen (= *Cacalia hastata* L. var. *glabra* Ledeb.)

    Coleosporium neocacaliae Saho

Parasenecio komaroviana (Poljark.) Y.L. Chen (= *Hasteola komaroviana* Poljark.)

    Coleosporium neocacaliae Saho

Parasenecio latipes (Franch.) Y.L. Chen [= *Cacalia latipes* (Franch.) Hand.-Mazz.]

    Coleosporium neocacaliae Saho

Parasenecio palmatisectus (Jeffrey) Y.L. Chen [= *Cacalia palmatisecta* (Jeffrey) Hand.-Mazz.]

    Coleosporium neocacaliae Saho

Parasenecio praetermissus (Poljakov) Y.L. Chen

    Coleosporium neocacaliae Saho

Parasenecio tripteris (Hand.-Mazz.) Y.L. Chen (= *Cacalia tripteris* Hand.-Mazz.)

    Coleosporium neocacaliae Saho

Pertya cordifolia Mattf.

    Coleosporium myripnois Y.C. Wang & J Y Zhuang

Pertya sinensis Oliv.

    Coleosporium myripnois Y.C. Wang & J Y Zhuang

Saussurea amara (L.) DC.

    Coleosporium saussureae Thüm.

Saussurea amurensis Turcz.

    Coleosporium saussureae Thüm.

Saussurea bullockii Dunn

Coleosporium saussureae Thüm.

Saussurea cordifolia Hemsl.

 Coleosporium saussureae Thüm.

Saussurea dolichopoda Diels

 Coleosporium saussureae Thüm.

Saussurea dutaillyana Franch.

 Coleosporium saussureae Thüm.

Saussurea glandulosa Kitam.

 Coleosporium saussureae Thüm.

Saussurea grandifolia Maxim.

 Coleosporium saussureae Thüm.

Saussurea japonica (Thunb.) DC.

 Coleosporium saussureae Thüm.

Saussurea licentiana Hand.-Mazz.

 Coleosporium saussureae Thüm.

Saussurea manshurica Kom.

 Coleosporium saussureae Thüm.

Saussurea maximowiczii Herder

 Coleosporium saussureae Thüm.

Saussurea mongolica (Franch.) Franch.

 Coleosporium saussureae Thüm.

Saussurea mutabilis Diels

 Coleosporium saussureae Thüm.

Saussurea nivea Turcz.

 Coleosporium saussureae Thüm.

Saussurea odontolepis (Herder) Sch.Bip. ex Maxim.

 Coleosporium saussureae Thüm.

Saussurea oligantha Franch.

 Coleosporium saussureae Thüm.

Saussurea parviflora (Poir.) DC.

 Coleosporium saussureae Thüm.

Saussurea pectinata Bunge

 Coleosporium saussureae Thüm.

Saussurea peduncularis Franch.

 Coleosporium saussureae Thüm.

Saussurea pinetorum Hand.-Mazz.

 Coleosporium saussureae Thüm.

Saussurea polycephala Hand.-Mazz.

 Coleosporium saussureae Thüm.

Saussurea recurvata (Maxim.) Lipsch.

　　Coleosporium saussureae Thüm.

Saussurea triangulata Trautv. & C.A. Mey.

　　Coleosporium saussureae Thüm.

Saussurea tsinlingensis Hand.-Mazz.

　　Coleosporium saussureae Thüm.

Saussurea ussuriensis Maxim.

　　Coleosporium saussureae Thüm.

Senecio argunensis Turcz.

　　Coleosporium senecionis J.J. Kichx

Senecio cannabifolius Less.

　　Coleosporium senecionis J.J. Kichx

Senecio graciliflorus DC.

　　Coleosporium senecionis J.J. Kichx

Senecio morrisonensis Hayata

　　Coleosporium senecionis J.J. Kichx

Senecio nemorensis L.

　　Coleosporium senecionis J.J. Kichx

Senecio nemorensis L. var. *dentatus* (Kitam.) H. Koyama

　　Coleosporium senecionis J.J. Kichx

Senecio vulgaris L.

　　Coleosporium senecionis J.J. Kichx

Sinacalia davidii (Franch.) H. Koyama [= *Cacalia davidii* (Franch.) Hand.-Mazz.]

　　Coleosporium neocacaliae Saho

Sinacalia tangutica (Maxim.) B. Nord. [= *Cacalia tangutica* (Franch.) Hand.-Mazz.]

　　Coleosporium neocacaliae Saho

Solidago decurrens Lour.

　　Coleosporium asterum (Dietel) P. Syd. & Syd.

Solidago virgaurea L.

　　Coleosporium asterum (Dietel) P. Syd. & Syd.

Synotis acuminata (Wall.ex DC.) C. Jeffrey & Y.L. Chen (≡ *Senecio acuminata* Wall. ex DC.)

　　Coleosporium senecionis J.J. Kichx

Synotis alata (Wall.ex DC.) C. Jeffrey & Y.L. Chen (≡ *Senecio alata* Wall. ex DC.)

　　Coleosporium senecionis J.J. Kichx

Synotis cappa (Buch.-Ham. ex D. Don) C. Jeffrey & Y.L. Chen (= *Senecio densiflorus* Wall. ex DC.)

　　Coleosporium senecionis J.J. Kichx

Synotis erythropappa (Bureau & Franch.) C. Jeffrey & Y.L. Chen (= *Senecio dianthus*

Franch.)

    Coleosporium senecionis J.J. Kichx

Synotis nagensis (C.B. Clarke) C. Jeffrey & Y.L. Chen (≡ *Senecio nagensis* C.B. Clarke)

    Coleosporium senecionis J.J. Kichx

Synotis solidaginea (Hand.-Mazz.) C. Jeffrey & Y.L. Chen (≡ *Senecio solidagineus* Hand.-Mazz.)

    Coleosporium senecionis J.J. Kichx

Synotis tetrantha (DC.) C. Jeffrey & Y.L. Chen (≡ *Senecio tetranthus* DC.)

    Coleosporium senecionis J.J. Kichx

Synotis wallichii (DC.) C. Jeffrey & Y.L. Chen (≡ *Senecio wallichii* DC.)

    Coleosporium senecionis J.J. Kichx

Synurus deltoides (Aiton) Nakai

    Coleosporium synuricola Y. Xue & L.P. Shao

Tephroseris flammea (Turcz. ex DC.) Holub (≡ *Senecio flammeus* Turcz. ex DC.)

    Coleosporium senecionis J.J. Kichx

Vernonia cinerea (L.) Less.

    Coleosporium vernoniae Berk. & M.A. Curtis

Vernonia saligna Wall. ex DC.

    Coleosporium vernoniae Berk. & M.A. Curtis

Vernonia volkameriaefolia (Wall.) DC.

    Coleosporium vernoniae Berk. & M.A. Curtis

马桑科 Coriariaceae

Coriaria nepalensis Wall. (= *C. sinica* Maxim.)

    Pucciniastrum coriariae Dietel

Coriaria intermedia Matsum.

    Pucciniastrum coriariae Dietel

山茱萸科 Cornaceae

Cornus hemsleyi C.K. Schneid. & Wangerin

    Thekopsora triangular Y.M. Liang & T. Yang

Cornus macrophylla Wall.

    Thekopsora triangular Y.M. Liang & T. Yang

Cornus oblonga Wall.

    Thekopsora triangular Y.M. Liang & T. Yang

Cornus walteri Wangerin

    Thekopsora lanpingensis Y.M. Liang & T. Yang

杜仲科 Eucommiaceae

Eucommia ulmoides Oliv.

    Coleosporium eucommiae F.X. Chao & P.K. Chi

杜鹃花科 Ericaceae

Ledum palustre L.

    Chrysomyxa ledi de Bary

Ledum palustre L. var. *angustum* N. Busch.

    Chrysomyxa ledi de Bary

Lyonia macrocalyx (Anth.) Airy-Shaw

    Naohidemyces vaccinii (Jørst.) S. Sato, Katsuya & Y. Hirats. ex Vanderweyen & Fraiture

Lyonia ovalifolia (Wall.) Drude

    Naohidemyces vaccinii (Jørst.) S. Sato, Katsuya & Y. Hirats. ex Vanderweyen & Fraiture

Lyonia villosa (Wall. ex C.B. Clarke) Hand.-Mazz.

    Naohidemyces vaccinii (Jørst.) S. Sato, Katsuya & Y. Hirats. ex Vanderweyen & Fraiture

Rhododendron aganniphum Balf. f. & W.W. Sm.

    Diaphanopellis forrestii P.E. Crane

Rhododendron calvescens Balf. f. & Forrest

    Diaphanopellis forrestii P.E. Crane

Rhododendron campylocarpum Hook. f.

    Diaphanopellis forrestii P.E. Crane

Rhododendron cephalanthum Franch.

    Chrysomyxa succinea (Sacc.) Tranzschel

Rhododendron dahuricum L.

    Chrysomyxa komarovii Tranzschel

    Chrysomyxa rhododendri de Bary

Rhododendron edgeworthii Hook. f.

    Chrysomyxa succinea (Sacc.) Tranzschel

Rhododendron faberi Hemsl.

    Chrysomyxa succinea (Sacc.) Tranzschel

Rhododendron faberi Hemsl. subsp. *prattii* (Franch.) D.F. Champ. ex Cullen & D.F. Champ.

    Chrysomyxa stilbi Y.C. Wang, M.M. Chen & L. Guo

    Chrysomyxa succinea (Sacc.) Tranzschel

Rhododendron fulvum Balf. f. & W.W. Sm.

    Chrysomyxa stilbi Y.C. Wang, M.M. Chen & L. Guo

Rhododendron glischrum Balf. f. & W.W. Sm.

    Chrysomyxa succinea (Sacc.) Tranzschel

Rhododendron hemitrichotum Balf. f. & Forrest

    Chrysomyxa succinea (Sacc.) Tranzschel

Rhododendron morii Hayata

    Chrysomyxa succinea (Sacc.) Tranzschel

Rhododendron oldhamii Maxim.

    Chrysomyxa succinea (Sacc.) Tranzschel

Rhododendron pachytrichum Franch.

    Chrysomyxa succinea (Sacc.) Tranzschel

Rhododendron phaeochrysum Balf. f. & W.W. Sm.

    Diaphanopellis forrestii P.E. Crane

Rhododendron przewalskii Maxim.

    Chrysomyxa qilianensis Y.C. Wang, X.B. Wu & B. Li

Rhododendron pseudochrysanthum Hayata

    Chrysomyxa succinea (Sacc.) Tranzschel

Rhododendron rex H. Lév.

    Chrysomyxa succinea (Sacc.) Tranzschel

Rhododendron selense Franch.

    Diaphanopellis forrestii P.E. Crane

Rhododendron sikangense W.P. Fang

    Chrysomyxa stilbi Y.C. Wang, M.M. Chen & L. Guo

Rhododendron sinogrande Balf. f. & W.W. Sm.

    Chrysomyxa succinea (Sacc.) Tranzschel

Rhododendron souliei Franch.

    Chrysomyxa succinea (Sacc.) Tranzschel

    Diaphanopellis forrestii P.E. Crane

Rhododendron sphaeroblastum Balf. f. & Forrest

    Diaphanopellis forrestii P.E. Crane

Rhododendron strigillosum Franch.

    Chrysomyxa succinea (Sacc.) Tranzschel

Rhododendron taliense Franch.

    Chrysomyxa stilbi Y.C. Wang, M.M. Chen & L. Guo

Rhododendron tapetiforme Balf. f. & Kingdon-Ward

    Chrysomyxa succinea (Sacc.) Tranzschel

Rhododendron tatsienense Franch.

    Chrysomyxa succinea (Sacc.) Tranzschel

Rhododendron telmateium Balf. f. & W.W. Sm.

    Chrysomyxa succinea (Sacc.) Tranzschel

Rhododendron traillianum Forrest & W.W. Sm.

    Chrysomyxa succinea (Sacc.) Tranzschel

Rhododendron vellereum Hutch.ex Tagg

    Chrysomyxa himalensis Barclay

Rhododendron watsonii Hemsl.

    Chrysomyxa stilbi Y.C. Wang, M.M. Chen & L. Guo

    Chrysomyxa succinea (Sacc.) Tranzschel

Vaccinium merrillianum Hayata

    Chrysomyxa taihaensis Hirats. f. & Hashioka

Vaccinium sikkimense Clarke

    Chrysomyxa taihaensis Hirats. f. & Hashioka

Vaccinium uliginosum L.

    Naohidemyces vaccinii (Jørst.) S. Sato, Katsuya & Y. Hirats. ex Vanderweyen & Fraiture

Vaccinium vitis-idaea L.

    Naohidemyces vaccinii (Jørst.) S. Sato, Katsuya & Y. Hirats. ex Vanderweyen & Fraiture

壳斗科 Fagaceae

Castanea crenata Siebold & Zucc.

    Pucciniastrum castaneae Dietel

Castanea henryi (Skan) Rehder & E.H. Wilson

    Pucciniastrum castaneae Dietel

Castanea mollissima Blume

    Pucciniastrum castaneae Dietel

    Cronartium orientale S. Kaneko

Castanea seguinii Dode

    Pucciniastrum castaneae Dietel

    Cronartium orientale S. Kaneko

Fagus engleriana Seem.

    Pucciniastrum fagi G. Yamada ex Hirats. f.

Quercus acutissima Carruth.

    Cronartium orientale S. Kaneko

Quercus aliena Blume

    Cronartium orientale S. Kaneko

Quercus aquifolioides Rehder & E.H. Wilson

Cronartium orientale S. Kaneko

Quercus chenii Nakai

    Cronartium orientale S. Kaneko

Quercus dentata Thunb.

    Cronartium orientale S. Kaneko

Quercus fabri Hance

    Cronartium orientale S. Kaneko

Quercus glandulifera Blume var. *brevipetiolata* (A. DC.) Nakai

    Cronartium orientale S. Kaneko

Quercus wutaishanica Koidz. (= *Q. liaotungensis* Koidz.)

    Cronartium orientale S. Kaneko

Quercus mongolica Fisch. ex Turcz.

    Cronartium orientale S. Kaneko

Quercus phillyraeoides A. Gray

    Cronartium orientale S. Kaneko

Quercus serrata Thunb.

    Cronartium orientale S. Kaneko

Quercus serrata var. *brevipetiolata* (A. DC.) Nakai

    Cronartium orientale S. Kaneko

Quercus spinosa A. David ex Franch.

    Cronartium orientale S. Kaneko

Quercus variabilis Blume

    Cronartium orientale S. Kaneko

龙胆科 Gentianaceae

Gentiana rigescens Franch. ex Hemsl.

    Cronartium flaccidum (Alb. & Schwein.) G. Winter

Gentiana yunnanensis Franch.

    Cronartium flaccidum (Alb. & Schwein.) G. Winter

牻牛儿苗科 Geraniaceae

Geranium delavayi Franch.

    Coleosporium geranii Pat.

Geranium pratense L.

    Coleosporium geranii Pat.

Geranium sibiricum L.

    Coleosporium geranii Pat.

Geranium sinense R. Knuth

    Coleosporium geranii Pat.

茶藨子科 Grossulariaceae

Ribes formosanum Hayata

    Cronartium ribicola J.C. Fisch.

Ribes glaciale Wall.

    Cronartium ribicola J.C. Fisch.

Ribes griffithii Hook.f. & Thomson

    Cronartium ribicola J.C. Fisch.

Ribes komarovii A. Pojark.

    Cronartium ribicola J.C. Fisch.

Ribes lucidum Hook. f. & Thomson

    Cronartium ribicola J.C. Fisch.

Ribes mandschuricum (Maxim.) Kom.

    Cronartium ribicola J.C. Fisch.

Ribes maximowiczii Batalin

    Cronartium ribicola J.C. Fisch.

Ribes moupinense Franch.

    Cronartium ribicola J.C. Fisch.

Ribes nigrum L.

    Cronartium ribicola J.C. Fisch.

Ribes orientale Desf.

    Cronartium ribicola J.C. Fisch.

Ribes palczewskii (Jancz.) A. Pojark.

    Cronartium ribicola J.C. Fisch.

Ribes takare D. Don

    Cronartium ribicola J.C. Fisch.

Ribes tenue Jancz.

    Cronartium ribicola J.C. Fisch.

Ribes triste Pall.

    Cronartium ribicola J.C. Fisch.

绣球科 Hydrangeaceae

Hydrangea anomala D.Don

    Pucciniastrum hydrangeae-petiolaris Hirats. f.

Hydrangea aspera D. Don

Pucciniastrum hydrangeae-petiolaris Hirats. f.

Hydrangea heteromalla D. Don

    Pucciniastrum hydrangeae-petiolaris Hirats. f.

Hydrangea paniculata Siebold

    Pucciniastrum hydrangeae-petiolaris Hirats. f.

Hydrangea strigosa Rehder

    Pucciniastrum hydrangeae-petiolaris Hirats. f.

唇形科 Labiatae

Agastache rugosa (Fisch. & C.A. Mey.) Kuntze

    Coleosporium plectranthi Barclay

Coleus scutellarioides (L.) Benth. var. *crispipilus* (Merr.) H. Keng

    Coleosporium cheoanum Cummins

Elsholtzia argyi H. Lév.

    Coleosporium plectranthi Barclay

Elsholtzia ciliata (Thunb. ex Murray) Hyl.

    Coleosporium plectranthi Barclay

Elsholtzia communis (Collett & Hemsl.) Diels

    Coleosporium plectranthi Barclay

Elsholtzia cypriani (Pavol.) S. Chow ex P.S. Hsu

    Coleosporium plectranthi Barclay

Elsholtzia fruticosa (D. Don) Rehder

    Coleosporium plectranthi Barclay

Elsholtzia glabra C.Y. Wu & S.C. Huang

    Coleosporium plectranthi Barclay

Elsholtzia kachinensis Prain

    Coleosporium plectranthi Barclay

Elsholtzia ochroleuca Dunn

    Coleosporium plectranthi Barclay

Elsholtzia pilosa (Benth.) Benth.

    Coleosporium plectranthi Barclay

Elsholtzia rugulosa Hemsl.

    Coleosporium plectranthi Barclay

Elsholtzia stachyodes (Link) C.Y. Wu

    Coleosporium plectranthi Barclay

Glechoma grandis (A. Gray) Kuprian.

    Coleosporium plectranthi Barclay

Glechoma longituba (Nakai) Kuprian.

Coleosporium plectranthi Barclay

Isodon amethystoides (Benth.) H. Hara [≡ *Rabdosia amethystoides* (Benth.) H. Hara]

Coleosporium plectranthi Barclay

Isodon bulleyanus (Diels) Kudo [≡ *Rabdosia bulleyana* (Diels) H. Hara]

Coleosporium plectranthi Barclay

Isodon muliensis (W. Smith) Kudo [≡ *Rabdosia chionantha* C.Y. Wu]

Coleosporium plectranthi Barclay

Isodon coetsa (Buch.-Ham. ex D. Don) Kudo [≡ *Rabdosia coetsa* (Buch.-Ham. ex D. Don) H. Hara]

Coleosporium plectranthi Barclay

Isodon enanderianus (Hand.-Mazz.) H.W. Li [≡ *Rabdosia enanderiana* (Hand.-Mazz.) H. Hara]

Coleosporium plectranthi Barclay

Isodon eriocalyx (Dunn) Kudo [≡ *Rabdosia eriocalyx* (Dunn) H. Hara]

Coleosporium plectranthi Barclay

Isodon excisus (Maxim.) Kudo [≡ *Rabdosia excisa* (Maxim.) H. Hara]

Coleosporium plectranthi Barclay

Isodon excisoides (Y.Z. Sun ex C.H. Hu) H. Hara [≡ *Rabdosia excisoides* (Y.Z. Sun ex C.H. Hu) C.Y. Wu & H.W. Li]

Coleosporium plectranthi Barclay

Isodon flabelliformis (C.Y. Wu) H. Hara (≡ *Rabdosia flabelliformis* C.Y. Wu)

Coleosporium plectranthi Barclay

Isodon henryi (Hemsl.) Kudo [≡ *Rabdosia henryi* (Hemsl.) H. Hara]

Coleosporium plectranthi Barclay

Isodon hispidus (Benth.) Murata [≡ *Rabdosia hispida* (Benth.) H. Hara]

Coleosporium plectranthi Barclay

Isodon inflexus (Thunb.) Kudo [≡ *Rabdosia inflexa* (Thunb.) H. Hara]

Coleosporium plectranthi Barclay

Isodon japonicus (Burm. f.) H. Hara [≡ *Rabdosia japonica* (Burm. f.) H. Hara]

Coleosporium plectranthi Barclay

Isodon japonicus var. *glaucocalyx* (Maxim.) H. Hara [≡ *Rabdosia japonica* var. *glaucocalyx* (Maxim.) H. Hara]

Coleosporium plectranthi Barclay

Isodon latiflorus (C.Y. Wu & H.W. Li) H. Hara [≡ *Rabdosia latiflora* C.Y. Wu & H.W. Li]

Coleosporium plectranthi Barclay

Isodon lophanthoides (Buch.-Ham. ex D. Don) H. Hara [≡ *Rabdosia lophanthoides* (Buch.-Ham. ex D. Don) H. Hara]

Coleosporium plectranthi Barclay

Isodon lophanthoides var. *gerardianus* (Benth.) H. Hara [≡ *Rabdosia lophanthoides* var.

gerardiana (Benth.) H. Hara]

    Coleosporium plectranthi Barclay

Isodon loxothyrsus (Hand.-Mazz.) H. Hara [≡ *Rabdosia loxothyrsa* (Hand.-Mazz.) H. Hara]

    Coleosporium plectranthi Barclay

Isodon nervosus (Hemsl.) Kudo [≡ *Rabdosia nervosa* (Hemsl.) C.Y. Wu & H.W. Li]

    Coleosporium plectranthi Barclay

Isodon phyllopodus (Diels) Kudo [≡ *Rabdosia phyllopoda* (Diels) H. Hara]

    Coleosporium plectranthi Barclay

Isodon phyllostachys (Diels) Kudo [≡ *Rabdosia phyllostachys* (Diels) H. Hara]

    Coleosporium plectranthi Barclay

Isodon racemosus (Hemsl.) H. W. Li [≡ *Rabdosia racemosa* (Hemsl.) H. Hara]

    Coleosporium plectranthi Barclay

Isodon rosthornii (Diels) Kudo [≡ *Rabdosia rosthornii* (Diels) H. Hara]

    Coleosporium plectranthi Barclay

Isodon rubescens (Hemsl.) H. Hara [≡ *Rabdosia rubescens* (Hemsl.) H. Hara]

    Coleosporium plectranthi Barclay

Isodon sculponeatus (Vaniot) Kudo [≡ *Rabdosia sculponeata* (Vaniot) H. Hara]

    Coleosporium plectranthi Barclay

Isodon serrus (Maxim.) Kudo [≡ *Rabdosia serra* (Maxim.) H. Hara]

    Coleosporium plectranthi Barclay

Isodon setschwanensis (Hand.-Mazz.) H. Hara [≡ *Rabdosia setschwanensis* (Hand.-Mazz.) H. Hara]

    Coleosporium plectranthi Barclay

Isodon stracheyi (Benth.) Kudo [≡ *Rabdosia stracheyi* (Benth.) H. Hara]

    Coleosporium plectranthi Barclay

Isodon weisiensis (C.Y. Wu) H. Hara [≡ *Rabdosia weisiensis* C.Y. Wu]

    Coleosporium plectranthi Barclay

Isodon yunnanensis (Hand.-Mazz.) H. Hara [≡ *Rabdosia yunnanensis* (Hand.-Mazz.) H. Hara]

    Coleosporium plectranthi Barclay

Keiskea elsholtzioides Merr.

    Coleosporium plectranthi Barclay

Mosla chinensis Maxim.

    Coleosporium plectranthi Barclay

Mosla cavaleriei H. Lév.

    Coleosporium plectranthi Barclay

Mosla dianthera (Buch.-Ham. ex Roxb.) Maxim.

    Coleosporium plectranthi Barclay

Mosla punctulata (C.F. Gmel.) Nakai

Coleosporium plectranthi Barclay

Mosla scabra (Thunb.) C.Y. Wu & H.W. Li

    Coleosporium plectranthi Barclay

Perilla frutescens (L.) Britton

    Coleosporium plectranthi Barclay

Perilla frutescens (L.) Britton var. *crispa* (Thunb.) Decne. [= *Perilla nankinensis* Decne.]

    Coleosporium plectranthi Barclay

Phlomis umbrosa Turcz.

    Coleosporium phlomidis Z.M. Cao & Z.Q. Li

樟科 Lauraceae

Lindera sp.

    Melampsoridium linderae J.Y. Zhuang

木兰科 Magnoliaceae

Magnolia campbelii Hook. f. & Thomson

    Melampsoridium inerme Suj. Singh & P.C. Pandey

柳叶菜科 Onagraceae

Circaea alpina L. subsp. *imaicola* (Asch. & Magnus) Kitam.

    Pucciniastrum circaeae (G. Winter) Speg. ex de Toni

Circaea cordata Royle

    Pucciniastrum circaeae (G. Winter) Speg. ex de Toni

Epilobium angustifolium L.

    Pucciniastrum epilobii G.H. Otth

Epilobium amurense Haussk.

    Pucciniastrum epilobii G.H. Otth

Epilobium conspersum Hausskn.

    Pucciniastrum epilobii G.H. Otth

Epilobium hirsutum L.

    Pucciniastrum epilobii G.H. Otth

Epilobium palustre L.

    Pucciniastrum epilobii G.H. Otth

Epilobium parviflorum Schreb.

    Pucciniastrum epilobii G.H. Otth

兰科 Orchidaceae

Amitostigma tetralobum (Finet) Schltr.

    Coleosporium bletiae Dietel

Anthogonium gracile Lindl.

    Coleosporium bletiae Dietel

Arundina graminifolia (D. Don) Hochr.

    Coleosporium arundinae P. Syd. & Syd.

Bletilla striata (Thunb. ex A. Murray) Rchb.f.

    Coleosporium bletiae Dietel

Dendrobium sp.

    Coleosporium bletiae Dietel

Gymnandenia orchidis Lindl.

    Coleosporium bletiae Dietel

Habenaria intermedia D. Don

    Coleosporium bletiae Dietel

Habenaria pectinata (Sm.) D. Don

    Coleosporium bletiae Dietel

Herminium souliei Schltr.

    Coleosporium bletiae Dietel

Spathoglottis pubescens Lindl.

    Coleosporium arundinae P. Syd. & Syd.

酢浆草科 Oxalidaceae

Oxalis acetosella L.

    Melampsorella itoana (Hirtats. f.) S. Ito & Homma

Oxalis corniculata L.

    Melampsorella itoana (Hirtats. f.) S. Ito & Homma

Oxalis griffithii Edgew. & Hook. f.

    Melampsorella itoana (Hirtats. f.) S. Ito & Homma

Oxalis leucolepis Diels

    Melampsorella itoana (Hirtats. f.) S. Ito & Homma

芍药科 Paeoniaceae

Paeonia delavayi Franch.

    Cronartium flaccidum (Alb. & Schwein.) G. Winter

Paeonia lactiflora Pall.

Cronartium flaccidum (Alb. & Schwein.) G. Winter

松科 Pinaceae

Abies recurvata Mast.

    Melampsorella caryophyllacearum J. Schröt.

Abies sibirica Ledeb.

    Melampsorella caryophyllacearum J. Schröt.

Keteleeria evelyniana Mast.

    Chrysomyxa keteleeriae (F.L. Tai) Y.C. Wang & R.S. Peterson

Picea crassifolia Kom.

    Chrysomyxa qilianensis Y.C. Wang, X.B. Wu & B. Li

Picea jezoensis (Siebold & Zucc.) Carriere

    Chrysomyxa rhododendri de Bary

Picea jezoensis (Siebold & Zucc.) Carriere var. *microsperma* (Lindl.) W.C. Cheng & L.K. Fu

    Chrysomyxa woroninii Tranzschel

Picea koraiensis Nakai

    Chrysomyxa rhododendri de Bary

    Chrysomyxa woroninii Tranzschel

    Cronartium ribicola J.C. Fisch.

Picea schrenkiana Fisch. & C.A. Mey.

    Chrysomyxa deformans (Dietel) Jacz.

    Chrysomyxa pirolata G. Winter

    Thekopsora areolata (Fr.) Magnus

Pinus armandi Franch.

    Cronartium ribicola J.C. Fisch.

Pinus densata Mast.

    Cronartium orientale S. Kaneko

Pinus densiflora Siebold & Zucc.

    Cronartium flaccidum (Alb. & Schwein.) G. Winter

Pinus massoniana Lamb.

    Cronartium flaccidum (Alb. & Schwein.) G. Winter

    Cronartium orientale S. Kaneko

Pinus morrisonicola Hayata

    Cronartium ribicola J.C. Fisch.

Pinus pumila (Pall.) Regel

    Coleosporium pini-pumilae Azbukina

Pinus sibirica Du Tour

    Cronartium ribicola J.C. Fisch.

Pinus sylvestris L. var. *mongolica* Litvin.

    Cronartium flaccidum (Alb. & Schwein.) G. Winter

    Cronartium orientale S. Kaneko

Pinus tabulaeformis Carriere

    Cronartium flaccidum (Alb. & Schwein.) G. Winter

    Cronartium orientale S. Kaneko

Pinus taiwanensis Hayata (= *Pinus hwangshanensis* W.Y. Hsia)

    Cronartium flaccidum (Alb. & Schwein.) G. Winter

    Cronartium orientale S. Kaneko

Pinus takahasii Nakai

    Cronartium orientale S. Kaneko

Pinus thunbergii Parl

    Cronartium orientale S. Kaneko

Pinus yunnanensis Franch.

    Cronartium flaccidum (Alb. & Schwein.) G. Winter

    Cronartium orientale S. Kaneko

Tsuga dumosa (D. Don) Eichler [= *Tsuga yunnanensis* (Franch.) E. Pritz.].

    Chrysomyxa tsugae-yunnanensis Teng

鹿蹄草科 Pyrolaceae

Chimaphila taiwaniana Masamune

    Pucciniastrum pyrolae Dietel ex Arthur

Pyrola incarnata Fisch. ex Kom.

    Chrysomyxa pirolata G. Winter

Pyrola rotundifolia L.

    Chrysomyxa pirolata G. Winter

毛茛科 Ranunculaceae

Actaea asiatica Hara

    Coleosporium cimicifugatum Kom.

Aconitum vilmorinianum Kom.

    Coleosporium aconiti Thüm.

Aconitum sinomontanum Nakai

    Coleosporium aconiti Thüm.

Cimicifuga dahurica (Turcz.) Maxim.

    Coleosporium cimicifugatum Kom.

Cimicifuga foetida L.

Coleosporium cimicifugatum Kom.

Cimicifuga simplex (Wormsk. ex DC.) Turcz.

    Coleosporium cimicifugatum Kom.

Clematis alternata Kitam. & Tamura

    Coleosporium clematidis Barclay

Clematis apiifolia DC.

    Coleosporium clematidis-apiifoliae Dietel

Clematis apiifolia DC. var. *argentilucida* (H. Lév. & Vaniot) W.T. Wang

    Coleosporium clematidis-apiifoliae Dietel

Clematis armandii Franch.

    Coleosporium clematidis Barclay

Clematis bartlettii Yamamoto

    Coleosporium clematidis-apiifoliae Dietel

Clematis brevicaudata DC.

    Coleosporium clematidis Barclay

Clematis buchananiana DC.

    Coleosporium clematidis Barclay

Clematis chinensis Osbeck

    Coleosporium clematidis Barclay

Clematis chrysocoma Franch.

    Coleosporium clematidis Barclay

Clematis connata DC.

    Coleosporium clematidis Barclay

Clematis connata DC. var. *trullifera* (Franch.) W.T. Wang

    Coleosporium clematidis Barclay

Clematis dasyandra Maxim.

    Coleosporium clematidis Barclay

Clematis finetiana H. Lév. & Vaniot

    Coleosporium clematidis Barclay

Clematis fusca Turcz.

    Coleosporium clematidis Barclay

Clematis ganpiniana (H. Lév. & Vaniot) Tamura

    Coleosporium clematidis Barclay

Clematis glauca Willd.

    Coleosporium clematidis Barclay

Clematis gouriana Roxb. ex DC.

    Coleosporium clematidis Barclay

Clematis gracilifolia Rehder & E.H. Wilson

    Coleosporium clematidis Barclay

Clematis gracilifolia var. *dissectifolia* W.T. Wang & M.C. Chang
    Coleosporium clematidis Barclay
Clematis grandidentata (Rehder & E.H. Wilson) W.T. Wang
    Coleosporium clematidis Barclay
Clematis grata Wall.
    Coleosporium clematidis Barclay
Clematis gratopsis W.T. Wang
    Coleosporium clematidis-apiifoliae Dietel
Clematis hexapetala Pall.
    Coleosporium clematidis Barclay
Clematis lasiandra Maxim.
    Coleosporium clematidis Barclay
Clematis leschenaultiana DC.
    Coleosporium clematidis Barclay
Clematis macropetala Ledeb.
    Coleosporium clematidis Barclay
Clematis meyeniana Walp.
    Coleosporium clematidis Barclay
Clematis montana Buch.-Ham. ex DC.
    Coleosporium clematidis Barclay
Clematis obscura Maxim.
    Coleosporium clematidis Barclay
Clematis peterae Hand.-Mazz.
    Coleosporium clematidis Barclay
Clematis pogonandra Maxim.
    Coleosporium clematidis Barclay
Clematis potaninii Maxim.
    Coleosporium clematidis Barclay
Clematis pseudopogonandra Finet & Gagnep.
    Coleosporium clematidis Barclay
Clematis ranunculoides Franch.
    Coleosporium clematidis Barclay
Clematis recta var. *mandschurica* Regel.
    Coleosporium clematidis Barclay
Clematis rehderiana Craib
Clematis repens Finet & Gagnep.
    Coleosporium clematidis Barclay
Clematis tangutica (Maxim.) Korsh.
    Coleosporium clematidis Barclay

Clematis tenuifolia Royle

    Coleosporium clematidis Barclay

Clematis terniflora DC. var. *mandshurica* (Rupr.) Ohwi

    Coleosporium clematidis Barclay

Clematis uncinata Champ. ex Benth.

    Coleosporium clematidis Barclay

Clematis urophylla Franch.

    Coleosporium clematidis Barclay

Clematis yunnanensis Franch.

    Coleosporium clematidis Barclay

Delphinium delavayi Franch.

    Cronartium flaccidum (Alb. & Schwein.) G. Winter

Pulsatilla cernua (Thunb.) Bercht. & C. Presl

    Coleosporium pulsatillae (F. Strauss) Lév.

Pulsatilla chinensis (Bunge) Regel

    Coleosporium pulsatillae (F. Strauss) Lév.

Pulsatilla dahurica (Fisch.) Spreng.

    Coleosporium pulsatillae (F. Strauss) Lév.

Pulsatilla patens (L.) Mill. var. *multifida* (Pritz.) S.H. Li & Y. Huei Huang

    Coleosporium pulsatillae (F. Strauss) Lév.

蔷薇科 Rosaceae

Agrimonia pilosa Ledeb.

    Pucciniastrum agrimoniae (Dietel) Tranzschel

Cerasus rufa Wall.

    Thekopsora pseudocerasi Hirats. f.

Padus avium Mill.

    Thekopsora areolata (Fr.) Magnus

Padus napaulensis (Ser.) C.K. Schneid.

    Thekopsora areolata (Fr.) Magnus

Padus obtusata (Koehne) Te T. Yu & T.C. Ku

    Thekopsora areolata (Fr.) Magnus

Potentilla freyniana Bornm.

    Pucciniastrum potentillae Kom.

Potentilla fragarioides L.

    Pucciniastrum potentillae Kom.

茜草科 Rubiaceae

Galium aparine L.
    Thekopsora guttata (J. Schröt.) P. Syd. & Syd.

Galium aparine L. var. *echinospermum* (Wallr.) Cufod.
    Thekopsora guttata (J. Schröt.) P. Syd. & Syd.

Galium aparine L. var. *tenerum* (Gren. & Godr.) Rchb.
    Thekopsora nipponica Hirats. f.

Galium asperuloides Edgew. subsp. *hoffmeisteri* (Klotzsch) H. Hara
    Thekopsora guttata (J. Schröt.) P. Syd. & Syd.

Galium davuricum Turcz. ex Ledeb.
    Thekopsora guttata (J. Schröt.) P. Syd. & Syd.

Galium maximowiczii (Kom.) Pobed.
    Thekopsora guttata (J. Schröt.) P. Syd. & Syd.

Galium tricorne Stokes
    Thekopsora guttata (J. Schröt.) P. Syd. & Syd.

Knoxia corymbosa Willd.
    Coleosporium knoxiae P. Syd. & Syd.

Leptodermis forrestii Diels
    Coleosporium leptodermidis (Barclay) P. Syd. & Syd.

Leptodermis glomerata Hutch.
    Coleosporium leptodermidis (Barclay) P. Syd. & Syd.

Leptodermis nigricans H. Winkl.
    Coleosporium leptodermidis (Barclay) P. Syd. & Syd.

Leptodermis oblonga Bunge
    Coleosporium leptodermidis (Barclay) P. Syd. & Syd.

Leptodermis pilosa Diels
    Coleosporium leptodermidis (Barclay) P. Syd. & Syd.

Leptodermis potaninii Batalin
    Coleosporium leptodermidis (Barclay) P. Syd. & Syd.

Leptodermis tomentella (Franch.) H. Winkl.
    Coleosporium leptodermidis (Barclay) P. Syd. & Syd.

Paederia scandens (Lour.) Merr.
    Coleosporium eupaederiae L. Guo

Paederia yunnanensis (H. Lév.) Rehder
    Coleosporium eupaederiae L. Guo

Rubia chinensis Regel & Maack
    Thekopsora rubiae Kom.

Rubia cordifolia L.

    Thekopsora rubiae Kom.

Rubia membranacea (Franch.) Diels

    Thekopsora rubiae Kom.

Rubia oncotricha Hand.-Mazz.

    Thekopsora rubiae Kom.

Rubia ovatifolia Z. Ying Zhang

    Thekopsora rubiae Kom.

Rubia sylvatica (Maxim.) Nakai

    Thekopsora rubiae Kom.

Rubia wallichiana Decne.

    Thekopsora rubiae Kom

芸香科 Rutaceae

Evodia ailanthifolia Pierre

    Coleosporium telioevodiae L. Guo

Evodia daniellii (A.W. Benn.) Hemsl. ex Forbes & Hemsl.

    Coleosporium telioevodiae L. Guo

Evodia fargesii Dode

    Coleosporium telioevodiae L. Guo

Evodia fraxinifolia (D. Don) Hook. f.

    Coleosporium telioevodiae L. Guo

Evodia glabrifolia (Champ. ex Benth.) C.C. Huang

    Coleosporium telioevodiae L. Guo

Evodia lenticellata C.C. Huang

    Coleosporium telioevodiae L. Guo

Evodia rutaecarpa (Juss.) Benth.

    Coleosporium telioevodiae L. Guo

Evodia trichotoma (Lour.) Pierre

    Coleosporium telioevodiae L. Guo

Phellodendron chinense C.K. Schneid.

    Coleosporium phellodendri Kom.

Phellodendron chinense var. *glabriusculum* C.K. Schneid.

    Coleosporium phellodendri Kom.

Phellodendron amurense Rupr.

    Coleosporium phellodendri Kom.

Zanthoxylum acanthopodium DC.

    Coleosporium xanthoxyli Dietel & P. Syd.

Zanthoxylum ailanthoides Siebold & Zucc.

    Coleosporium xanthoxyli Dietel & P. Syd.

Zanthoxylum armatum DC.

    Coleosporium xanthoxyli Dietel & P. Syd.

Zanthoxylum avicennae (Lam.) DC.

    Coleosporium xanthoxyli Dietel & P. Syd.

Zanthoxylum bungeanum Maxim.

    Coleosporium xanthoxyli Dietel & P. Syd.

Zanthoxylum dissitum Hemsl.

    Coleosporium xanthoxyli Dietel & P. Syd.

Zanthoxylum esquirolii H. Lév.

    Coleosporium xanthoxyli Dietel & P. Syd.

Zanthoxylum motuoense Huang

    Coleosporium xanthoxyli Dietel & P. Syd.

Zanthoxylum myriacanthum Wall. ex Hook. f.

    Coleosporium xanthoxyli Dietel & P. Syd.

Zanthoxylum nitidum (Roxb.) DC.

    Coleosporium xanthoxyli Dietel & P. Syd.

Zanthoxylum piasezkii Maxim.

    Coleosporium xanthoxyli Dietel & P. Syd.

Zanthoxylum pilosum Rehder & E.H. Wilson

    Coleosporium xanthoxyli Dietel & P. Syd.

Zanthoxylum scandens Blume

    Coleosporium xanthoxyli Dietel & P. Syd.

Zanthoxylum schinifolium Siebold & Zucc.

    Coleosporium xanthoxyli Dietel & P. Syd.

Zanthoxylum simulans Hance

    Coleosporium xanthoxyli Dietel & P. Syd.

Zanthoxylum undulatifolium Hemsl.

    Coleosporium xanthoxyli Dietel & P. Syd.

玄参科 Scrophulariaceae

Melampyrum roseum Maxim.

    Coleosporium melampyri (Rebent.) P. Karst.

Melampyrum setaceum (Maxim. ex Palib.) Nakai

    Coleosporium melampyri (Rebent.) P. Karst.

Pedicularis armata Maxim.

    Coleosporium pedicularis F.L. Tai

Pedicularis cernua Botani

 Coleosporium pedicularis F.L. Tai

Pedicularis chinensis Maxim.

 Coleosporium pedicularis F.L. Tai

Pedicularis davidii Franch.

 Coleosporium pedicularis F.L. Tai

Pedicularis deltoides Franch. & Maxim.

 Coleosporium pedicularis F.L. Tai

Pedicularis densispica Franch.

 Coleosporium pedicularis F.L. Tai

Pedicularis dichotoma Botani

 Coleosporium pedicularis F.L. Tai

Pedicularis floribunda Franch.

 Coleosporium pedicularis F.L. Tai

Pedicularis gracilis Wall. subsp. *sinensis* P.C. Tsoong

 Coleosporium pedicularis F.L. Tai

Pedicelaris gracilis Wall. subsp. *stricta* P.C. Tsoong

 Coleosporium pedicularis F.L. Tai

Pedicularis henryi Maxim.

 Coleosporium pedicularis F.L. Tai

Pedicularis megalantha D. Don

 Coleosporium pedicularis F.L. Tai

Pedicularis resupinata L.

 Coleosporium pedicularis F.L. Tai

 Cronartium flaccidum (Alb. & Schwein.) G. Winter

Pedicularis roylei Maxim.

 Coleosporium pedicularis F.L. Tai

Pedicularis spicata Pall.

 Coleosporium pedicularis F.L. Tai

Pedicularis superba Franch. ex Maxim.

 Coleosporium pedicularis F.L. Tai

Pedicularis vialii Franch. ex Forbes & Hemsl.

 Coleosporium pedicularis F.L. Tai

Phtheirospermum japonicum (Thunb.) Kanitz

 Cronartium flaccidum (Alb. & Schwein.) G. Winter

Siphonostegia chinensis Benth.

 Cronartium flaccidum (Alb. & Schwein.) G. Winter

野茉莉科 Styracaceae

Styrax formosanus Matsum.
 Pucciniastrum styracinum Hirats.

椴树科 Tiliaceae

Tilia amurensis Rupr.
 Pucciniastrum tiliae Miyabe ex Hirats.
Tilia laetevirens Rehder & E.H. Wilson
 Pucciniastrum tiliae Miyabe ex Hirats.
Tilia mandshurica Rupr. & Maxim.
 Pucciniastrum tiliae Miyabe ex Hirats.
Tilia tuan Szyszyl.
 Pucciniastrum tiliae Miyabe ex Hirats.

荨麻科 Urticaceae

Boehmeria clidemioides Miq. var. *diffusa* (Wedd.) Hand.-Mazz.
 Pucciniastrum boehmeriae P. Syd. & Syd.
Boehmeria macrophylla Hornem.
 Pucciniastrum boehmeriae P. Syd. & Syd.
Boehmeria malabarica Wedd.
 Pucciniastrum boehmeriae P. Syd. & Syd.
Boehmeria nivea (L.) Gaudich.
 Pucciniastrum boehmeriae P. Syd. & Syd.
Boehmeria penduliflora Wedd. ex D.G. Long
 Pucciniastrum boehmeriae P. Syd. & Syd.

马鞭草科 Verbenaceae

Clerodendrum bungei Steud.
 Coleosporium clerodendri Dietel
Clerodendrum chinense (Osbeck) Mabb.
 Coleosporium clerodendri Dietel
Clerodendrum cyrtophyllum Turcz.
 Coleosporium clerodendri Dietel
Clerodendrum trichotomum Thunb.ex A. Murray

Coleosporium clerodendri Dietel

Clerodendrum viscosum Vent.

Coleosporium clerodendri Dietel

Clerodendrum yunnanense Hu ex Hand.-Mazz. var. *linearilobum* S.L. Chen & G.Y. Sheng

Coleosporium clerodendri Dietel

堇菜科 Violaceae

Viola diffusa Ging.

Coleosporium violae Cummins

Viola lactiflora Nakai

Coleosporium violae Cummins

参 考 文 献

曹支敏, 李振岐. 1999. 秦岭锈菌. 北京: 中国林业出版社:1-188 [Cao ZM, Li ZQ. 1999. Rust Fungi of Qinling Mountains. Beijing: Forestry Publishing House of China: 1-188]

陈建文. 1993a. 云南松枝锈病. 见: 西南林学院, 云南省林业厅. 云南森林病害. 昆明: 云南科技出版社: 63-65 [Chen JW. 1993a. Blister rust of Yunnan pine. *In*: Southwest Forestry College, Forestry Bureau of Yunnan Province. Anon, Forest Diseases of Yunnan. Kunming: Yunnan Science and Technology Publishing House: 63-65]

陈建文. 1993b. 华山松疱锈病. 见: 西南林学院, 云南省林业厅. 云南森林病害. 昆明: 云南科技出版社: 69-71 [Chen JW. 1993b. Blister rust of Huashan pine. *In*: Southwest Forestry College, Forestry Bureau of Yunnan Province. Anon, Forest Diseases of Yunnan. Kunming: Yunnan Science and Technology Publishing House: 69-71]

陈建文. 1993c. 松瘤锈病. 见: 西南林学院, 云南省林业厅. 云南森林病害. 昆明: 云南科技出版社: 66-68 [Chen JW. 1993c. Gall rust of pine. *In*: Southwest Forestry College, Forestry Bureau of Yunnan Province. Anon, Forest Diseases of Yunnan. Kunming: Yunnan Science and Technology Publishing House: 63-65]

陈守常. 1984. 云杉球果锈病. 见: 中国林业科学研究院. 中国森林病害. 北京: 中国林业出版社: 51-53 [Chen SC. 1984. Cone rusts of spruce. *In*: Chinese Academy of Forestry. Anon, Forest Diseases of China. Beijing: Chinese Publishing House of Forestry: 51-53]

戴芳澜. 1979. 中国真菌总汇. 北京: 科学出版社: 1-1527 [Tai FL. 1979. Sylloge Fungorum Sinicorum. Beijing: Science Press: 1-1527]

邓叔群. 1963. 中国的真菌. 北京: 科学出版社: 1-808 [Teng SC. 1963. Fungi of China. Beijing: Science Press: 1-808]

郭林. 1989. 神农架锈菌. 见: 中国科学院神农架真菌地衣考察队. 神农架真菌与地衣. 北京: 世界图书出版公司: 107-156 [Guo L. 1989. Uredinales of Shenongjia, China. *In*: Mycological and Lichenological Expedition to Shennongjia, Academia Sinica. Fungi and Lichens of Shennongjia. Beijing: World Publ. Corp: 107-156]

何秉章, 侯伟宏, 刘乃诚, 邵力平, 薛煜, 由锁柱. 1995. 云杉芽锈病的研究. 东北林业大学学报, 23: 111-114 [He BZ, Hou WH, Liu NC, Shao LP, Xue Y, You SZ. 1995. Study on spruce bud rust disease. *J Northeast Forest Univ*, 23: 111-114]

景耀, 王培新. 1988.马尾松疱锈病菌及转主寄生的研究. 真菌学报, 7: 112-115 [Jing Y, Wang PX . 1988. A study on the blister rust of massoniana pine. *Acta Mycol Sin*, 7: 112-115]

鞠国柱. 1984. 樟子松疱锈病. 见: 中国林业科学研究院. 中国森林病害. 北京: 中国林业出版社: 32-33 [Ju GZ. 1984. Blister rust of Mongol Scotch pine. *In*: Chinese Academy of Forestry. Anon, Forest Diseases of China. Beijing: Chinese Publishing House of Forestry: 32-33]

刘波, 李宗英, 杜复. 1981. 中国锈菌 107 种名录. 山西大学学报, 1981(3): 46-52 [Liu B, Li ZY, Du F. 1981. A list of 107 species of rust fungi. *J Shanxi Univ*, 1981(3): 46-52]

刘世祺. 1984. 松瘤锈病. 见: 中国林业科学研究院. 中国森林病害. 北京: 中国林业出版社: 25-27 [Liu SQ. 1984. Gall rust of pine. *In*: Chinese Academy of Forestry. Anon, Forest Diseases of China. Beijing: Chinese Publishing House of Forestry: 25-27]

刘铁志, 庄剑云. 2018. 中国锈菌五个新式样种. 菌物学报, 37: 685-692 [Liu TZ, Zhuang JY. 2018. Five new form species of rusts from China. *Mycosystema*, 37: 685-692]

刘铁志, 田慧敏, 侯振世. 2017. 内蒙古的锈菌 III. 内蒙古大学学报 (自然科学版), 48: 646-657 [Liu TZ, Tian HM, Hou ZH. 2017. Rust fungi of Inner Mongolia III. *J Inner Mongolia Univ* (*Nat Sci Ed*), 48: 646-657]

刘正南, 郑淑芳, 邵玉华. 1981. 东北树木病害菌类图志. 北京: 科学出版社: 1-194 [Liu ZN, Zheng SF, Shao YH. 1981. Icones of Tree Rusts from Northeastern China. Beijing: Science Press: 1-194]

戚佩坤. 1994. 广东省栽培药用植物真菌病害志. 广州: 广东科技出版社: 1-275 [Chi PK (Qi PK). 1994. Fungus Diseases of Cultivated Medicinal Plants in Guangdong Province. Guangzhou: Guangdong Sci & Tech Publ House: 1-275]

任玮. 1956. 昆明附近的森林植物锈病. 云南农业大学学报 (自然科学部分), 1956: 140-158 [Jen W. 1956. Forest plant rusts in surrounding area of Kunming. *J Yunnan Univ* (*Nat Sci*), 1956: 140-158]

邵力平. 1984. 红松疱锈病. 见: 中国林业科学研究院. 中国森林病害. 北京: 中国林业出版社. 37-39 [Shao LP. 1984. Blister rust of Korea pine. *In*: Chinese Academy of Forestry. Anon, Forest Diseases of China. Beijing: Chinese Publishing House of Forestry: 37-39]

邵力平, 姜志贵, 张连有. 1980. 红松疱锈病病原菌的鉴定. 林业科学, 16: 279-282 [Shao LP, Jiang ZG, Zhang LY. 1980. A study of the host range of blister rust on *Pinus koraiensis*. *Forest Sci*, 16: 279-282]

邵力平, 鞠国柱, 何秉章, 潘学仁. 1979. 红松疱锈病的研究. 林业科学, 15: 119-124 [Shao LP, Jü GZ, He BZ, Pan XR. 1979. Study on stem blister rust of Korea pine. *Forest Sci*, 15: 119-124]

田泽君, 赵定全, 杨庆和. 1980. 川西高山林区人工更新幼林中的锈菌种类调查. 四川林业科技, 1980 (2): 53-56 [Tian ZJ, Zhao DQ, Yang QH. 1980. Rust investigation in alpine artificial renewed young forest of western Sichuan. *J Sichuan Forest Sci & Technol*, 1980 (2): 53-56]

王云章. 1951. 中国锈菌索引. 北京: 中国科学院发行: 1-155 [Wang YC. 1951. Index Uredinearum Sinensium. Beijing: Academia Sinica: 1-155]

王云章, 臧穆. 1983. 西藏真菌. 北京: 科学出版社: 1-226 [Wang YC, Zang M. 1983. Fungi of Tibet. Beijing: Science Press: 1-226]

王云章, 庄剑云, 李滨. 1983. 中国锈菌新种. 真菌学报, 2: 4-11 [Wang YC, Zhuang JY, Li B. 1983. New rust fungi from China. *Acta Mycol Sin*, 2: 4-11]

王云章, 应建浙, 卯晓岚. 1985. 天山托木尔峰地区的真菌名录. 见: 中国科学院登山科学考察队编. 天山托木尔峰地区的生物. 乌鲁木齐: 新疆人民出版社: 282-327 [Wang YC, Ying JZ, Mao XL. 1985. A list of fungi in the Mt. Tomur region. *In*: Mountaineering and Scientific Expedition, Academia Sinica. Anon, Fauna and Flora of the Mt. Tomur Region in Tian Shan. Urumqi: People Publishing House of Xinjiang: 282-327]

王云章, 韩树金, 魏淑霞, 郭林, 谌谟美. 1980. 中国西部锈菌新种. 微生物学报, 20: 16-28 [Wang YC, Han SJ, Wei SX, Guo L, Chen MM. 1980. New rust fungi from western China. *Acta Microbiol Sin*, 20: 16-28]

薛煜. 1995. 东北林区锈菌与锈病. 哈尔滨: 东北林业大学出版社: 1-153 [Xue Y. 1995. Rust Fungi and Rust Diseases in Forest Regions of Northeastern China. Harbin: Publ House of Northeast Forestry Univ: 1-153]

薛煜, 邵力平. 1995. 鞘锈菌属一新种. 真菌学报, 14: 248-249 [Xue Y, Shao LP. 1995. A new species of *Coleosporium*. *Acta Mycol Sin*, 14: 248-249]

臧穆, 李滨, 郗建勋. 1996. 横断山区真菌. 北京: 科学出版社: 1-598 [Zang M, Li B, Xi JX. 1996. Fungi of Hengduan Mountains. Beijing: Science Press: 1-598]

张翰文, 吴治身, 贾中和, 赵震宇, 陈耀, 贾菊生, 余俊傑. 1960. 新疆经济植物病害名录. 新疆八一农学院科研办公室: 1-40 [Zhang HW, Wu ZS, Jia ZH, Zhao ZY, Chen Y, Jia JS, Yu JJ. 1960. A Checklist of Economic Plant Diseases in Xinjiang. Urumqi: Office of Scientific Research Affairs, Xinjiang Bayi Agricultural College: 1-40]

周彤燊, 陈玉惠. 1994. 云南油杉枝锈病一新病原——油杉被孢锈(新种). 真菌学报, 13: 88-91 [Zhou TX, Chen YH. 1994. *Peridermium keteleeriae-evelynianae* Zhou et Chen, a new species of rust fungi on *Keteleeria evelyniana*. *Acta Mycol Sin*, 13: 88-91]

庄剑云, 郑晓慧. 2017. 中国金锈菌属 *Chrysomyxa* Unger (锈菌目, 金锈菌科) 已知种. 西昌学院学报 (自然科学版), 31(4): 1-9, 26 [Zhuang JY, Zheng XH. 2017. Known species of the genus *Chrysomyxa* Unger (Uredinales, Chrysomyxaceae) in China. *J Xichang Univ* (*Nat Sci Edit*), 31(4): 1-9, 26]

千叶修, 陈野好之. 1960. 5 葉マツの葉さび病について (講演要旨). 日植病, 25: 38 [Chiba O, Zinno Y. 1960. Notes on the needle rusts of five-needled pines (Abstr.). *Ann Phytopathol Soc Japan*, 25: 38]

浜武人. 1960. コレオスポリウム・フェロデンドリ菌によるアカマツの叶さび病. 森林防疫, 9: 48-52 [Hama T. 1960. A needle rust of Japanese red pine caused by *Coleosporium phellodendri*. *Forest Protect*, 9: 48-52]

平塚直秀. 1940. ウリハダカヘデに寄生する *Pucciniastrum* 属菌の 1 新種. 日本植物病理学会報 10: 154-155[Hiratsuka N. 1940. A new species of *Pucciniastrum* on *Acer rufinerve*. *Ann Phytopathol Soc Japan*, 10: 154-155]

平塚直秀. 1944. 日本列岛層生銹菌科誌. 鳥取農專学 7: 91-273 [Hiratsuka N. 1944. Flora melampsoracearum nipponicarum. *Mem Tottori Agric Coll*, 7: 91-273]

平塚直秀, 佐藤昭二. 1969. シャクナゲ類に寄生する *Chrysomyxa* 屬菌. 日菌報 10: 14-18 [Hiratsuka N, Sato S. 1969. Notes on *Chrysomyxa* on species of *Rhododendron*. *Trans Mycol Soc Japan*, 10: 14-18]

平塚直秀, 土橋是幸, 池田豊信. 1954. 松の葉銹病菌数種の異種寄生性について (講演要旨) 日本植物病理, 18: 140 [Hiratsuka N, Tsuchihashi K, Ikeda T. 1954. Heteroecism of some needle rusts on the pine. *Ann Phytopathol Soc Japan*, 18: 140]

伊藤誠哉. 1938. 大日本菌類誌. 第二卷 擔子菌類. II. 銹菌目層生銹菌科. 东京: 養賢堂發行: 1-249 [Ito S. 1938. Mycological Flora of Japan. 2(2). Basidiomycetes, Uredinales: Melampsoraceae. Tokyo: Yokendo: 1-249]

柿岛真, 平塚保之, 柴田尚, 佐藤昭二. 1984. トモエシォガマを中間寄主とするアカマツの *Cronartium* 属菌について. 日本菌学会会报, 25: 315-318 [Kakishima M, Hiratsuka Y, Shibata H, Sato S. 1984. *Cronartium* blister rust on *Pinus densiflora* having *Pedicularis resupinata* var. *caespitosa* as an alternate host. *Trans Mycol Soc Japan*, 25: 315-318]

亀井専次. 1930a. 椴松の針葉を侵害するウラビ銹病菌の生活史とその銹子腔時代の特徴に就て. 日本植物病理, 2: 207-228 [Kamei S. 1930a. On the life-history of *Uredinopsis pteridis*, with a special bearing on its peridermial stage. *Ann Phytopathol Soc Japan*, 2: 207-288]

亀井専次. 1933. 樅属銹菌と羊歯銹菌との関係に就て.(講演要旨). 札幌農林, 24: 364-365 [Kamei S. 1933. Genetic relation between some Japanese species of the fern rusts and the peridermia on firs (abstract). *J Sapporo Soc Agric*, 24: 364-365]

佐保春芳. 1961. ストロ-ブマツ葉さび病に関する研究. III. 各种二, 三, 五叶松に对する *Coleosporium eupatorii* A.の小生子接種試験について. 第71回日林大講集: 268-270 [Saho H. 1961. Studies on needle rust of *Pinus strobes* L. III. Sporidium inoculation experiments of *Coleosporium eupatorii* A. on various two-, three- and five-needled pines. *Proc 71st Meet Japan Forest Soc*: 268-270]

佐保春芳. 1963. *Coleosporium phellodendri* Kom.小生子接種試験. 日植病, 28: 182-184 [Saho H. 1963. Inoculation experiments with sporidia of *Coleosporium phellodendri* Kom. *Ann Phytopathol Soc Japan*, 28: 182-184]

佐保春芳. 1966b. ストロ-ブマッ葉さび病に関する研究. IX. 病原菌にっいての新知見.(その 2)*Coleosporium actaeae* Karst. (講演要旨). 日林誌, 48: 316-317 [Saho H. 1966b. Studies on the needle rust of *Pinus strobus* IX. New information on the causal fungus (2). *Coleosporium actaeae* Karst. (abstr.). *J Jap Forest Soc*, 48: 316-317]

佐保春芳. 1968. 五葉松葉さび病に関する研究. 東大農演習林報, 64: 59-148 [Saho H. 1968. Studies on the needle rust of the five-nedled pines. *Bull Tokyo Imp Univ Forests*, 64: 59-148]

澤田兼吉. 1943. 臺灣産菌類調査報告 第九篇.臺灣總督府農業實驗所報告第 86 號. 1-178 [Sawada K. 1943. Descriptive Catalogue of the Formosan Fungi IX. *Rept Gov't Agr Res Inst Formosa* no. 86. 1-178]

陈野好之, 遠藤昭.1964. *Coleosporium eupatorii* Arthur によるキタゴョウマッの葉さび病にっいて.日 林誌, 46: 178-180 [Zinno Y, Endo A. 1964. Needle rust of *Pinus pentaphylla* Mayr caused by *Coleosporium eupatorii* Arthur. *J Jap Forest Soc*, 46: 178-180]

Азбукина ЗМ. 1968. Новый вид рода *Coleosporium* Lév. на соснах из подрода *Haloxylon*. Нов Сист Низших Раст 1968: 146-148 [Azbukina ZM. 1968. A new species of the genus *Coleosporium* on pine of subgenus *Haploxylon*. *Nov Sist Nizshikh Rast*, 1968: 146-148]

Азбукина ЗМ. 1972. Ржавчинные Грибы Дальнего Востока. Комаровские Чтения. Владивосток 19: 15-62 [Azbukina ZM. 1972. Rust fungi of Far East. *Komarov Chten Vladivostok*, 19: 15-62

Азбукина ЗМ. 1974. Ражвчинные Грибы Дальнего Востока. Москва: Издательство НАУКА: 1-527 [Azbukina ZM. 1974. Rust Fungi of the Soviet Far East. NAUKA: Moscow: 1-527]

Азбукина ЗМ. 1984. Определитель Ржавчинных Грибов Советского Дальнего Востока. Москва: Издательство НАУКА: 1-287 [Azbukina ZM. 1984. Key to the Rusts of the Soviet Far East. Moscow: NAUKA: 1-287]

Азбукина ЗМ. 2005. Низшие Растения, Грибы и Мохообразные Дальнего Востока России. Грибы. Том 5. Ржавчинные Грибы. Владивосток: Дальнаука: 1-615 [Azbukina ZM. 2005. Plantae non Vasculares, Fungi et Bryopsidae Orientis Extremi Rossica. Fungi. Tomus 5. Uredinales. Vladivostok: Dal'nauka: 1-615]

Азбукина ЗМ. 2015. Определитель Грибов России. Порядок Ржавчинные 1. Владивосток: Дальнаука: 1-281 [Azbukina ZM. 2015. Definitorium fungorum rossiae. Ordo Pucciniales 1. Vladivostok: Dal'nauka: 1-281]

Купревич ВФ, Траншель ВГ. 1957. Флора Споровых Растений СССР. Том. IV. Грибы (1). Ржавчинные Грибы. Вып.1. Сем. Мелампсоровые. Академия Наук СССР, Ботанический Институт им. В.Л. Комарова. Москва, Ленинград: 1-419 [Kuprevich VF, Tranzschel W. 1957. Flora Plantarum Cryptogamarum URSS. Vol. 4. Fungi (1) Uredinales No. 1. Melampsoraceae. Academia Scientiarum URSS, Institutum Botanicum nomine V.L. Komarovii. Mosqua, Leningrad: 1-419]

Купревич ВФ, Ульянищев ВИ. 1975. Определитель ржавчинных грибов СССР. Часть I. Минск, Наука и техника: 1-334 [Kuprevich VF, Ul'yanishchev VI. 1975. Key to Rust Fungi of the USSR. Vol. 1. Minsk: 1-334]

Неводовский ГС. 1956. Флора Споровых Растений Казахстана Том 1. Ржавчинные Грибы. Алма-Ата: 1-431 [Nevodovski GS. 1956. Cryptogamic Flora of Kazakhstan. Vol. 1. Rust Fungi. Alma-Ata: 1-431]

Траншель ВГ. 1939. Обзор Ржавчинных Грибов СССР. Москва: Издатеѓьство Академии Наук СССР: 1-426 [Tranzschel W. 1939. Conspectus Uredinalium URSS. Moscow: URSS Academy of Sciences: 1-426]

Albertini IB de, Schweinitz LD de. 1805. Conspectus fungorum in lusatiae superioris agro niskiensi crescentium. Kummer, Leipzig: 1-376

Arthur JC. 1905. Rusts on Compositae from Mexico. *Bot Gaz*, 40: 196-208

Arthur JC. 1906a. Eine auf die Struktur und Entwicklungsgeschichte begründete Klassifikation der Uredineen. Rés Sci Congr Intern Bot. *Vienne*, 1905: 331-348

Arthur JC. 1906b. New species of Uredineae IV. *Bull Torrey Bot Club*, 33: 27-34

Arthur JC. 1907-1940. Order Uredinales. *North American Flora*, 7 (2-15): 85-1151

Arthur JC. 1910. Culture of Uredineae in 1909. *Mycologia*, 2: 213-240

Arthur JC. 1917. Uredinales of Porto Rico based on collections by H.H. Whetzel and E.W. Olive. *Mycologia*, 9: 55-104

Arthur JC. 1918. Uredinales of Guatemala based on collections by E.W.D. Holway. *Amer J Bot*, 5: 325-356

Arthur JC. 1934. Manual of the Rusts in United States and Canada. New York: Hafner: 1-438

Arthur JC, Kern FD.1906. North America species of *Peridermium*. *Bull Torrey Bot Club*, 33: 403-438

Arthur JC, Johnston JR. 1918. Uredinales of Cuba. *Mem Torrey Bot Club*, 17: 97-175

Baccarini P. 1905. Funghi dello Schensi septentrionale raccolti dal Padre Giuseppe Giraldi. *Nuovo Giorn Bot Ital*, 22: 689-698

Bakshi BK, Singh S. 1960. A new genus in plant rusts. *Can J Bot*, 38: 259-262

Balfour-Browne FL. 1955. Some Himalayan fungi. *Bull Brit Mus (Nat Hist)*, *Bot*, 1(7): 187-218

Barclay A. 1890. A descriptive list of Uredineae occurring in the neighbourhood of Simla (western Himalayas) III. *J Asiat Soc Bengal, Pt 2, Nat Hist*, 59: 75-112

Barclay A. 1891. Rhododendron Uredineae. *Sci Mem Off Med Dept Gov India*, 6: 71-74

Bell HP. 1924. Fern rusts of *Abies*. *Bot Gaz*, 77: 1-31

Boerema GH, Verhoeven AA. 1972. Chech-list for scientific names of common parasitic fungi. Series 1a. Fungi on tree and shrubs. *Neth J Pl Pathol*, 78 (Suppl.) 1: 1-63

Boyce JS. 1943. Host relationships and distribution of conifer rusts in the United States and Canada. *Trans Connecticut Acadl Arts*, 35: 329-482

Bubák F. 1906. Infektionsversuche mit einigen Uredineen. *Zentralbl Bakteriol, 2 Abt*, 16:150-159

Cao ZM (曹支敏), Li ZQ (李振岐), Zhuang JY (庄剑云). 2000. Uredinales from the Qinling Mountains. *Mycosystema*, 19: 13-23

Chen MM (谌谟美). 1993. A new genus, *Stilbechrysomyxa* Chen gen. nov. of Chrysomyxaceae on *Rhododendron*. *Sci Silvae Sin*, 20: 267-271

Clinton GP. 1911. Notes on plant diseases of Connecticut. *Annual Rep Connecticut Agric Exp Sta*, 1909-1910: 713-744

Cooke MC. 1886. Some exotic fungi. *Grevillea*, 14: 89, 129.

Cornu M. 1886. Nouvel exemple de générations alternantes chez les champignons urédinées (*Cronartium asclepiadeum* et *Peridermium pini corticolum*). *Comt Rend Hebd Acad Sci Paris*, 102 : 930-932

Crane PE. 2001. Morphology, taxonomy, and nomenclature of the *Chrysomyxa ledi* complex and related rust fungi on spruce and Ericaceae in North America and Europe. *Can J Bot*, 79: 957-982

Crane PE. 2005. Rust fungi on rhododendron in Asia: *Diaphanopellis forrestii* gen. et sp. nov., new species of *Caeoma*, and expanded descriptions of *Chrysomuxa dietelii* and *C. succinea*. *Mycologia*, 97: 534-548

Crane PE, Hiratsuka Y, Currah RS. 2000. Clarification of the life-cycle of *Chrysomyxa woroninii* on *Ledum* and *Picea*. *Mycol Res*, 104: 581-586

Cummins GB. 1950. Uredinales of continental China collected by S.Y. Cheo. I. *Mycologia*, 42: 779-797

Cummins GB. 1959. Illustrated Genera of Rust fungi. Burgess: Minneapolis, Minnesota: 1-131

Cummins GB. 1962. Supplement to Arthur's Manual of the Rusts in United States and Canada. New York: Hafner Publ. Comp: 1A-24A

Cummins GB. 1978. Rust Fungi on Legumes and Composites in North America. Univ. Tucson: Arizona Press: 1-424

Cummins GB, Hiratsuka Y. 1983. Illustrated Genera of Rust Fungi. 2nd ed. Minnesota: American Phytopathological Society, St. Paul: 1-152

Cummins GB, Hiratsuka Y. 1984. Families of Uredinales. *Rept Tottori Mycol Inst*, 22: 191-208

Cummins GB, Hiratsuka Y. 2003. Illustrated Genera of Rust Fungi. 3rd ed. Minnesota: American Phytopathological Society, St. Paul: 1-225

de Bary HA. 1879. *Aecidium abietinum. Bot Zeitung (Berlin)*, 37: 801-811

Dewan BB, Kar AK. 1974. Fungi of eastern Himalaya (India). *Nova Hedwigia*, 25: 225-227

Dietel P. 1890. Uredineen aus dem Himalaya. *Hedwigia*, 29: 259-270

Dietel P. 1898. Einige Uredineen aus Ostasien. *Hedwigia*, 37: 212-218

Dietel P. 1900a. Uredinales. *In*: Engler A, Prantl K. Natürliche Pflanzenfamilien. 1(1)(Suppl.). 546-553

Dietel P. 1900b. Uredineae japonicae II. *Bot Jahrb Syst*, 28: 281-290

Dietel P. 1914. Über einige neue und bemerkenswerte Uredineen. *Ann Mycol*, 12: 83-88

Dietel P. 1928. Uredinales. *In*: Engler A, Prantl K. Die natürlichen Pflanzenfamilien. 2(6). Verlag von Wilhelm Engelmann, Leipzig: 24-98

Dumée P, Maire R. 1902. Remarques sur le *Zaghouania phillyreae* Pat. *Bull Soc Mycol Fr*, 18: 17-25

Durrieu G. 1977. Un nouveau *Coleosporium* autoxene (Urédinales). *Mycotaxon*, 5 : 453-458

Durrieu G. 1980. Urédinales du Népal. *Cryptogamie Mycologie*, 1 : 33-68

Durrieu G. 1984. Biogeography of Uredinales in Central Himalaya. *Rept Tottori Mycol Inst*, 22: 148-157

Faull JH. 1932. Taxonomy and geographical distribution of the genus *Milesia. Contr Arnold Arbor Harvard Univ*, 2: 1-138

Faull JH. 1938a. Taxonomy and geographical distribution of the genus *Uredinopsis. Contr Arnold Arbor Harvard Univ*, 11: 1-120

Faull JH. 1938b. *Pucciniastrum* on *Epilobium* and *Abies. Contr Arnold Arbor Harvard Univ*, 19: 163-173

Faull JH. 1938c. The biology of rusts of the genus *Uredinopsis. Contr Arnold Arbor Harvard Univ*, 19: 402-436

Fischer E. 1895. Resultate einiger neuerer Untersuchungen über die Entwicklungsgeschichte der Rostpilze. Vorläufige Mittheilung. Mittheilungen der bernischen naturforschenden Gesellschaft aus dem Jahre 1894. Bern. 13-14

Fischer E. 1900. Fortsetzung der entwicklungsgeschichtlichen Untersuchungen über Rostpilze 1-2. *Ber Schweiz Bot Ges*, 10: 1-9

Fischer E. 1901. *Aecidium elatinum* Alb. et Schw., der Urheber des Weißtannenhexenbesens und seine Uredo- und Teleutosporenform. *Z Pflanzenkrankh*, 11: 321-344

Fischer E. 1902. Fortsetzung der entwicklungsgeschichtlichen Untersuchungen über Rostpilze 7-10. *Ber Schweiz Bot Ges*, 12: 1-9

Fischer E. 1904. Die Uredineen der Schweiz. Beitr. z. Kryptogamenflora d. Schweiz, Bd. 2, Heft 2. 1-590

Fischer E. 1917. Mykologische Beiträge 5-10. *Mitth Naturf Ges Bern*, 1916: 125-163

Fragoso RG. 1924. Flora Iberica. Uredales. Nacional de Ciencias Naturales, Madrid (Hipódromo). Bd. 1, 1-416; Bd. 2, 1-424

Fraser WP. 1911. Cultures of some heteroecious rusts. *Mycologia*, 3: 67-74

Fraser WP. 1912. Cultures of heteroecious rusts. *Mycologia*, 4: 175-193

Fraser WP. 1913. Further cultures of heteroecious rusts. Mycologia, 5: 233-239

Gäumann E. 1928. Comparative Morphology of Fungi (Translated and revised by C.W. Dodge). New York:

McGrow-Hill Book Company: 1-701

Gäumann E. 1949. Die Pilze: Grundzüge ihrer Entwicklungsgeschichte und Morphologie. Basel: Birkhäuser Verlag: 1-382

Gäumann E. 1959. Die Rostpilze Mitteleuropas. Bern: Buchdruckerei Büchler & Co: 1-1407

Gäumann E. 1964. Die Pilze: Grundzüge ihrer Entwicklungsgeschichte und Morphologie. Zweite Auflage. Basel und Stuttgart: Birkhäuser Verlag: 1-541

Gjaerum HB. 1996. Rust fungi (Uredinales) from Khabarovsk, Russia. *Lidia*, 3: 173-208

González-Ball R, Ono Y. 1998. Rust fungi (Uredinales) found in Marshall Islands and Pohnpei. *Mycoscience*, 39: 221-222

Grove WB. 1913. The British Rust Fungi. Combridge. 1-412

Hariot P. 1908. Les Urédinées. Paris: Octave DOIN: 1-392

Hartig R. 1883. Mitteilung über *Coleosporium senecionis*, den Erzeuger des Kienzopfes. *Untersuch Forstbot Inst München*, 3: 150-151

Henderson DM. 1955. Notes in Chinese rust fungi. *Notes Roy Bot Gard Edinburgh*, 21: 301-303

Henderson DM. 1969. Rust fungi from various sources. *Notes Roy Bot Gard Edinburgh*, 29: 377-387

Hiratsuka N. 1926a. Notes on Japanese species of *Melampsoridium* Kleb. *J Soc Agric & Forest Sapporo*, 18: 78-90

Hiratsuka N. 1926b. Notes on *Melampsoridium* parasitic on Japanese species of *Alnus* (preliminary report). *J Soc Agric & Forest Sapporo*, 18: 298-310

Hiratsuka N. 1927a. On two species of *Coleosporium* parasitic on the Japanese Compositae. *Trans Sapporo Nat Hist Soc*, 9: 217-224

Hiratsuka N. 1927b. Beiträge zu einer Monographie der Gattung *Pucciniastrum* Otth. *J Fac Agric Hokkaido Univ*, 21: 63-120

Hiratsuka N. 1927c. Studies on the Melampsoraceae of Japan. *J Fac Agric Hokkaido Univ*, 21: 1-41

Hiratsuka N. 1927d. A contribution to the knowledge of the Melampsoraceae of Hokkaido. *J Jap Bot*, 3: 289-322

Hiratsuka N. 1930. *Pucciniastrum* of Japan. *Bot Mag Tokyo*, 44: 261-284

Hiratsuka N. 1932. Inoculation experiments with some heteroecious species of the Melampsoraceae in Japan. *J Jap Bot*, 6: 1-33

Hiratsuka N. 1934a. On some new species of *Milesina*. Bot Mag Tokyo, 48: 39-47

Hiratsuka N. 1934b. Inoculation experiments with heteroecious species of the Japanese rust fungi II. *Bot Mag Tokyo*, 48: 463-466

Hiratsuka N. 1936. A Monograph of the Pucciniastreae. *Mem Tottori Agric Coll*, 4: 1-374

Hiratsuka N. 1937. Miscellaneous notes on the East-Asiatic Uredinales with special reference to the Japanese species. I. *J Jap Bot*, 13: 244-251

Hiratsuka N. 1941a. Materials for a rust flora of Manchoukuo. I. *Trans Sapporo Nat Hist Soc*, 16: 193-208

Hiratsuka N. 1941b. Materials for a rust-flora of Formosa. *Bot Mag Tokyo*, 55: 267-273

Hiratsuka N. 1942. Materials for a rust flora of Manchoukuo. II. *Trans Sapporo Nat Hist Soc*, 17: 77-81

Hiratsuka N. 1943. Uredinales of Formosa. Contributions to the rust-flora of Eastern Asia. IV. *Mem Tottori Agric Coll*, 7: 1-90

Hiratsuka N. 1952. Materials for a rust flora of eastern Asia. I. *J Jap Bot*, 27: 111-116

Hiratsuka N. 1957. Nomenclatural changes for some species of Uredinales. *Trans Mycol Soc Japan*, 1: 1-5

Hiratsuka N. 1958. Revision of taxonomy of the Pucciniastreae, with special reference to species of the Japanese Archipelago. *Mem Fac Agric Tokyo Univ Educ*, 5: 1-167

Hiratsuka N. 1960. A provisional list of Uredinales of Japan proper and the Ryukyu Islands. *Sci Bull Agric Home Econ & Eng Div, Univ Ryukyus*, 7: 189-314

Hiratsuka Y. 1995. Pine stem rusts of the world-frame work for a monograph. *In*: Kaneko S, Katsuya K, Kakishima M, Ono Y (eds.) Proceedings of the fourth IUFRO rusts of pines working party conference, Tsukuba. 1-8

Hiratsuka N, Hashioka Y. 1934. Uredinales collected in Formosa II. *Bot Mag Tokyo*, 48: 233-240

Hiratsuka N, Hashioka Y. 1935. Uredinales collected in Formosa V. *Trans Tottori Soc Agr Sci*, 5:237-244

Hiratsuka N, Yoshinaga T. 1935. Uredinales of Shikoku. *Mem Tottori Agric Coll*, 3: 249-377

Hiratsuka N, Kaneko S. 1975. Surface structure of *Coleosporium* spores. *Rept Tottori Mycol Inst*, 12: 1-13

Hiratsuka N, Kaneko S. 1976. Aecial states of *Coleosporium horianum* Hennings and *Pucciniastrum corni* Dietel. *Rept Tottori Mycol Inst*, 14: 79-84

Hiratsuka N, Chen ZC (陈瑞青). 1991. A list of Uredinales collected from Taiwan. *Trans Mycol Soc Japan*, 32: 3-22

Hiratsuka N, Sato S, Katsuya K, Kakishima M, Hiratsuka Y, Kaneko S, Ono Y, Sato T, Harada Y, Hiratsuka T, Nakayama K. 1992. The Rust Flora of Japan. Tsukuba Shuppankai: 1-1205

Hunter LM. 1936. Morphology and ontogeny of the spermogonia of the Melampsoraceae. *J Arnold Arbor*, 17: 115-152

Hylander N, Jørstad I, Nannfeldt JA. 1953. Enumeratio uredinearum scandinavicarum. *Opera Bot*, 1: 1-102

Ito S, Homma Y. 1938. Notae mycologicae Asiae orientalis III. *Trans Sapporo Nat Hist Soc*, 15: 113-128

Ito S, Murayama D. 1943. Notae mycologicae Asiae orientales IV. *Trans Sapporo Nat Hist Soc*, 17: 160-172

Jackson HS. 1917. Two new forest tree rusts from the northwest. *Phytopathology*, 7: 352-355

Jing Y (景耀), Li WH, Zhao SG. 1995. Study on pine rusts in Northwest China. *In*: Kaneko S, Katsuya K, Kakishima M, Ono Y (eds.) Proceedings of the fourth IUFRO rusts of pines working party conference, Tsukuba. 37-41

Jørstad I. 1934. A study of Kamtchatka Uredinales. *Skr Norske Vidensk-Akad Oslo, Mat-Naturvidensk Kl*, 1933(9): 1-183

Jørstad I. 1938. Adventive elementer og nytilgang pa verter innenfor var rustsoppflora. *Nytt Mag Naturvidensk*, 78: 153-200

Jørstad I. 1940. Uredinales of northern Norway. *Skr Norske Vidensk-Akad Oslo, Mat-Naturvidensk Kl*, 1940(6): 1-145

Jørstad I. 1951. The Uredinales of Iceland. *Skr Norske Vidensk-Akad Oslo, Mat-Naturvidensk Kl*, 1951(2): 1-87

Jørstad I. 1959. On some Chinese rusts chiefly collected by Dr. Harry Smith. *Ark Bot* Ser, 2, 4: 333-370

Kakishima M, Kobayashi T, McKenzie EHC. 1995. A warning against invasion to Japan by the rust fungus *Coleosporium plumierae* on *Plumeria*. *Forest Pests*, 44: 114-147

Kakishima M, Yamamoto T, Tagami M. 1985. Diseases of ornamental plants. I. Rust of begonia caused by *Pucciniastrum boehmeriae*. *Ann Phytopathol Soc Japan*, 51: 623-626

Kamei S. 1930b. Notes on *Milesina vogesiaca* Sydow on *Polystichum braunii* and its peridermial stage on the needles of *Abies mayriana*, *A. firma* and *A. sachalinensis*. *Trans Sapporo Nat Hist Soc*, 11: 141-148

Kamei S. 1932. On new species of heteroecious fern rusts. *Trans Sapporo Nat Hist Soc*, 12: 161-174

Kamei S. 1934. Identification of a peridermial stage on the seedlings of *Abies mayriana* and the injury caused thereby. Trans Sapporo Nat Hist Soc, 13: 153-161

Kamei S. 1940. Studies on the cultural experiments of the fern rusts of *Abies* in Japan. *J Fac Agric Hokkaido Univ*, 47: 1-191

Kaneko S. 1977a. *Coleosporium pedunculatum*, a new species of pine needle rust. *Rept Tottori Mycol Inst*, 15: 13-20

Kaneko S. 1977b. Two new species of *Coleosporium* on *Adenophora* (Campanulaceae). *Rept Tottori Mycol Inst*, 15: 21-28

Kaneko S. 1978. Notes on the life cycle and host range of *Coleosporium bletiae* Dietel. *Rept Tottori Mycol Inst*, 16: 37-42

Kaneko S. 1981. The species of *Coleosporium*, the causes of pine needle rusts, in the Japanese Archipelago. *Rept Tottori Mycol Inst*, 19: 1-159

Kaneko S. 2000. *Cronartium orientale*, sp. nov., segregation of the pine gall rust in eastern Asia from *Cronartium quercuum*. *Mycoscience*, 41: 115-122

Kaneko S, Hiratsuka N. 1980. Fungi inhabiting on fagaceous trees. II. Host alternation of the beech rust, *Pucciniastrum fagi*. *Trans Mycol Soc Japan*, 21: 417-421

Kaneko S, Hiratsuka N. 1981. Notes on four tree rusts from Japan. *Trans Mycol Soc Japan*, 22: 219-230

Kaneko S, Hiratsuka N. 1983a. A new species of *Melampsoridium* on *Carpinus* and *Ostrya*. *Mycotaxon*, 18: 1-4

Kaneko S, Hiratsuka N. 1983b. Notes on the host alternation of *Puccinia daisenensis* and *Pucciniastrum fagi*. *Trans Mycol Soc Japan*, 24: 437-440

Kaneko S, Kakishima M, Ono Y. 1990. *Coleosporium* (Uredinales) from Nepal. *In*: Watanabe M, Malla SB. Cryptogams of the Himalayas Vol. 2. Central and Eastern Nepal. Tsukuba, Japan: Department of Botany, National Science Museum. 85-89

Kichx J. 1867. Flore cryptogamique des Flandres. II. Gand et Paris. 1-490

Klebahn H. 1899. Kulturversuche mit heteroecischen Rostpilzen. VII. *Z Pflanzenkrankh*, 9: 14-26, 88-99, 137-160

Klebahn H. 1900. Kulturversuche mit Rostpilzen. VIII. *Jahrb Wiss Bot*, 34: 347-404

Klebahn H. 1902. Kulturversuche mit Rostpilzen. X. *Z Pflanzenkrankh*, 12: 17-44, 132-151

Klebahn H. 1903. Kulturversuche mit Rostpilzen. XI. *Jahrb Hamburg Wiss Anst*, 20 (1902, 3 Beiheft): 1-56

Klebahn H. 1904. Die wirtswechselnden Rostpilze. Bornträger Berlin. 1-447

Klebahn H. 1905. Kulturversuche mit Rostpilzen. XII. *Z Pflanzenkrankh*, 15: 65-108

Klebahn H. 1907. Kulturversuche mit Rostpilzen. XIII. *Z Pflanzenkrankh*, 17: 129-157 (publ. 1908)

Klebahn H. 1914. Pilze. III. Uredineen. Kryptogamenflora der Mark Brandenburg und angrenzender Gebiete. 5a. Leipzig. 69-903

Klebahn H. 1916. Kulturversuche mit Rostpilzen. XVI. *Z Pflanzenkrankh*, 26: 257-277

Klebahn H. 1924. Kulturversuche mit Rostpilzen. XVII. *Z Pflanzenkrankh*, 34: 289-303

Kobayashi T, Kakishima M, Katomoto K, Onika M, Nurawan A. 1994. Diseases of forest and ornamental trees observed in Indonesia. *Forest Pests*, 43: 43-47

Komarov VL. 1900. Diagnosen neuer Aster und Formen sowie Kritische Bemerkungen zu bekannten Arten, welche in Jaczewski, Komarov, Tranzschel "Fungi Rossiae Exsiccati" (Fasc. VI-VII, 1899) herausgegebenen worden sind. *Hedwigia*, 39: 123-129

Laundon GF. 1963. Rust fungi II: on Aceraceae, Actinidiaceae, Adoxaceae and Aizoaceae. Mycol Pap, 91: 1-17

Laundon GF. 1975. Taxonomy and nomenclature notes on Uredinales. *Mycotaxon*, 3: 133-161

Leon-Gallegos HM, Cummins GB. 1981. Uredinales (Royas) de México. Vol. 2. Culiacán, Sinaloa: 1-492

Leppik E. 1972. Evolutionary specialization of rust fungi (Uredinales) on the Leguminosae. *Ann Bot Fenn*, 9: 135-148

Léveillé JH. 1847. Sur la disposition méthodique des Urédinées. *Ann Sci Nat* 3 sér, 8: 369-376

Li B (李滨). 1986. New species of Uredinales from Hengduan Mountains. *Acta Mycol Sin*, Suppl, 1: 159-165

Liro JI. 1906. Kulturversuche mit finnischen Rostpilzen I. *Acta Soc Fauna Fl Fenn*, 29 (6): 3-25

Liro JI. 1907. Kulturversuche mit finnischen Rostpilzen II. *Acta Soc Fauna Fl Fenn*, 29 (7): 3-58

Liro JI. 1908. Uredineae Fennicae. Bidr Kanned Finl Nat Folk, 65: 1-640

Mayor E. 1923. Étude experimentale d'Urédinées hétéroïques. *Bull Soc Neuchâteloise Sci Nat*, 47: 67-78

Müller J. 2000. Rzi, Sněti a Fytopatogenní Plísně Moravského Krasu. Cortusa, Tschechische Republik: 1-76 [Müller J. 2000. Rusts, Smuts and Downy Mildews of the Moravian Karst. Cortusa, Czech Republic: 1-76]

Nicholls TH, Patton RF, Van Arsdel ED. 1968. Life cycle and seasonal development of *Coleosporium* pine needle rust in Wisconsin. *Phytopathology*, 58: 822-829

Ogata DY, Gardner DE. 1992. First report of *Plumeria* rust, caused by *Coleosporium plumierae*, in Hawaii. *Plant Disease*, 76: 642

Ono Y, Adhikari MK, Rajbhandari KR. 1990. Uredinales of Nepal. *Rept Tottori Mycol Inst (Japan)*, 28: 57-75

Ono Y, Adhikari MK, Kaneko R. 1995. An annotated list of the rust fungi (Uredinales) of Nepal. *In*: Watanabe M , Hagiwara H. Crytogams of the Himalayas. Vol. 2. Dept Bot Nat Sci Mus, Tsukuba: 69-125

Orishimo Y. 1910. On the genetic connection between *Coleosporium* on *Aster* and *Peridermium pini-densiflorae* P. Henn. *Bot Mag Tokyo*, 24: 1-5

Patouillard N. 1890. Quelques champignons de la Chine récoltés par M. l'abbé Delavay. *Rev Mycol*, 12: 133-136

Patouillard N. 1902. Champignons de la Guadeloupe, recueillis par le R.P. Duss. *Bull Soc Mycol Fr*, 18: 171-186

Peterson RS. 1973. Studies of *Cronartium* (Uredinales). *Rept Tottori Mycol Inst*, 10: 203-223

Petrak F. 1947. Plantae sinensis a dre. H. Smith annis 1921–1922, 1924 et 1934 lectae XLII. Micromycetes. *Meddel Göteb Bot Trädg*, 17: 113-164

Plowright CB. 1883. Experiments upon the heteroecism of the Uredines. *Grevillea*, 11: 52-57

Plowright CB. 1891. Einige Impfversuche mit Rostpilzen. *Z Pflanzenkrankh*, 1: 130-131

Puri YN. 1955. Rusts and wood rotting fungi on some of the important Indian conifers. *Forest Bull Dehradun*, 179 : 1-10

Raciborski M. 1900. Parasitische Algen und Pilze Javas II. Batavia: Bot. Inst. Buitenzorg. 1-46

Rhoads AS, Hedgcock GG, Bethal E, Hartley C. 1918. Host relationships of the North American rusts, other than *Gymnosporangium*, which attack conifers. *Phytopathology*, 8: 309-352

Saccardo PA. 1925. Sylloge Fungorum Omnium Hucusque Cognitorum. Vol. 23. Pavia, Italia. 1-1026

Saho H. 1962. Notes on the Japanese rust fungi I. *Trans Mycol Soc Japan*, 3: 130-133

Saho H. 1966a. Notes on Japanese rust fungi II. Contribution to the *Coleosporium* needle rust of five-needled pines. *Trans Mycol Soc Japan*, 7: 58-72

Saho H. 1966c. Notes on Japanese rust fungi. III. Inoculation experiments of *Coleosporium actaeae*. *Trans Mycol Soc Japan*, 7: 181-182

Saho H. 1967. Notes on Japanese rust fungi. IV. On the similarity between *Coleosporium cimicifugatum* and *Col. actaeae*. *Trans Mycol Soc Japan*, 8: 73-76

Saho H. 1969. Notes on the Japanese rust fungi V. Additional information of inoculation experiments with sporidia or aeciospores of three species of *Coleosporium*. *Trans Mycol Soc Japan*, 9: 137-139

Saho H, Takahashi I. 1970. Notes on the Japanese rust fungi VI. Inoculation experiments of *Thekopsora areolata* (Fr.) Magnus, a cone rust of *Picea* spp. in Japan. *Trans Mycol Soc Japan*, 11: 109-112

Sato S. 1966. Studies on the rust fungi found on Mt. Fuji and its vicinities, Fuji-Hakone-Izu National Park, Japan, with special reference to species of the tree rusts. Mem Fac Agric Tokyo Univ Educ, 12: 1-64

Sato S, Katsuya K. 1979. Heteroecism of two rust fungi on the needles of *Tsuga diversiflora* and *T. sieboldii*. *Trans Mycol Soc Japan*, 20: 1-4

Sato S, Katsuya K, Hiratsuka Y. 1993. Morphology, taxonomy and nomenclature of *Tsuga*-Ericaceae rusts. *Trans Mycol Soc Japan*, 34: 47-62

Savile DBO. 1950. North American species of *Chrysomyxa*. *Can J Res Sect C*, 28: 318-330

Savile DBO. 1955. *Chrysomyxa* in North America—additions and corrections. *Can J Bot*, 33: 487-496

Sawada K. 1959. Descriptive Catalogue of Taiwan (Formosan) Fungi XI. *In*: Imazeki R, Hiratsuka N, Asuyama H. Special Publication no. 8, College of Agriculture, Taiwan Univ: 1-268

Schröter J. 1887. Die Pilze Schlesiens. Erste Hälfte. Kryptogamenflora von Schlesien. Dritten Band. Breslau. Uredineen. 291-381

Singh S, Pandy PC. 1972. *Melampsoridium inerme* on *Magnolia*. *Trans Brit Mycol Soc*, 58: 342-344

Spaulding P. 1961. Foreign diseases of forest trees of the world. U.S. Dep. Agric. Agric. Handb. 1-197

Spooner BM, Butterfill G. 1999. Additions to the Uredinales and Ustilaginales of the Azores. *Vieraea*, 27: 173-182.

Strauss F von. 1810. Über die persoon'schen Pilzgathungen: *Stilbospora, Uredo* u. *Puccinia*. *Ann Wetterauischen Ges Gesammte Naturk*, 2: 79-114

Sydow H, Sydow P. 1913. Novae fungorum species IX. *Ann Mycol*, 11: 54-65

Sydow H, Sydow P. 1914. Beitrag zur Kenntnis der parasitischen Pilze der Insel Formosa. *Ann Mycol*, 12: 105-112

Sydow P, Sydow H. 1915. Monographia Uredinearum Vol. III. Lipsiae: Fratres Borntraeger: 1-726

Sydow H, Sydow P, Butler EJ. 1906. Fungi indiae orientalis. I. *Ann Mycol*, 4: 424-445

Sydow H, Sydow P, Butler EJ. 1907. Fungi indiae orientalis. II. *Ann Mycol*, 5: 485-515

Sydow H, Mitter JH, Tandon RN. 1937. Fungi indici III. *Ann Mycol*, 35: 222-243

Tai FL (戴芳澜). 1947. Uredinales of western China. *Farlowia*, 3: 95-139

Teng SC (邓叔群). 1940. Supplement to higher fungi in China. *Sinensia*, 11: 105-130

Teng SC (邓叔群). 1947. Additions to the Myxomycetes and the Carpomycetes of China. *Bot Bull Acad Sin*, 1: 25-44

Thirumalachar MJ, Mundkur BB. 1949a. Genera of rusts I. Indian Phytopathol, 2(1): 65-101

Trotter A. 1908. Uredinales. Flora Italica Cryptogama, pars I. Firenze. 1-519

Tulasne LR. 1854. Second mémoire sur les Urédinées et les Ustilaginées. *Ann Sci Nat* 4 sér, 2: 77-196

Underwood LM, Earle FS. 1896. Notes on the pine-inhibiting species of *Peridermium*. *Science* n.s., 4: 437

Vanderweyen A, Fraiture A. 2007. Checklist of the Uredinales of Belgium I. Chaconiaceae, Coleosporiaceae, Cronartiaceae, Melampsoraceae, Phragmidiaceae, Pucciniastraceae, Raveneliaceae and Uropyxidaceae. *Lejeunia*, 183: 1-35

Wagner G. 1896. Beiträge zur Kenntnis der Coleosporien und der Blasenroste der Kiefern (*Pinus silvestris* L. und *Pinus montana* Mill.). I und II. *Z Pflanzenkrankh*, 6: 9-13

Wagner G. 1898. Beiträge zur Kenntnis der Coleosporien und der Blasenroste der Kiefern (*Pinus silvestris* L. und *Pinus montana* Mill.). III. *Z Pflanzenkrankh*, 8: 257-262

Wang M (旺姆), Zhuang JY (庄剑云). 2005. A new species of *Coleosporium* (Uredinales) occurring on

Myripnois (Compositae) from North China. *Nova Hedwigia*, 81: 539-543

Wang YC (王云章), Peterson RS. 1982. On *Keteleeria* needle rust. *Acta Mycol Sin*, 1: 15-18

Wang YC, Wu XL, Li B. 1987. A new spruce needle rust fungus. *Acta Mycol Sin*, 6: 86-88

Weir JR. 1925. The genus *Colesoporium* in the northwestern United States. *Mycologia*, 17: 225-239

Weir JR, Hubert EE. 1918. Notes on forest tree rusts. *Phytopathology*, 8: 114-118

White FB. 1878. Notes on the zoology and botany of Glen Tilt. *Scott Naturalist*, 4: 160-163

Wielgorskaya T. 1995. Dictionary of generic names of seed plants. New York: Columbia University Press: 1-570

Wilson M. 1921. Some fungi from Tibet. *Notes Roy Bot Gard Edinburgh*, 12: 261-263

Wilson M, Henderson DM. 1966. British Rust Fungi. Cambridge: Cambridge Univ. Press: 1-384

Winter G. 1881. Uredineae. Rabenhorst's Kryptogamen-Flora von Deutschland, Oesterreich und der Schweiz. II. Aufl. I, 131-270

Wolff R. 1874. Zugehörigkeit des *Peridermium pini* Lév. zu *Coleosporium compositarum* Lév. f. *senecionis*. *Bot Zeitung (Berlin)*, 32: 183

Yang T (杨婷), Tian CM, Lu HY, Liang YM, Kakishima M. 2015. Two new rust fungi of *Thekopsora* on *Cornus* (Cornaceae) from western China. *Mycoscience*, 56: 461-469

Yang T (杨婷), Tian CM (田呈明), Liang YM (梁英梅), Kakishima M. 2014. *Thekopsora ostryae* (Pucciniastraceae, Pucciniales), a new species from Gansu, northwestern China. *Mycoscience*, 55: 246-251

You CJ(游崇娟), Liang YM, Li J, Tian CM. 2010. A new rust species of *Coleosporium* on *Ligularia fisheri* from China. *Mycotaxon*, 111: 233-239

Zhang N(张宁), Zhuang JY(庄剑云), Wei SX(魏淑霞). 1997. Fungal flora of the Daba Mountains: Uredinales, *Mycotaxon*, 61:49-79

Zhuang JY. 1983. A provisional list of Uredinales of Fujian Province, China. *Acta Mycol Sin*, 2: 146-158

Zhuang JY(庄剑云). 1986. Uredinales from East Himalaya. *Acta Mycol Sin*, 5: 75-85

Zhuang JY(庄剑云), Wei SX(魏淑霞). 1994. An annotated checklist of rust fungi from the Mt. Qomolangma region (Tibetan Everest Himalaya). *Mycosystema*, 7: 37-87

Zhuang JY(庄剑云), Wei SX(魏淑霞). 2005. Urediniomycetes, Uredinales. *In*: Zhuang WY. Fungi of Northwestern China. Ithaca, New York: Mycotaxon Ltd: 233-290

Ziller WG. 1959. Studies of western tree rusts. IV. *Uredinopsis hashiokai* and *U. pteridis* causing perennial needle rust of fir. *Can J Bot*, 37: 93-107

Ziller WG. 1970. Studies of western tree rusts. VIII. Inoculation experiments with conifer needle rusts (Melampsoraceae). *Can J Bot*, 48: 1471-1476

Ziller WG. 1974. The Tree Rusts of Western Canada. Canadian Forestry Service Publication No.1329. Victoria, British Columbia: Canadian Forestry Service: 1-272

Zinno Y. 1975. Needle rust of *Pinus thunbergii* caused by *Coleosporium xanthoxyli* Dietel & P. Sydow. *J Jap Forest Soc*, 57: 369-374

Zwetko P. 2000. Die Rostpilze Österreichs. Supplement und Wirt-Parasit-Verzeichnis zur 2. Ausflage des Catalogus Florae Austriae, III. Teil, Heft 1, Uredinales. Wien: Verlag der Österreichischen Akademie der Wissenschaften:1-67

索 引

寄主汉名索引

寄主学名索引

A

锈菌汉名索引

锈菌学名索引

(Q-4689.31)

ISBN 978-7-03-068271-0

9 787030 682710 >

定价：**198.00** 元